零件数控铣削加工

（第3版）

主　编　陈　华　林若森

副主编　甘达浙　阙燚彬　潘　琳

北京理工大学出版社

BEIJING INSTITUTE OF TECHNOLOGY PRESS

内 容 提 要

　　本书是根据企业用人需求及《数控铣/加工中心操作工国家职业标准》而编写的一本理论实践一体化的专业教材,内容包括数控铣/加工中心基本操作训练、数控铣削加工工艺,数控编程等方面,涵盖了数控铣/加工中心操作工中、高级技能的绝大部分知识点。

　　本书分三篇共11个学习单元,第一篇为"加工前必备的知识与技能",重点介绍了数控铣/加工中心的类型、基本操作等内容;第二篇为"数控铣/加工中心编程与操作实训",围绕平面铣削、轮廓铣削、孔加工、宏程序编制等内容,重点介绍了数控铣削加工工艺、编程指令及其使用方法等知识;第三篇为数控铣/加工中心职业技能考证强化训练,主要介绍数控铣/加工中心职业技能考证要求及相关的思路与方法。

　　本书所介绍的系统为目前企业主流的FANUC、SINUMERIK数控系统,每个学习内容都配备了相关的案例,内容简洁明了,通俗易懂,主要作为高等院校机械制造类专业教学用书,也可作为目前正在数控铣/加工中心编程与操作岗位的技术人员参考用书。

图书在版编目（CIP）数据

零件数控铣削加工/陈华,林若森主编. —3 版. —北京：北京理工大学出版社,2019.8
ISBN 978-7-5682-7393-0

Ⅰ. ①零…　Ⅱ. ①陈…　②林…　Ⅲ. ①机械元件－数控机床－铣削　Ⅳ. ①TH13
②TG547.06

中国版本图书馆 CIP 数据核字（2019）第 174506 号

出版发行 / 北京理工大学出版社有限责任公司
社　　址 / 北京市海淀区中关村南大街 5 号
邮　　编 / 100081
电　　话 / （010）68914775（总编室）
　　　　　（010）82562903（教材售后服务热线）
　　　　　（010）68948351（其他图书服务热线）
网　　址 / http://www.bitpress.com.cn
经　　销 / 全国各地新华书店
印　　刷 / 唐山富达印务有限公司
开　　本 / 787 毫米×1092 毫米　1/16
印　　张 / 23
字　　数 / 540 千字
版　　次 / 2019 年 8 月第 3 版　2019 年 8 月第 1 次印刷
定　　价 / 79.00 元

责任编辑 / 张旭莉
文案编辑 / 张旭莉
责任校对 / 周瑞红
责任印制 / 李志强

第 3 版前言

"零件数控铣削加工"是数控技术工作过程系统化专业课程体系中的一门重要核心课。该课程围绕数控铣/加工中心操作、工艺设计、编程及日常维护等学习内容，并结合地方企业生产特点，以企业工作任务为背景安排教学内容，按照"理实一体，任务驱动"教学模式组织教学，与传统教材相比，主要有以下几个特点：

① 摒弃了传统学科知识体系的编写思路，将企业用人需求与数控铣/加工中心职业资格标准相结合，引入高职教育"任务驱动"的教学理念来选取和组织教学内容，内容包括了数控铣/加工中心基本操作训练、平面铣削、外形、型腔铣削、孔加工、宏程序编制、职业技能考证等内容，知识的针对性、实用性强。

② 强调工作过程导向，在介绍加工工艺、编程指令及方法等显性知识的同时，还增加了任务完成过程等隐性知识的介绍，这有助于读者很好地掌握相关的知识和技能。

③ 遵循读者职业认知发展规律，按照从简单到复杂的顺序编排各教学内容，具有循序渐进的教学特点。

④ 紧贴生产实际，重点介绍了目前企业主流的 FANUC、SINUMERIK 数控系统的操作与编程方法，所选的案例大部分为企业典型工作任务，具有显著的企业生产背景。

全教材分三篇共 11 个学习单元，编写分工如下：单元一由柳林若森、王大红共同编写；单元二中的 2.1 和 2.2 节、单元八由陈华编写；单元二中的 2.3 节由钟启生编写；单元三中的 3.1 和 3.2 节由樊雄及刘振超共同编写，单元三中的 3.3 节由潘琳编写，单元三中的 3.4 节由甘业生编写；单元四由刘汉华编写；单元五由韦江波编写；单元六由阙燚彬编写；单元七由甘达浙编写；单元九由陈炳森及詹广平共同编写；单元十由蒙坚编写；单元十一由陈文勇编写；全书由陈华、林若森任主编，甘达浙、阙燚彬、潘琳任副主编，负责全书的统稿工作；钟启生担任主审负责对全书进行审核。

本书在编写过程中，得到了柳州市福臻车体实业有限公司的韦彦少、柳州五菱联发制动器厂的潘林、五菱柳机动力有限公司的赵日丹及山特维克公司的柳义耿等专家的大力支持，同时也借鉴了国内外同行的最新资料和文献，在此一同表示衷心的感谢。

编　者

目　　录

第三篇　数控铣/加工中心职业技能考证强化训练

第一篇

加工前必备的知识与技能

数控铣床/加工中心的使用与维护

数控铣床/加工中心是目前使用非常广泛的一类数控机床，了解这类机床的结构、性能特点、类型，是充分发挥机床潜能、高效使用机床的前提；而掌握机床的安全操作规程及日常维护方法，是确保机床正常运行的关键。通过本单元的学习训练，学习者应达到以下学习目标。

≫ 知识目标

（1）了解数控铣床/加工中心的基本结构、性能及加工特点。

（2）了解数控铣床/加工中心的类型。

（3）掌握数控铣削加工编程基础。

（4）掌握数控铣床/加工中心的安全操作规程。

（5）掌握数控铣床/加工中心的日常维护知识。

≫ 技能目标

能严格按照数控铣床/加工中心的操作规程使用机床，并能进行机床日常的维护和保养。

1.1　数控铣床/加工中心概述及安全操作

一、初步认识数控铣床/加工中心

1. 数控铣床/加工中心的基本构成

1）数控铣床

数控铣床是主要以铣削方式进行零件加工的一种数控机床，同时还兼有钻削、镗削、铰削、螺纹加工等功能，它在企业中得到了广泛使用，图1-1为常用的立式数控铣床。

数控铣床的结构主要由机床本体、数控系统、伺服驱动装置及辅助装置等部分构成。

（1）机床本体属于数控铣床的机械部件，主要包括床身、工作台及进给机构等。

（2）数控系统。它是数控铣床的控制核心，接受并处理输入装置传送来的数字程序信息，并将各种指令信息输出到伺服驱动装置，使设备按规定的动作执行。目前，常用的数控系统有：日本的FANUC系统、三菱系统、德国的SIENMERIK系统、中国的华中世纪星系统等。

（3）伺服驱动装置。它是数控铣床执行机构的驱动部件，包括主轴电动机和进给伺服电动机等。

（4）辅助装置。主要指数控铣床的一些配套部件，如液压装置、气动装置、冷却装置及排屑装置等。

2）加工中心

加工中心机床又称多工序自动换刀数控机床，这里所说的加工中心主要是指镗铣加工中心，这类加工中心是在数控铣床基础上发展起来的，配备了刀库及自动换刀装置，具有自动换刀功能，可以在一次定位装夹中实现对零件的铣、钻、镗、螺纹加工等多工序自动加工。图1-2所示的是应用较为广泛的立式加工中心机床。

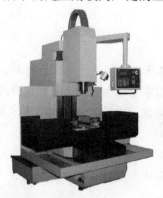

图1-1　立式数控铣床

图1-2　立式加工中心机床

2. 数控铣床/加工中心的主要加工对象

数控铣床与加工中心的加工功能非常相似，都能对零件进行铣、钻、镗、螺纹加工等多工序加工，只是加工中心由于具有自动换刀等功能，因而比数控铣床有更高的加工效率。在生产过程中，数控铣床主要以单件、小批量且型面复杂的零件作为加工对象，如模具、整体叶轮等（如图1-3所示）；而加工中心则主要以多工序、大批量的箱体类、盘套类零件为加

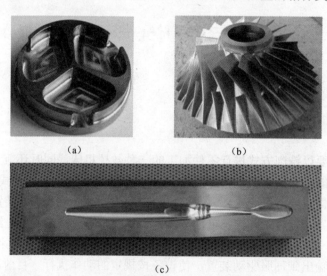

（a）

（b）

（c）

图1-3　数控铣床主要加工对象
（a）圆形型腔；（b）叶轮；（c）牙刷凹模

工对象，如汽车发动机缸体、汽车减速器壳体等（如图1-4所示）。

(a)　　　　　　　　　　(b)

图1-4　加工中心主要加工对象

（a）发动机缸体；（b）行星轮架

3. 数控铣床/加工中心的类型

1）按机床结构特点及主轴布置形式分类

（1）立式数控铣床/加工中心，其主轴轴线垂直于机床工作台面，如图1-5所示。其结构形式多为固定立柱，工作台为长方形，无分度回转功能。它一般具有 X、Y、Z 三个直线运动的坐标轴，适合加工盘、套、板类零件。

(a)　　　　　　　　　　(b)

图1-5　立式数控铣床/加工中心

（a）立式数控铣床；（b）立式加工中心

立式数控铣床/加工中心操作方便，加工时便于观察，且结构简单、占地面积小、价格低廉，因而得到了广泛应用。但受立柱高度及换刀装置的限制，不能加工太高的零件，在加工型腔或下凹的型面时，切屑不易排出，严重时会损坏刀具，破坏已加工表面，影响加工的顺利进行。

（2）卧式数控铣床/加工中心，其主轴轴线平行于机床工作台面，如图1-6所示。卧式数控铣床/加工中心通常带有自动分度的回转工作台，它一般具有 3～5 个坐标轴，常见的是三个直线运动坐标加一个回转运动坐标，工件一次装夹后，完成除安装面和顶面以外的其余四个侧面的加工，它最适合加工箱体类零件。与立式数控铣床/加工中心相比较，卧式数控铣床/加工中心排屑容易，有利于加工，但结构复杂，价格较高。

（3）龙门式数控铣床/加工中心，具有双立柱结构，主轴多为垂直设置，如图1-7所示，这种结构形式进一步增强了机床的刚性，数控装置的功能也较齐全，能够一机多用，尤其适合加工大型工件或形状复杂的工件，如大型汽车覆盖件模具零件、汽轮机配件等。

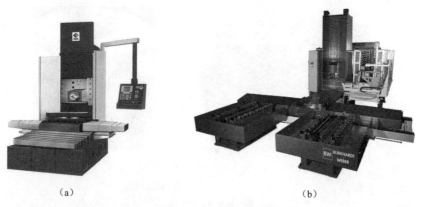

（a） （b）

图 1-6　卧式数控铣床/加工中心

（a）卧式数控铣床；（b）卧式加工中心

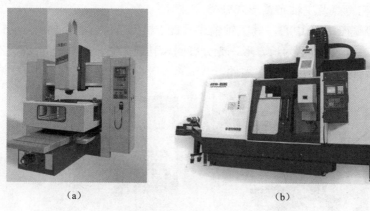

（a） （b）

图 1-7　龙门式数控铣床/加工中心

（a）龙门式数控铣床；（b）龙门式加工中心

（4）多轴数控铣床/加工中心。联动轴数在三轴以上的数控机床称多轴数控机床。常见的多轴数控铣床/加工中心有四轴四联动、五轴四联动、五轴五联动等类型，如图 1-8 所示。工件一次安装后，能实现除安装面以外的其余五个面的加工，零件加工精度进一步提高。

 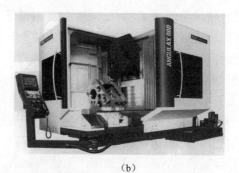

（a） （b）

图 1-8　多轴加工中心

（a）带 A 轴的四联动加工中心；（b）五轴联动加工中心

（5）并联机床又称为虚拟轴机床，它以 Stewart 平台型机器人机构为原型构成的，这类机床改变了以往传统机床的结构，通过连杆的运动，实现主轴的多自由度运动，完成对工件复杂曲面的加工。这类机床外观形状如图1-9所示。

2）按数控系统的功能分类

（1）经济型数控铣床/加工中心。经济型数控铣床/加工中心通常采用开环控制数控系统，这类机床可以实现三坐标联动，但功能简单，加工精度不高。

（2）全功能数控铣床/加工中心。这类机床所使用的数控系统功能齐全，并采用半闭环或闭环控制，加工精度高，因而得到了广泛的应用。

图1-9　并联机床

3）按加工精度分类

（1）普通数控铣床/加工中心。这类机床的加工分辨率通常为 1 μm，最大进给速度为15～25 m/min，定位精度在 10 μm 左右。它通常用于一般精度要求的零件加工。

（2）高精度数控铣床/加工中心。这类机床的加工分辨率通常为 0.1 μm，最大进给速度为15～100 m/min，保证了定位精度在 2 μm 左右，通常用于如航天领域中高精度要求的零件加工。

二、数控铣床/加工中心安全操作

数控铣床/加工中心是机电一体化的高技术设备，要使机床长期可靠运行，正确操作和使用是关键。一名合格的数控机床操作工，不仅要具有扎实的理论知识及娴熟的操作技能，同时还必须严格遵守数控机床的各项操作规程与管理规定，根据机床"使用说明书"的要求，熟悉本机床的一般性能和结构，禁止超性能使用。正确、细心地操作机床，以避免发生人身、设备等安全事故。操作者应遵循以下几方面操作规程。

1. 操作前

（1）按规定穿戴好劳动保护用品，不穿拖鞋、凉鞋、高跟鞋上岗，不戴手套、围巾及戒指、项链等各类饰物进行操作。

（2）对于初学者，应先详读操作手册，在未确实了解所有按钮功能之前，禁止单独操作机床，而需有熟练者在旁指导。

（3）各安全防护门未确定开关状态下，均禁止操作。

（4）机床启动前，需确认护罩内或危险区域内均无任何人员或物品滞留。

（5）数控机床开机前应认真检查各部机构是否完好，各手柄位置是否正确，常用参数有无改变，并检查各油箱内油量是否充足。

（6）依照顺序打开车间电源、机床主电源和操作箱上的电源开关。

（7）当机床第一次操作或长时间停机后，须先开机通电不少于 30 min，以便润滑油泵将油打至滑轨面后再工作。

（8）机床使用前先进行预热空运行，特别是主轴与三轴均需以最高速率的50%运转10～20 min。

2. 操作中

（1）严禁戴手套操作机床，避免误触其他开关造成危险。

（2）禁止用潮湿的手触摸开关，避免短路或触电。

（3）禁止将工具、工件、量具等随意放置在机床上，尤其是工作台上。

（4）非必要时，操作者勿擅自改动数控系统的设定参数或其他系统设定值。若必须更改时，请务必将原参数值记录存查，以利于以后故障维修时参考。

（5）机床未完全停止前，禁止用手触摸任何转动部件，绝对禁止拆卸零件或更换工件。

（6）执行自动程序指令时，禁止任何人员随意切断电源或打开电器箱，使程序中止而产生危险。

（7）操作按钮时请先确定是否正确，并检查夹具是否安全。

（8）对于加工中心机床，用手动方式往刀库上装刀时，要保证安装到位，并检查刀座锁紧是否牢靠。

（9）对于加工中心机床，严禁将超重和超长的刀具装入刀库，以保证刀具装夹牢靠，防止换刀过程中发生掉刀或刀具与工件、夹具发生碰撞的现象。

（10）对于直径超过规定的刀具，应采取隔位安装等措施将其装入刀库，防止刀库中相邻刀位的刀具发生碰撞。

（11）安装刀具前应注意保持刀具、刀柄和刀套的清洁。

（12）刀具、工件安装完成后，要检查安全空间位置，并进行模拟换刀过程试验，以免正式操作时发生碰撞事故。

（13）装卸工件时，注意工件应与刀具间保持一段适当距离，并停止机床运转。

（14）在操作数控机床时，对各按键及开关操作不得用力过猛，更不允许用扳手或其他工具进行操作。

（15）新程序执行前一定要进行模拟检查，检查走刀轨迹是否正确。首次执行程序要细心调试，检查各参数是否正确合理，并及时修正。

（16）在数控铣削过程中，操作者多数时间用于切削过程观察，应注意选择好观察位置，以确保操作方便及人身安全。

（17）数控铣床/加工中心虽然自动化程度很高，但并不属于无人加工，仍需要操作者经常观察，及时处理加工过程中出现的问题，不要随意离开岗位。

（18）在数控机床使用过程中，工具、夹具、量具要合理使用码放，并保持工作场地整洁有序，各类零件分类码放。

（19）加工时应时刻注意机床在加工过程的异常现象，发生故障应及时停机，记录显示故障内容，采取措施排除故障，或通知专业维修人员检修；发生事故，应立即停机断电，保护现场，及时上报，不得隐瞒，并配合相关部门做好分析调查工作。

3. 操作后

（1）操作者应及时清理机床上的切屑杂物（严禁使用压缩空气），工作台面、机床导轨等部位要涂油保护，做好保养工作。

（2）机床保养完毕后，操作者要将数控面板旋钮、开关等置于非工作位置，并按规定顺序关机，切断电源。

（3）整理并清点工、量、刀等用具，并按规定摆放。

（4）按要求填写交接班记录，做好交接班工作。

三、数控铣床/加工中心的使用要求

数控铣床/加工中心的整个加工过程是由数控系统按照数字化程序完成的，在加工过程中由于数控系统或执行部件的故障造成的工件报废或安全事故，操作者一般是无能为力的。数控铣床/加工中心工作的稳定性和可靠性，对环境等条件的要求是非常高的。一般情况下，数控铣床/加工中心在使用时应达到以下几方面要求。

1. 环境要求

数控机床的使用环境没有什么特殊的要求，可以与普通机床一样放在生产车间里，但是，要避免阳光直接照射和其他热辐射，要避免过于潮湿或粉尘过多的场所，特别要避免有腐蚀性气体的场所。腐蚀性气体最容易使电子元件腐蚀变质，或造成接触不良，或造成元件之间短路，从而影响机床的正常运行。要远离振动大的设备，如冲床、锻压设备等。对于高精密的数控机床，还应采取防振措施。

由于电子元件的技术性能受温度影响较大，当温度过高或过低时，会使电子元件的技术性能发生较大变化，使工作不稳定或不可靠，从而增加故障发生的可能性。因此，对于精度高、价格昂贵的数控机床，应在有空调的环境中使用。

2. 电源要求

数控机床采取专线供电（从低压配电室就分一路单独供数控机床使用）或增设稳压装置，都可以减少供电质量的影响和减少电气干扰。

3. 压缩空气要求

数控铣床/加工中心多数都应用了气压传动，以压缩空气作为工作介质实现换刀等，因而所用压缩空气的压力应符合标准，并保持清洁。管路严禁使用未镀锌铁管，防止铁锈堵塞过滤器。要定期检查和维护气、液分离器，严禁水分进入气路。最好在机床气压系统外增设气、液分离过滤装置，增加保护环节。

4. 不宜长期封存不用

购买的数控铣床/加工中心要充分利用，尽量提高机床的利用率，尤其是投入使用的第一年，更要充分利用，使其容易出故障的薄弱环节尽早暴露出来，尽可能在保修期内将故障的隐患排除。如果工厂没有生产任务，数控机床较长时间不用时，也要定期通电，每周通电 1～2 次，每次空运行 1 h 左右，以利用机床本身的发热量来降低机内的湿度，使电子元件不致受潮，同时也能及时发现有无电池报警发生，以防止系统软件和参数丢失。

1.2 数控铣床/加工中心的日常保养与维护

要充分发挥数控机床的使用性能，除了正确操作机床外，还必须做好预防性维护工作。通过对数控机床进行预防性的维护，使机床的机械部分和电气部分少出故障，才能延长其平均无故障时间。对数控铣床/加工中心开展预防性维护，就是要做好日常维护与定期维护。

一、数控铣床/加工中心的日常维护

数控铣床/加工中心的日常维护包括每班维护和周末维护，由操作人员负责。

1. 每班维护

（1）机床上的各种铭牌及警告标志需小心维护，不清楚或损坏时需更换。

（2）检查空压机是否正常工作，压缩空气压力一般控制为 0.588～0.784 MPa，供应量为 200 L/min。

（3）检查数控装置上各个冷却风扇是否正常工作，以确保数控装置的散热通风。

（4）检查各油箱的油量，必要时须添加。

（5）电器箱与操作箱必须确保关闭，以避免切削液或灰尘进入。机加工车间空气中一般都含有油雾、漂浮的灰尘甚至金属粉末。一旦它们落在数控装置内的印制电路板或电子器件上，就容易引起元器件间绝缘电阻下降，并导致元器件及印制电路板损坏。

（6）加工结束后，操作人员需清理干净机床工作台面上的切屑，离开机床前，必须关闭主电源。

2. 周末维护

在每周末和节假日前，需要彻底清洗设备，清除油污，并由机械员（师）组织维修组检查评分进行考核，公布评分结果。

二、数控铣床/加工中心的定期维护

对数控铣床/加工中心的定期维护是在维修工辅导配合下，由操作人员进行的定期维护作业，按设备管理部门的计划执行。在维护作业中发现的故障隐患，一般由操作人员自行调整，不能自行调整的则以维修工为主，操作人员配合，并按规定做好记录，报送机械员（师）登记，转设备管理部门存查。设备定期维护后要由机械员（师）组织维修组逐台验收，设备管理部门抽查，作为对车间执行计划的考核。数控铣床/加工中心定期维护的主要内容有以下几项。

1. 每月维护

（1）认真清扫控制柜内部。

（2）检查、清洗或更换通风系统的空气滤清器。

（3）检查全部按钮和指示灯是否正常。

（4）检查全部电磁铁和限位开关是否正常。

（5）检查并紧固全部电缆接头并查看有无腐蚀、破损。

（6）全面查看安全防护设施是否完整牢固。

2. 每两月维护

（1）检查并紧固液压管路接头。

（2）查看电源电压是否正常，有无缺相和接地不良。

（3）检查全部电动机，并按要求更换电池。

（4）检查液压马达是否渗漏并按要求更换油封。

（5）开动液压系统，打开放气阀，排出液压缸和管路中的空气。

（6）检查联轴节、带轮和带是否松动和磨损。

（7）清洗或更换滑块和导轨的防护毡垫。

3. 每季维护

（1）清洗切削液箱，更换切削液。

（2）清洗或更换液压系统的滤油器及伺服控制系统的滤油器。

（3）清洗主轴箱和齿轮箱，并重新注入新润滑油。

（4）检查连锁装置、定时器和开关是否正常运行。

（5）检查继电器接触压力是否合适，并根据需要清洗和调整触点。

（6）检查齿轮箱和传动部件的工作间隙是否合适。

4. 每半年维护

（1）抽取液压油液化验，根据化验结果，对液压油箱进行清洗换油，疏通油路，清洗或更换滤油器。

（2）检查机床工作台水平，全部锁紧螺钉及调整垫铁是否锁紧，并按要求调整水平。

（3）检查镶条、滑块的调整机构，并调整间隙。

（4）检查并调整全部传动丝杠负荷，清洗滚动丝杠并涂新油。

（5）拆卸、清扫电动机，加注润滑油脂，检查电动机轴承，酌情予以更换。

（6）检查、清洗并重新装好机械式联轴器。

（7）检查、清洗和调整平衡系统，酌情更换钢缆或链条。

（8）清扫电气柜、数控柜及电路板，定期更换电池。

学生工作任务

1. 认真观看数控铣床/加工中心的安全操作录像。

2. 认真观看数控铣床/加工中心的维护操作录像。

3. 在教师指导下完成机床润滑油的添加。

4. 在教师指导下完成机床的卫生清扫及工具整理工作，并达到"5S"管理标准。

单元二

零件加工前的准备

>> 学习目标

利用数控铣床、加工中心进行零件加工，必须掌握刀具安装、工件装夹、常用工量具的使用等相关知识和技能，通过本单元的学习训练，学习者应达到以下两个学习目标。

>> 知识目标

（1）掌握数控铣床/加工中心常用刀具类型、组成及安装等知识。
（2）掌握工件装夹的相关知识及方法。
（3）掌握常用量具的类型及使用方法。

>> 技能目标

能熟练完成数控铣床/加工中心常用刀具的安装，正确装夹工件及正确使用常用工量具等。

2.1　数控铣床/加工中心常用刀具的安装

一、初识数控铣床/加工中心刀具系统

1. 数控铣床/加工中心刀具系统特点

为适应加工精度高、加工效率高、加工工序集中及零件装夹次数少等要求，数控铣床/加工中心对所用的刀具有许多性能上的要求。与普通机床的刀具相比，数控铣床/加工中心机床切削刀具及刀具系统具有以下特点：

（1）刀片和刀柄高度的通用化、规则化和系统化。
（2）刀片和刀具几何参数及切削参数的规范化和典型化。
（3）刀片或刀具材料及切削参数需与被加工工件材料相匹配。
（4）刀片或刀具的使用寿命长，加工刚性好。
（5）刀片及刀柄的定位基准精度高，刀柄对机床主轴的相对位置要求也较高。

2. 刀具的材料

1）常用刀具材料

常用的数控刀具材料有高速钢、硬质合金、涂层硬质合金、陶瓷、立方氮化硼、金刚石等。其中，高速钢、硬质合金和涂层硬质合金三类材料应用最为广泛。

2）刀具材料性能比较

硬度和韧性是刀具材料性能的两项重要指标，上述各类刀具材料的硬度和韧性对比如图 2-1 所示。

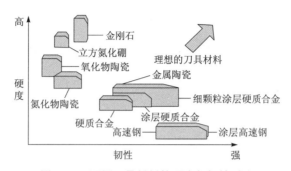

图 2-1 不同刀具材料的硬度与韧性对比

3. 数控铣床/加工中心常用切削刀具

1）铣削刀具

铣刀是刀齿分布在旋转表面或端面上的多刃刀具，其几何形状较复杂，种类较多，常用的有面铣刀、立铣刀、键槽铣刀、模具铣刀和成形铣刀等，如图 2-2 所示。

（a）　　　　　（b）　（c）　　　　　（d）　　　　　（e）

图 2-2 常用的铣削刀具

（a）面铣刀；（b）直柄立铣刀；（c）锥柄立铣刀；（d）键槽铣刀；（e）球头铣刀

2）孔加工刀具

常用的孔加工刀具有中心钻、麻花钻（直柄、锥柄）、扩孔钻、锪孔钻、铰刀、镗刀、丝锥等，如图 2-3 所示。

4. 数控铣床/加工中心的刀柄系统

数控铣床/加工中心的刀柄系统主要由三部分组成，即刀柄、拉钉和夹头（或中间模块）。

1）刀柄

切削刀具通过刀柄与机床主轴连接，其强度、刚性、耐磨性、制造精度以及夹紧力等对加工有直接影响。数控铣床/加工中心用的刀柄一般采用 7:24 锥面与主轴锥孔配合定位，刀柄及其尾部供主轴内拉紧机构用的拉钉已实现标准化，其使用的标准有国际标准（ISO）和中国、美国、德国、日本等国的标准。因此，刀柄系统应根据所用的数控铣床/加工中心要求进行配备。

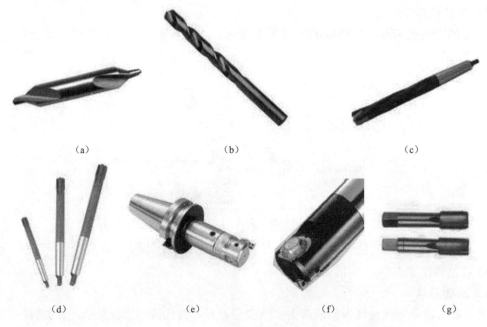

图 2－3　常用的孔加工刀具

（a）中心钻；（b）标准麻花钻；（c）标准扩孔钻；（d）机用铰刀；

（e）单刃粗镗刀；（f）可调精镗刀；（g）机用丝锥

数控铣床/加工中心刀柄可分为整体式与模块式两类，图 2－4 所示为常用的镗孔刀刀柄。

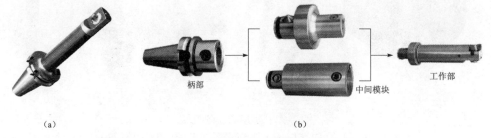

图 2－4　镗孔刀刀柄类型

（a）整体式刀柄；（b）模块式刀柄

　　根据刀柄柄部形式及标准，我国使用的刀柄常分成 BT（日本 MAS 403—75 标准）、JT（GB/T 10944—1989 与 ISO 7388—1983 标准，带机械手夹持槽）、ST（ISO 或 GB，不带机械手夹持槽）和 CAT（美国 ANSI 标准）等几个系列，这几个系列的刀柄除局部槽的形状不同外，其余结构基本相同，刀柄的具体型号和规格可通过查阅有关标准获得。数控铣床/加工中心刀柄与刀具的安装关系如图 2-5 所示。

　　2）拉钉

　　拉钉的形状如图 2－6 所示，其尺寸目前已标准化，ISO 或 GB 规定了 A 型和 B 型两种形式的拉钉，其中 A 型拉钉用于不带钢球的拉紧装置，而 B 型拉钉用于带钢球的拉紧装置。拉钉的具体尺寸可查阅有关标准。

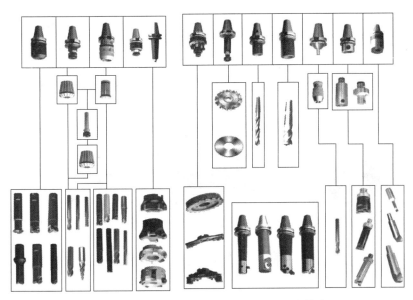

图 2-5 数控铣床/加工中心刀柄与刀具的安装关系

3）弹簧夹头及中间模块

弹簧夹头有两种，即 ER 弹簧夹头［如图 2-7（a）所示］和 KM 弹簧夹头［如图 2-7（b）所示］。其中，ER 弹簧夹头的夹紧力较小，适用于切削力较小的场合；KM 弹簧夹头的夹紧力较大，适用于强力铣削。

（a）   （b）

图 2-6 拉钉   图 2-7 弹簧夹头

（a）ER 弹簧夹头；（b）KM 弹簧夹头

4）中间模块

中间模块是刀柄和刀具之间的中间连接装置，如图 2-8 所示。通过中间模块的使用，可

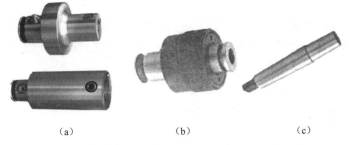

（a）   （b）   （c）

图 2-8 镗孔刀刀柄类型

（a）精镗刀中间模块；（b）攻螺纹夹套；（c）钻夹头接柄

15

提高刀柄的通用性能。例如，镗刀、丝锥与刀柄的连接就经常使用中间模块。

5. 刀具安装辅件

只有配备相应的刀具安装辅件，才能将刀具装入相应刀柄中。常用的刀具安装辅件有锁刀座、专用扳手等，如图 2-9 所示。一般情况下，需将刀柄放在锁刀座上，锁刀座上的键对准刀柄上的键槽，使刀柄无法转动，然后用专用扳手拧紧螺母。

（a）　　　　　　　（b）　　　　　　　（c）

图 2-9　常用的刀具安装辅件

（a）刀柄；（b）锁刀座；（c）扳手

二、刀具的装夹

1. 常用铣刀的装夹

1）直柄立铣刀的装夹

以强力铣夹头刀柄装夹立铣刀为例，其安装步骤如下。

（1）根据立铣刀直径选择合适的弹簧夹头及刀柄，并擦净各安装部位。

（2）按图 2-10（a）所示的安装顺序，将刀具和弹簧夹头装入刀柄中。

（3）再将刀柄放在锁刀座上，使锁刀座的键对准刀柄上的键槽，用专用扳手顺时针拧紧刀柄，再将拉钉装入刀柄并拧紧，如图 2-10（b）所示。

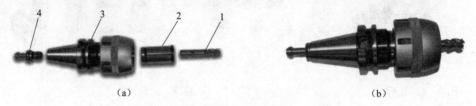

（a）　　　　　　　　　　　　　　　　　　　　（b）

图 2-10　直柄立铣刀的装夹

（a）刀具装夹关系图；（b）装夹完成后的直柄立铣刀

1—立铣刀；2—弹簧夹头；3—刀柄；4—拉钉

2）锥柄立铣刀的装夹

通常用莫氏锥度刀柄来夹持锥柄立铣刀，其安装步骤如下。

（1）根据锥柄立铣刀直径及莫氏号选择合适的莫氏锥度刀柄，并擦净各安装部位。

（2）按图 2-11（a）所示的安装顺序，将刀具装入刀柄中。

（3）再将刀柄放在锁刀座上，使锁刀座的键对准刀柄上的键槽，用内合适的固定扳手按顺时针方向拧紧拉钉，如图 2-11（b）所示。

3）削平型立铣刀的装夹

通常选用专用的削平型刀柄来装夹削平型立铣刀，其安装步骤如下。

（1）根据削平型立铣刀直径选择合适的削平型刀柄，并擦净各安装部位。

图 2－11　锥柄立铣刀的装夹

（a）刀具装夹关系图；（b）装夹完成后的锥柄立铣刀

1—锥柄立铣刀；2—刀柄；3—拉钉

（2）按图 2－12（a）所示的安装顺序，将刀具装入刀柄中。

（3）再将刀柄放在锁刀座上，使锁刀座的键对准刀柄上的键槽，用合适的内六角扳手按顺时针方向拧紧侧固锁紧螺钉，再用扳手顺时针拧紧拉钉，如图 2－12（b）所示。

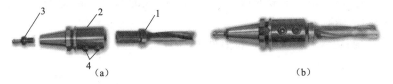

图 2－12　削平型立铣刀的装夹

（a）刀具装夹关系图；（b）装夹完成后的削平型立铣刀

1—削平型立铣刀；2—刀柄；3—拉钉；4—侧固锁紧螺钉

2. 面铣刀的装夹

通常选用专用的平面铣刀柄来装夹面铣刀，其安装步骤如下。

（1）根据面铣刀直径选择合适的平面铣刀柄，并擦净各安装部位。

（2）按图 2－13（a）所示的安装顺序，将刀盘装入刀柄中。

（3）将刀柄放在锁刀座上，使锁刀座的键对准刀柄上的键槽，用内六角扳手顺时针拧紧紧固刀盘用的螺栓，再将拉钉装入刀柄并拧紧，如图 2－13（b）所示。

图 2－13　面铣刀的装夹

（a）刀具装夹关系图；（b）装夹完成后的面铣刀

1—刀盘固定螺栓；2—面铣刀刀盘；3—刀柄；4—拉钉

3. 钻头及铰刀的安装

1）直柄钻头及铰刀的安装

通常用钻夹头及刀柄来夹持直柄钻头及铰刀，以钻头为例，其安装步骤如下。

（1）根据钻头直径选择合适的钻夹头及刀柄，并擦净各安装部位。

（2）按图 2－14（a）所示的安装顺序，将直柄钻头装入刀柄中。

（3）再将刀柄放在锁刀座上，使锁刀座的键对准刀柄上的键槽，用专用扳手顺时针拧动刀柄并夹紧钻头，最后将拉钉装入刀柄并拧紧，如图 2－14（b）所示。

图 2-14 直柄麻花钻头的装夹

(a) 刀具装夹关系图；(b) 装夹完成后的钻头

1—直柄钻头；2—钻夹头；3—拉钉

2）带扁尾的锥柄钻头及铰刀的安装

通常用扁尾莫氏锥度刀柄夹持带扁尾的锥柄钻头及铰刀，以钻头为例，其安装步骤如下。

（1）根据钻头直径及莫氏号选择合适的莫氏刀柄，并擦净各安装部位。

（2）按图 2-15（a）所示的安装顺序，将钻头插入锥孔中（插入时轻转动钻头，以致钻头扁尾对正刀柄的扁槽）。

（3）用刀柄顶部快速冲击垫木，靠惯性力将钻头紧固，最后将拉钉装入刀柄并拧紧，如图 2-15（b）所示。

图 2-15 锥柄麻花钻头的装夹

(a) 刀具装夹关系图；(b) 装夹完成后的钻头

1—钻头；2—刀柄；3—拉钉

4. 镗刀的装夹

镗刀的类型很多，其安装过程也各不相同，以整体式刀柄夹持镗刀为例，其安装步骤如下：

（1）根据镗刀柄部形状及尺寸，选择合适的整体式刀柄，并擦净各安装部位。

（2）按图 2-16（a）所示的安装顺序，把镗刀装入刀柄中，根据所镗孔的直径，用机外对刀仪调整其伸长长度，并用扳手转动螺钉，将镗刀紧固，最后将拉钉装入刀柄并拧紧，如图 2-16（b）所示。

图 2-16 镗刀的装夹

(a) 刀具装夹关系图；(b) 装夹完成后的镗刀

1—镗刀；2—刀柄；3—拉钉

5. 安装刀具时的注意事项

（1）安装直柄立铣刀时，一般使立铣刀的夹持柄部伸出弹簧夹头 3～5 mm，伸出过长将减弱刀具铣削刚性。

（2）禁止将加长套筒套在专用扳手上拧紧刀柄，也不允许用铁锤敲击专用扳手的方式紧固刀柄。

（3）装卸刀具时务必弄清扳手旋转方向，特别是拆卸刀具时的旋转方向，否则将影响刀具的装卸，甚至损坏刀具或刀柄。

（4）安装铣刀时，操作者应先在铣刀刃部包裹棉纱方可进行铣刀安装，以防止刀具刃口划伤手指。

（5）拧紧拉钉时，其拧紧力要适中，力过大拧紧易损坏拉钉，且拆卸也较困难；力过小则拉钉不能与刀柄可靠连接，加工时易产生事故。

三、将刀具装入机床

完成刀具装夹后，操作者即可将装夹好的刀具装入数控铣床的主轴上或加工中心机床的刀库中。

1. 将刀具装入数控铣床主轴的操作

用刀柄装夹好刀具后，即可将其装入数控铣床的主轴中，操作过程如下。

（1）用干净的擦布将刀柄的锥部及主轴锥孔擦净。

（2）将刀柄装入主轴中。其步骤是：将机床置于 JOG（手动）模式下，按松刀键一次，机床执行松刀动作将刀柄装入主轴中，再按松刀键一次，即完成装刀操作。

2. 将刀具装入加工中心机床刀库的操作

加工中心机床刀库主要有斗笠式刀库、链式刀库等类型，如图 2-17 所示。

（a） （b）

图 2-17 加工中心机床刀库

（a）斗笠式刀库；（b）链式刀库

以斗笠式刀库为例，将夹有刀具的刀柄装入加工中心机床刀库的操作步骤如下。

（1）用干净的擦布将刀柄的锥部及主轴锥孔擦净。

（2）将刀柄装入主轴中。

（3）执行一次换刀动作，就可将刀柄转移到刀库中。若刀库当前刀位为1号位，将主轴上的刀柄转移到刀库1号位的操作是：将机床置于MDI模式下，若数控系统为FANUC，输入并执行 T2 M06；若为 SIEMENSE 系统，则输入并执行 T2M06。

2.2　夹具安装与工件装夹

一、初步认识数控铣床/加工中心的夹具系统

1. 机床夹具的基本知识

所谓机床夹具，就是在机床上使用的一种工艺装备，用它来迅速准确地安装工件，使工件获得并保证在切削加工中所需要的正确加工位置。所以机床夹具是用来使工件定位和夹紧的机床附加装置，一般简称为夹具。

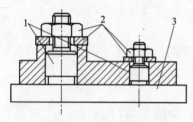

图 2-18　机床夹具结构图

1—定位元件；2—夹紧元件；3—夹具体

1）机床夹具的组成

一般来说，机床夹具由定位元件、夹紧元件、安装连接元件和夹具体等几部分组成，如图 2-18 所示。

定位元件是夹具的主要元件之一，其定位精度将直接影响工件的加工精度。常用的定位元件有 V 形块、定位销、定位块等。

夹紧元件的作用是保持工件在夹具中的正确位置，使工件不会因加工时受到外力的作用而发生位置的改变。

连接元件用于确定夹具在机床上的位置，从而保证与机床之间加工位置的正确。

夹具体是夹具的基础元件，用于连接夹具上各个元件或装置，使之成为一个整体，以保证工件的精度和刚度。

2）数控机床对夹具的基本要求

（1）精度和刚性要求。

（2）定位要求。

（3）敞开性要求。

（4）快速装夹要求。

（5）排屑容易。

2. 数控铣床/加工中心夹具的类型

根据工件生产规模的不同，数控铣床/加工中心常用夹具主要有以下几种类型。

1）装夹单件、小批量工件的夹具

（1）平口钳是数控铣床/加工中心最常用的夹具之一，这类夹具具有较大的通用性和经济性，适用于尺寸较小的方形工件的装夹。精密平口钳如图 2-19 所示，通常采用机械螺旋式、气动式或液压式夹紧方式。

（2）分度头。这类夹具常配装有卡盘及尾座，工件横向放置，从而实现对工件的分度加工，如图 2-20 所示，主要用于轴类或盘类工件的装夹。根据控制方式的不同，分度头

可分为普通分度头和数控分度头，其卡盘的夹紧也有机械螺旋式、气动式或液压式等多种形式。

图 2-19　精密平口钳　　　　　　　　图 2-20　分度头

（3）压板。对于形状较大或不便用平口钳等夹具夹紧的工件，可用压板直接将工件固定在机床工作台上［如图 2-21（a）所示］，但这种装夹方式只能进行非贯通的挖槽或钻孔、部分外形等加工；也可在工件下面垫上厚度适当且精度较高的等高垫块后再将其夹紧［如图 2-21（b）所示］，这种装夹方法可进行贯通的挖槽、钻孔或部分外形加工。另外，压板通过 T 形螺母、螺栓、垫铁等元件将工件压紧。

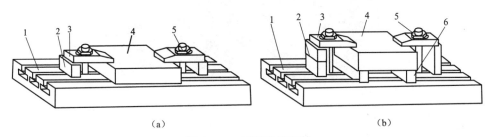

（a）　　　　　　　　　　　　　（b）

图 2-21　压板夹紧工件

（a）压板夹紧工件形式一；（b）压板夹紧工件形式二

1—工作台；2—支承块；3—压板；4—工件；5—双头螺栓；6—等高垫块

2）装夹中、小批量工件的夹具

中、小批量工件在数控铣床/加工中心上加工时，可采用组合夹具进行装夹。组合夹具由于具有可拆卸和重新组装的特点，是一种可重复使用的专用夹具系统。但组合夹具各元件间相互配合的环节较多，夹具刚性和精度比不上其他夹具。其次，使用组合夹具首次投资大，总体显得笨重，还有排屑不便等不足。

目前，常用的组合夹具系统有槽系组合夹具系统和孔系组合夹具系统，如图 2-22 所示。

3）装夹大批量工件的夹具

大批量工件加工时，为保证加工质量、提高生产率，可根据工件形状和加工方式采用专用夹具装夹工件。

专用夹具是根据某一零件的结构特点专门设计的夹具，具有结构合理、刚性强、装夹稳定可靠、操作方便、装夹速度快等优点，因而可极大提高生产效率。但是，由于专用夹具加工适应用性差（只能定位夹紧某一种零件），且设计制造周期长、投资大等缺点，因而通常用于工序多、形状复杂的零件加工。图 2-23 所示为连杆专用夹具。

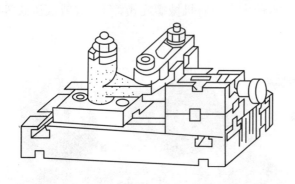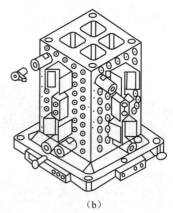

（a）　　　　　　　　　　　　　　　　　（b）

图 2 – 22　组合夹具

（a）槽系组合夹具；（b）孔系组合夹具

图 2 – 23　连杆专用夹具

二、夹具安装与工件装夹

1. 利用平口钳装夹工件

1）平口钳的安装

在安装平口钳之前，应先擦净钳座底面和机床工作台面，然后将平口钳轻放到机床工作台面上。应根据加工工件的具体要求，选择好平口钳的安装方式。通常，平口钳有两种安装方式（如图 2–24 所示）。

（a）　　　　　　　　　　　　　　　　　（b）

图 2 – 24　平口钳的安装方式

（a）固定钳口与主轴轴心线垂直；（b）固定钳口与主轴轴心线平行

2）用百分表校正平口钳

在校正平口钳之前，用螺栓将其与机床工作台固定约六成紧。将磁性表座吸附在机床主轴上，百分表安装在表座接杆上，通过机床手动操作模式，使表测量触头垂直接触平口钳，百分表指针压缩量为 2 圈（5 mm 量程的百分表），来回移动工作台，根据百分表的读数调整平口钳位置，直至表的读数在钳口全长范围内一致，并完全紧固平口钳，如图 2−25 所示。

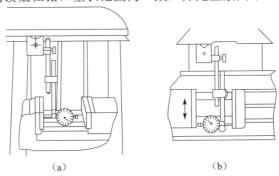

（a） （b）

图 2−25 用百分表校正平口钳

（a）校正固定钳口与主轴轴心线垂直；（b）校正固定钳口与主轴轴心线平行

3）工件在平口钳上的装夹

（1）毛坯件的装夹。装夹毛坯件时，应选择一个平整的毛坯面作为粗基准，并靠向平口钳的固定钳口。装夹工件时，在活动钳口与工件毛坯面间垫上铜皮，确保工件可靠夹紧。工件装夹后，用划针盘校正毛坯的上平面，基本上与工件台面平行，如图 2−26 所示。

（2）具有已加工表面工件的装夹。在装夹表面已加工的工件时，应选择一个加工表面作基准面，将这个基准面靠向平口钳的固定钳口或钳体导轨面，完成工件装夹。

工件的基准面靠向平口钳的固定钳口时，可在活动钳口间放置一圆棒，并通过圆棒将工件夹紧，这样能够保证工件基准面与固定钳口很好地贴合。圆棒放置时，要与钳口上平面平行，其高度在钳口所夹持工件部分的高度中间，或者稍偏上一点，如图 2−27 所示。

工件的基准面靠向钳体导轨面时，在工件基准面和钳体导轨平面间垫一大小合适且加工精度较高的平行垫铁。夹紧工件后，用铜锤轻击工件上表面，同时用手移动平行垫铁，垫铁不松动时，工件基准面与钳身导轨平面贴合好（如 2−28 所示）。敲击工件时，用力大小要适当，并与夹紧力的大小相适应。敲击的位置应从已经贴合好的部位开始，逐渐移向没有贴合好的部位。敲击时不可连续用力猛敲，应克服垫铁和钳身反作用力的影响。

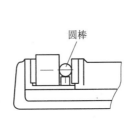
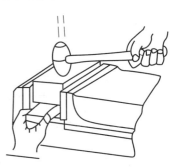

图 2−26 钳口垫铜皮装夹毛坯件   图 2−27 用圆棒夹持工件   图 2−28 用平行垫铁装夹工件

4）工件在平口钳上装夹时的注意事项

（1）安装工件时，应擦净钳口平面、钳体导轨面及工件表面。

（2）工件应安装在钳口比较中间的位置，并确保钳口受力均匀。

（3）工件安装时其铣削余量应高出钳口上平面，装夹高度以铣削尺寸高出钳口平面的3～5 mm 为宜。

（4）如工件为批量生产，因其尺寸、形状等各项精度指标均在公差范围内，故加工时无须再校正工件，可直接装夹工件并加工；而对于加工精度不高且单件生产的工件，加工前必须对工件进行校正方可能加工。

图 2-29 所示为使用平口钳装夹工件的几种情况。

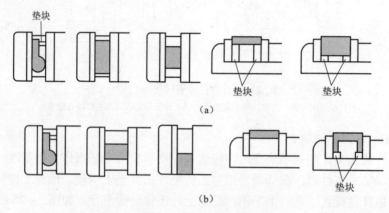

图 2-29　使用平口钳装夹工件的几种情况
（a）正确的安装；（b）错误的安装

2. 利用分度头装夹工件

当工件需水平安装时，常采用分度头、尾座顶尖装夹工件，具体操作步骤如下。

1）安装与校正分度头

（1）擦净分度头底面及机床工作台面后，用螺栓将分度头固定在机床工作台面上。

（2）校正分度头主轴的上素线及侧素线。校正方法是：选用一标准检验心轴，用三爪卡盘夹紧，纵向、横向移动工作台，使百分表通过心轴最大直径测出 a 和 a' 两点处的高度误差，并通过调整分度头主轴的角度，使 a 和 a' 两点的高度误差符合要求，则分度头主轴的上素线就与机床工作台面平行，如图 2-30 所示；用同样方法使 b 和 b' 两点的误差符合要求，则分度头主轴侧素线与纵向工作台进行方向平行，如图 2-31 所示。

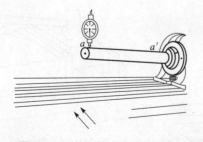

图 2-30　校正分度头主轴上素线

图 2-31　校正分度头主轴侧素线

2）安装并校正尾座

将尾座擦净并安装在工作台面上，用顶尖将标准检验心轴顶紧。

重复上述步骤完成心轴上素线及侧素线的校正，若校正百分表读数不变，说明尾座与分度头主轴同轴；若校正时百分表读数有变化，则调整尾座顶尖，使之到第一次校正读数即可。

3）装夹工件

完成分度头及尾座的安装校正后，即可进行工件装夹。用分度头及尾座装夹工件的方式如图2－32所示。

4）安装校正注意事项

（1）校正素线用的标准心轴的形位公差和尺寸精度应符合要求。

（2）校正素线时，不得用手锤敲击检验心轴、分度头及尾座。

图2－32　用分度头及尾座装夹工件

（3）校正素线时，百分表的压紧数不能太大或太小，以免读错数值或测量不准确。

（4）如工件为批量生产，因其尺寸、形状等各项精度指标均在公差范围内，故加工时无须再校正工件，可直接装夹工件并加工；而对于加工精度不高且单件生产的工件，加工前必须对工件进行校正才能加工。

3. 用压板装夹工件

1）压板装夹工件

用压板装夹工件的主要步骤如下。

（1）将工件底面及工作台面擦净，并将工件轻放至台面上，用压板进行固定约七成紧。

（2）将百分表固定在主轴上，测头接触工件上表面，沿前后、左右方向移动工作台或主轴，找正工件上下平面与工作台面的平行度。若不平行，可用垫片的办法进行纠正，然后再重新进行找正，如图2－33（a）所示。

（3）用同样步骤找正工件侧面与轴进给方向的平行度，如果不平行，可用铜棒轻轻敲工件的方法纠正，然后再重新校正，如图2－33（b）所示。

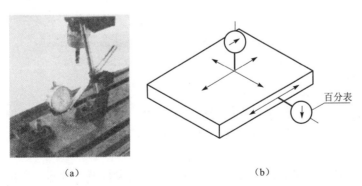

（a）　　　　　　　　　　　　（b）

图2－33　用压板装夹及校正工件

（a）压板装夹与找正示意图；（b）找正时百分表的移动方向

2）用压板夹紧工件的安装注意事项

（1）在工件的光洁表面或材料硬度较低的表面与压板之间，必须放置垫片（铜片或厚纸片），进而避免工件表面因受压力而损伤。

（2）压板的位置要安排得当，要压在工件刚性最好的地方，不得与刀具发生干涉，夹紧力大小也要适当，以避免工件产生变形。

（3）支撑压板的支承块高度要与工件相同或略高于工件，压板螺栓必须尽量靠近工件，并且螺栓到工件的距离应小于螺栓到支承块的距离，以便增大压紧力。

（4）确保压板与工件接触良好、夹紧可靠，以免铣削时工件松动。

2.3 常用计量器具的使用

一、初步认识计量器具

零件完成加工后，只有通过专用计量器具检测，才能确定其尺寸是否合格。不同的零件结构，所需要的计量器具也各不相同，下面介绍的是生产中常用的几类计量器具。

1. 游标量具

游标量具是一种中等精度的量具，可测量外径、内径、长度、厚度及深度等尺寸。由于使用方便、测量范围大、结构简单、价格低廉等特点，因而在零件检测过程中得到了广泛的使用。图2-34为常用的几种游标量具。

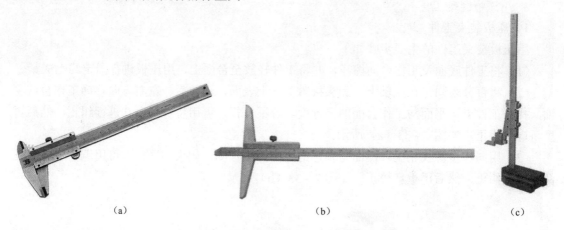

（a）　　　　　　　　　　　（b）　　　　　　　　　（c）

图2-34　常用的几种游标量具

（a）普通游标卡尺；（b）游标深度尺；（c）游标高度尺

2. 螺旋副量具

螺旋副量具是一种比游标量具更精密的一类量具，测量精度通常为0.01 mm。常用的螺旋副量具有外径千分尺、内测千分尺及深度千分尺等，如图2-35所示。

3. 表类量具

表类量具是一种指示量具，主要用于校正工件的装夹位置、检查工件的形状和位置误差及测量工件内径等，具有结构较简单、体积小、读数直观、使用方便等特点，是生产中应用较多的一类量具。常用的表类量具有百分表、杠杆百分表、内径百分表等，如图2-36所示。

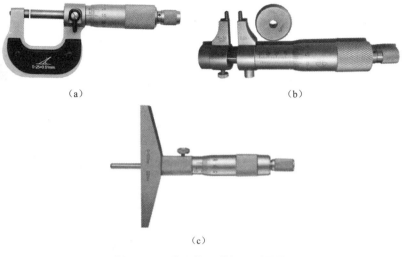

（a） （b）

（c）

图2-35 常用的几种螺旋副量具

（a）外径千分尺；（b）内测千分尺；（c）深度千分尺

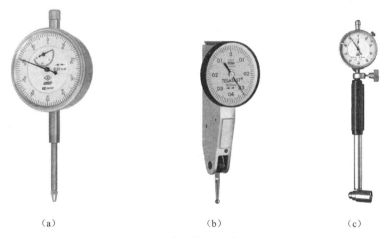

（a） （b） （c）

图2-36 常用的几种表类量具

（a）百分表；（b）杠杆百分表；（c）内径百分表

4. 量块

量块又称块规，其截面为矩形，是一对相互平行测量面间具有准确尺寸的测量器具。主要用于检验和校准各种长度测量器具，也可用作比较测量的标准件。其外形如图2-37所示。

图2-37 量块

二、常用计量器具的使用

1. 游标卡尺

1）游标卡尺的读数原理及读数方法

游标卡尺的读数部分主要由主尺和副尺（游标尺）组成，其原理是利用主尺刻线间距与副尺刻线间距之差来进行小数读数的。根据游标的分度值，游标卡尺有 0.1 mm、0.05 mm、0.02 mm 三种规格，其中分度值为 0.02 mm 的游标卡尺应用最普遍。表 2-1 所列为游标卡尺的读数方法。

表 2-1　游标卡尺的读数方法

分度值	刻线原理	读数方法及示例
0.02 mm	主尺 1 格=1 mm； 副尺 1 格=0.98 mm，共 50 格； 主尺、游标每格之差=1-0.98=0.02 mm 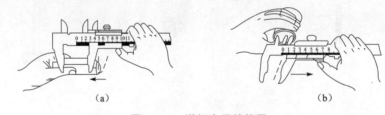	读数=副尺零位指示的主尺整数 +副尺与主尺重合线数×分度值 示例：读数=22＋9×0.02=22.18 mm

2）游标卡尺的使用方法及注意事项

游标卡尺的使用方法如图 2-38 所示，使用时应注意以下几点。

（a）　　　　　　　　　　　（b）

图 2-38　游标卡尺的使用

（a）测量外表面尺寸；（b）测量内表面尺寸

（1）使用前应擦净卡脚，并将两卡脚闭合，检查主、副尺零线是否重合。若不重合，则在测量后根据原始误差修正读数。

（2）用游标卡尺测量时，使卡脚逐渐与工件表面靠近，最后达到轻微接触。

（3）测量时，卡脚不得用力压紧工件，以免卡脚变形或磨损，从而影响测量的准确度。

（4）游标卡尺仅用于测量已加工的光滑表面。表面粗糙的工件或正在运动的工件都不宜用游标卡尺测量，以免卡脚过快磨损。

2. 游标深度尺

图 2-39　用游标深度尺测量孔深

用游标深度尺测量孔、槽的深度如图 2-39 所示，其读数原理和读数方法与一般游标卡尺相同，但在测量时应注意以下几点。

（1）测量前，必须仔细清除被测孔的切屑和脏物，以免影响测量精度。

（2）测量时，尺身端部应抵紧孔底，横梁的两端都应压在孔口处的直径方向。在测大直径内孔时，可将深度靠在孔壁附近测量，但也必须使横梁的两端都紧压在孔口端处，绝不允许只将横梁一端挂在孔口处进行测量。

（3）测量时，尺身的轴线应与被测孔的中心线平行，不得歪斜。

（4）测量时，应在测量位置上进行读数。因工件结构所限，确实无法直接读数时，可将深度尺轻轻取出进行读数，取出时不得移动其游标位置，以免影响读数精度。

3. 外径千分尺

1）外径千分尺的读数原理及读数方法

外径千分尺是利用螺旋副运动原理进行测量和读数的，其结构如图 2-40 所示，主要用来测量外形尺寸及形位误差。

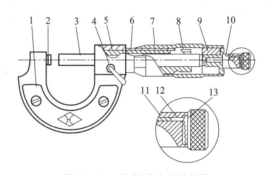

图 2-40 外径千分尺的结构

1—尺架；2—砧座；3—测微螺杆；4—锁紧装置；5—螺纹轴套；6—固定套管；7—微分筒；8—螺帽；
9—接头；10—测力装置；11—弹簧；12—棘轮爪；13—棘轮

由于螺杆移动量一般为 25 mm，因此按测量范围分类，外径千分尺有 0~25 mm，25~50 mm，50~75 mm 等规格，最大可达 3 000 mm。读数方法见表 2-2。

表 2-2 外径千分尺的读数方法

分度值	刻线原理	读数方法及示例
0.01 mm	外径千分尺测微螺杆的螺距为 0.5 mm，微分筒圆锥面上一圈的刻度为 50 格。当微分筒旋转一周时，带动测微螺杆沿轴向移动一个螺距，即 0.5 mm；若微分筒转过 1 格，则带动测微螺杆沿轴向移动 0.5/50=0.01 mm，因此，外径千分尺的分度值是 0.01 mm	读数方法： （1）先读整数部分。从微分筒锥面的端面左边在固定套筒上露出来的刻线处读出被测工件的毫米整数或半毫米数； （2）再读小数部分。从微分筒上由固定套筒纵刻线所对准的刻线处读出被测工件的小数部分。不足一格的数按估读法确定； （3）求和。将整数和小数部分相加，即为被测工件的尺寸 示例 1： 读数=12 + 34×0.01=12.34 mm 示例 2： 读数=11.5 + 34×0.01=11.84 mm

2）使用外径千分尺时的注意事项

外径千分尺的使用方法如图 2-41 所示，使用时应注意以下几点。

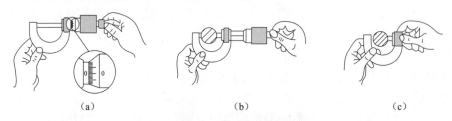

图 2-41　外径千分尺的使用

（a）检验零点，并校正；（b）先旋转套筒作大调整，后旋转棘轮直至打滑为止；

（c）直接读数或锁紧后，与工件分开读数

（1）测量前后均应擦净千分尺。

（2）测量时应握住弓架。当螺杆即将接触工件时必须使用棘轮，并至打滑 1～2 圈为止，以保证恒定的测量压力。

（3）工件应准确地放置在千分尺测量面间，不可倾斜。

（4）测量时不应先锁紧螺杆，后用力卡过工件。否则将导致螺杆弯曲或测量面磨损，从而影响测量准确度。

（5）千分尺只适用于测量精度较高的尺寸，不宜测量粗糙表面。

4. 内测千分尺

内测千分尺在结构上与外径千分尺十分相似，其使用及读数方法如图 2-42 所示。

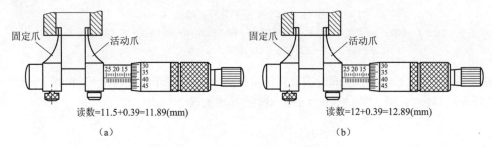

图 2-42　内测千分尺的使用

（a）测量结果 1；（b）测量结果 2

5. 深度千分尺

深度千分尺结构与外径千分尺非常相似，只是用底板代替尺架和测砧（如图 2-43 所示）。其测量范围为 25～50 mm、50～75 mm、75～100 mm 等。

深度千分尺的使用方法与外径千分尺的使用方法相似，只是测量时，测量杆的轴线应与被测面保持垂直。测量孔的深度时，由于看不到里面，所以用尺要格外小心。

6. 百分表

1）百分表的工作原理

利用测杆的直线位移，经齿条与齿轮传动，转变为指针的角位移。其结构如图 2-44 所示。百分表的刻度盘圆周上刻成 100 等份，当测量杆上移 1 mm 时，通过齿条齿轮传动机构，百分表大指针转动 100 个分度，由此可知，大指针转过一个分度就相当于测量杆移动 0.01 mm。

应用百分表，主要进行平行度、平面度校正或测量。

2）百分表的使用方法及注意事项

使用百分表时，可将表座吸在机床主轴、导轨面或工作台面上，百分表安装在表座接杆上，使测头轴线与测量基准面相垂直，测头与测量面接触后，指针转动 2 圈（5 mm 量程的百分表）左右，移动机床工作台，校正被测量面相对于 X 轴、Y 轴或 Z 轴方向的平行度或平面度，如图 2−45 所示。

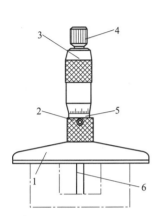

图 2−43　深度千分尺的结构

1—底板；2—锁紧装置；3—微分筒；
4—测力装置；5—固定套管；6—测量杆

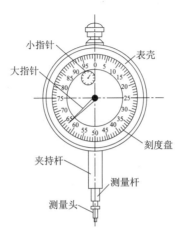

图 2−44　百分表的结构

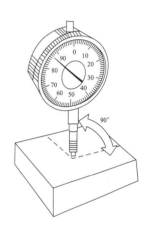

图 2−45　百分表的使用

百分表在使用时应注意几点。

（1）百分表应牢固地装夹在表座上，夹紧力不宜过大，以免使套筒变形而卡住测量杆。此外，应确保测量杆移动灵活。

（2）测量头与工件表面接触时，测量杆应有约 1 mm 的压缩量，以保持一定的起始测量力，提高示值的稳定性。在比较测量时，如果存在负向偏差，预压量还要大一些。

（3）为了读数方便，测量前可把百分表的指针指到表盘的零位。绝对测量时，把测量用的平板作为对零位的基准。相对测量时，把量块作为对零位的基准。

（4）测量平面时，测量杆与被测工件表面应垂直，否则将产生测量误差。

（5）测量圆柱形工件时，测量杆轴线应与工件直径方向一致。

（6）必要时，可根据被测件的形状、表面粗糙度和材料的不同，选用适当形状的测量头。如用平测头测量球形的工件，用球面测头测量圆柱形或平面的工件，用尖测头或小球面测头测量凹面或形状复杂的表面。

7. 内径百分表

1）内径百分表的结构

内径百分表的结构可分为带定位护桥［如图 2−46（a）所示］和不带定位护桥［如图 2−46（b）所示］两种类型。

内径百分表由表头和表架组成。表头一般用百分表作为读数装置，表架是一个管状结构，内部装有杠杆或楔形传动机构。

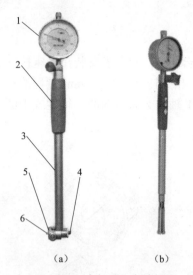

图2-46　内径百分表的结构

(a) 带定位护桥；(b) 不带定位护桥

1—百分表；2—隔热手柄；3—直管；

4—可换测头；5—定位护桥；6—活动测头

安装定位护桥的目的是帮助内径百分表找正孔的直径位置。带定位护桥的内径百分表有 10～18 mm、18～35 mm、35～50 mm、50～100 mm、100～160 mm、160～250 mm、250～450 mm 共 7 种规格。各种规格的内径百分表均有整套可换测头。测头上标有测量范围，可按所测尺寸大小自行选换。

2）内径百分表的使用

内径百分表通常与外径千分尺配合使用，现以测量直径为 45 mm 的内孔为例，说明测量内孔的方法。

（1）选定外径千分尺和内径百分表。根据测量孔径尺寸，选定外径千分尺的规格为 25～50 mm，内径百分表的规格为 35～50 mm。

（2）选定内径百分表的活动测头。根据测量孔径尺寸选择合适的测头，另用盒内附有的专用扳手将活动测头牢靠地固定在表架上。

（3）手按内径百分表的定位护桥，将活动测头先放入被测工件内孔中，再放入可调测头，使用测杆与孔壁垂直，且沿孔的中心线方向作小幅度来回摆动，找出百分表指针的"拐点"，即为最小指示值。转动百分表的表盘，使表盘的零线与指针的"拐点"重合，如图 2-47 所示，再摆动几次，检查零位是否稳定。

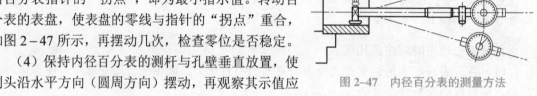

图 2-47　内径百分表的测量方法

（4）保持内径百分表的测杆与孔壁垂直放置，使测头沿水平方向（圆周方向）摆动，再观察其示值应为最大指示值，重新调整百分表的表盘零位。对好零位后，将内径百分表从被测孔内轻轻取出。操作时，一只手拿着直管上的隔热手柄，另一只手扶着直管下部靠近主体的部分。

（5）调整外径千分尺至 45 mm 处，将内径百分表的活动测头和可换测头置于外径千分尺的固定测砧和测微螺杆的测量面之间，转动棘轮，使百分表的示值为零，锁紧千分尺。

（6）在外径千分尺的两测量面之间，按③、④操作方法重新校正内径百分表的零位。如发现零位漂移，则需重新调整千分尺，直至零位不变为止。

（7）此时，外径千分尺的示值就是被测工件的实际孔径。

3）内径百分表使用注意事项

（1）使用前，首先检查内径百分表是否有影响使用的缺陷，尤其应注意查看可换测头主固定测头球面部分的磨损情况。

（2）安装时先将百分表的测量头、测量杆等擦净后，再装进弹簧夹头中，使表的指针转过一圈后紧固弹簧夹头，注意夹紧力不宜太大。

（3）装卸百分表时，要先松开表架上的夹紧手柄，防止损坏夹头和百分表；安装固定测量头时一定要用扳子紧固。

（4）在接触活动测量头时要小心，不要用力太大。

（5）测量时不得使活动测量头受到剧烈振动。

学生工作任务

1. 装夹常用的立铣刀、面铣刀、麻花钻头等,并分别将其装入机床主轴或刀库中。

2. 安装平口钳于数控铣床工作台上,并用百分表进行校正。

3. 利用压板夹紧方式装夹图 2-48 所示零件,并用百分表进行校正。

4. 应用常用量具检测图 2-49 所示零件,将检测结果填入相应表格中。

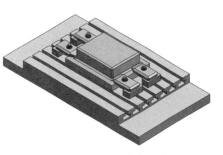

图 2-48 应用压板装夹零件练习

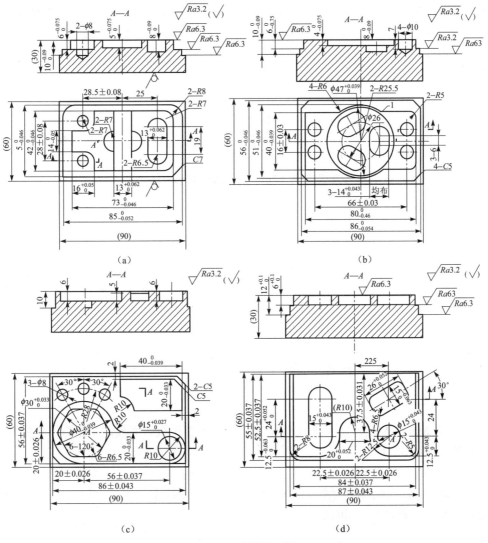

图 2-49 零件检测练习

(a) 零件一;(b) 零件二;(c) 零件三;(d) 零件四

单元三

数控铣床/加工中心常用数控系统面板操作

≫ 学习目标

数控系统是数控机床的核心控制装置，使用不同品牌的数控系统，数控机床的功能及操作也各不相同。目前，数控系统的品牌非常多，有日本的 FANUC、德国的 SINUMERIK、中国的华中 HNC‒21/22M 系统等，其中 FANUC 和 SINUMERIK 是生产中应用较为广泛的两种数控系统。由于篇幅所限，本单元仅安排了这两种系统的学习训练，期望学习者达到以下几个学习目标。

≫ 知识目标

（1）了解 FANUC 和 SINUMERIK 两类数控系统的操作面板，并掌握相关操作方法。
（2）掌握数控铣床/加工中心加工参数的设置方法。
（3）了解数控机床坐标系及其相关知识，掌握常用的对刀方法。

≫ 技能目标

能熟练操作机床，并快速完成工件坐标系及加工参数的设定。

3.1 FANUC0i Mate‒MC 数控系统面板操作实训

一、初识 FANUC0i Mate‒MC 数控系统

FANUC0i Mate‒MC 数控系统面板主要由 CRT 显示区、编辑面板及控制面板三部分组成。

1. CRT 显示区

FANUC0i Mate‒MC 数控系统的 CRT 显示区位于整个机床面板的左上方，包括 CRT 显示屏及软键，如图 3‒1 所示。

2. 编辑面板

FANUC0i Mate‒MC 数控系统的编辑面板通常位于 CRT 显示区的右侧（如图 3‒2 所示），各按键名称及功能见表 3‒1 和表 3‒2。

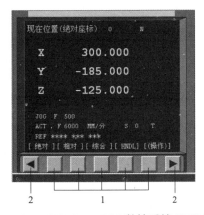

图 3-1 FANUC0i Mate-MC 数控系统 CRT 显示区

1—功能软件；2—扩展软件

图 3-2 FANUC0i Mate-MC

数控系统的编辑面板

表 3-1 FANUC0i Mate-MC 数控系统编辑面板主功能键及用途

序号	按键符号	按键名称	用　途
1	POS	位置显示键	显示刀具的坐标位置
2	PROG	程序显示键	在 EDIT 模式下，显示存储器内的程序；在 MDI 模式下，输入和显示 MDI 数据；在 AUTO 模式下，显示当前待加工或正在加工的程序
3	OFFSET SETTING	参数设定/显示键	设定并显示刀具补偿值、工件坐标系及宏程序变量
4	SYS-TEM	系统显示键	系统参数设定与显示，以及自诊断功能数据显示等
5	MESS-AGE	报警信息显示键	显示 NC 报警信息
6	CUSTOM GRAPH	图形显示键	显示刀具轨迹等图形

表 3-2 FANUC0i Mate-MC 数控系统编辑面板其他按键及用途

序号	按键符号	按键名称	用　途
1	RESET	复位键	用于使所有操作停止或解除报警、CNC 复位
2	HELP	帮助键	提供与系统相关的帮助信息
3	DELETE	删除键	在 EDIT 模式下，删除已输入的字及在 CNC 中存在的程序
4	INPUT	输入键	加工参数等数值的输入

序号	按键符号	按键名称	用　　途
5	CAN	取消键	清除输入缓冲器中的文字或符号
6	INSERT	插入键	在 EDIT 模式下，在光标后输入的字符
7	ALTER	替换键	在 EDIT 模式下，替换光标所在位置的字符
8	SHIFT	上挡键	用于输入处于上挡位置的字符
9		程序编辑键	用于 NC 程序的输入
10		光标移动键	用于改变光标在程序中的位置
11	PAGE	光标翻页键	向上或向下翻页

3. 控制面板

FANUC0i Mate–MC 数控系统的控制面板通常位于 CRT 显示区的下侧（如图 3–3 所示），各按键（旋钮）名称及功能见表 3–3。

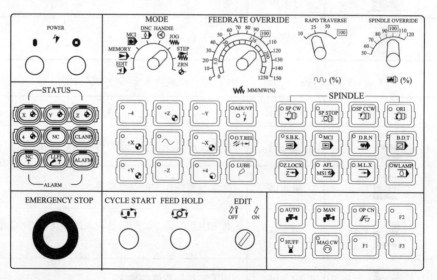

图 3 – 3　FANUC0i Mate – MC 数控系统的控制面板

表 3–3 FANUC0i Mate–MC 数控系统控制面板各键及用途

序号	键、旋钮符号	按键（旋钮）名称	功能说明
1	EMERGENCY STOP	急停旋钮	紧急情况下按下此按钮，机床停止一切运动
2	MODE DNC HANDLE MDI JOG MEMORY STEP EDIT ZRN	模式选择旋钮	用于选择机床工作模式： EDIT 模式：程序的输入及编辑操作 MEMORY 模式：自动运行程序 MDI 模式：手动数据输入操作 DNC 模式：在线加工 HANDLE 模式：手轮操作 JOG 模式：手动操作 STEP 模式：增量进给操作 ZRN 模式：回参考点操作
3	FEEDRATE OVERRDE	进给倍率旋钮	在 JOG 或 MEMORY 模式下，通过此旋钮可改变机床各轴的移动速度。移动速度等于编程值乘以外圈所对应的值再乘以 1/100
4	RAPD TRAVERSE ∩∪ (%)	快速倍率旋钮	用于调整手动或自动模式下的快速进给速度： 在 JOG 模式下，调整快速进给及返回参考点时的进给速度。在 MEMORY 模式下，调整 G00、G28 和 G30 指令进给速度
5	SPINDLE OVERRIDE (%)	主轴倍率旋钮	在自动或手动操作主轴时，转动此旋钮可调整主轴的转速
6	−4 +Z −Y +X ∼ −X +Y −Z +4	轴进给方向键	在 JOG 模式下，按下某一运动轴按键，被选择的轴会以进给倍率的速度移动，松开按键则轴停止移动

续表

序号	键、旋钮符号	按键（旋钮）名称	功能说明
7	S.B.K.	单段执行开关键	在 MEMORY 模式下，此键 ON 时（指示灯亮），每按一次循环启动键，机床执行一段程序后暂停；此键 OFF 时（指示灯灭），按一次循环启动键，机床连续执行程序段
8	M01	选择停止开关键	在 MEMORY 模式下，此键 ON 时（指示灯亮），程序中的 M01 有效；此键 OFF 时（指示灯灭），程序中的 M01 无效
9	D.R.N	空运行开关键	在 MEMORY 模式下，此键 ON 时（指示灯亮），程序以快速方式运行；此键 OFF 时（指示灯灭），程序以 F 指令所设定的进给速度运行
10	B.D.T	程序跳段开关键	在 MEMORY 模式下，此键 ON 时（指示灯亮），程序中加"/"的程序段被跳过执行；此键 OFF 时（指示灯灭），完全执行程序中所有程序段
11	OZ.LOCX Z	Z 轴锁定开关键	在 MEMORY 模式下，此键 ON 时（指示灯亮），机床 Z 轴被锁定
12	AFL MSI	辅助功能开关键	在 MEMORY 模式下，此键 ON 时（指示灯亮），机床辅助功能指令无效
13	M.L.X	机床锁定开关键	在 MEMORY 模式下，此键 ON 时（指示灯亮），系统连续执行程序，但机床所有轴被锁定，无法移动
14	WLAMP	机床照明开关键	此键 ON 时（指示灯亮），打开机床照明灯；此键 OFF 时（指示灯灭），关闭机床照明灯
15	CYCLE START	循环启动键	在 MDI 或 MEMORY 模式下，按下此键，机床自动执行当前程序
16	FEED HOLD	循环启动停止键	在 MDI 或 MEMORY 模式下，按下此键，机床暂停程序自动运行，直到再一次按下循环启动键
17	SP CW	主轴正转键	在 JOG 模式下按下此键，主轴正转
18	SP STOP	主轴停转键	在 JOG 模式下按下此键，主轴停止
19	OSP CCW	主轴反转键	在 JOG 模式下按下此键，主轴反转
20	MAG CW	刀库正转键	在 JOG 模式下按下此键，刀库顺时针转动

续表

序号	键、旋钮符号	按键（旋钮）名称	功能说明
21	O ORI	主轴准停键	在 JOG 模式下，按下此键，主轴准确停止，停止角度可由系统参数设定
22	O.T.REL	超程释放键	当机床出现超程报警时，按下此键，同时再按超程方向的反向轴进给键，即可解除超程报警
23	O LUBE	机床润滑键	给机床加润滑油
24	O AUTO	冷却液自动控制开关键	在 MEMORY 模式下，此键 ON 时（指示灯亮），冷却液的开闭由程序指令控制
25	O MAN	冷却液自动控制开关键	按下此键使指示灯亮，手动打开冷却液；按此键使指示灯灭，手动关闭冷却液
26	EDIT OFF ON	程序保护锁	处于 ON 时，允许程序和参数的修改；处于 OFF 时，不允许程序和参数的修改
27	POWER	系统电源开关键	按下左侧的绿色键，机床电源打开；按下右侧的红色键，机床电源关闭

二、机床操作

1. 开机

打开机床总电源，按系统电源打开键，直至 CRT 显示屏出现 NOT READY 提示后，旋开急停旋钮，当 NOT READY 提示消失后，开机成功。

注意：在开机前，应先检查机床润滑油是否充足，电源柜门是否关好，操作面板各按键是否处于正常位置，否则将可能影响机床正常开机。

2. 机床回参考点

将操作模式选择旋钮置于 ZRN 模式，将进给倍率旋钮旋至最大倍率 150%，快速倍率旋钮置于最大倍率 100%，依次按 +Z、+X、+Y 轴进给方向键（必须先按+Z 键确保回参考点时不会使刀具撞上工件），待 CRT 显示屏中各轴机械坐标值均为零时（如图 3-4 所示），回参考点操作成功。

机床回参考点操作应注意以下几点。

（1）当机床工作台或主轴当前位置接近机床参考点或处于超程状态时，应采用手动方式，将机床工作台或主轴移至各轴行程中间位置，否则无法完成回参考点操作。

（2）机床正在执行回参考点动作时，不允许旋动模式选择旋钮，否则回参考点操作失败。

（3）回参考点操作完成后，将模式选择旋钮旋到 JOG 模式，依次按住各轴选择键 −X，

－Y，－Z，给机床回退一段约 100 mm 的距离（如图 3－5 所示）。

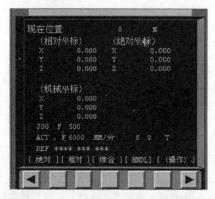

图 3－4　系统回参考点时的画面

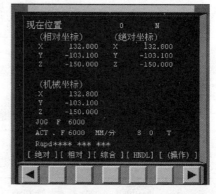

图 3－5　手动操作后系统坐标状态

3. 关机

按下急停旋钮，关闭系统电源，再关闭机床总电源，关机成功。

注意：关机后应立即进行加工现场及机床的清理与保养。

4. 手动模式操作

手动模式操作主要包括手动移动刀具、手动控制主轴及手动开关冷却液等。

1）手动移动刀具

将模式选择旋钮旋到 JOG 模式，分别按住各轴选择键 +Z、+X、+Y、－X、－Y、－Z，即可使机床向选定轴方向连续进给；若同时按快速移动键，则可快速进给。通过调节进给倍率旋钮、快速倍率旋钮，可控制进给、快速进给移动的速度。

2）手动控制主轴

将模式选择旋钮旋到 JOG 模式，按 O　SP　CW 键，此时主轴按系统指定的速度顺时针转动；若按 O　SP　CCW 键，主轴则按系统指定的速度逆时针转动；按 O　SP　STOP 键，主轴停止转动。

注意：若机床当前转速为零，将无法通过手动方式启动主轴，此时必须进入 MDI 模式，通过手动数据输入方式启动主轴。

3）手动开关冷却液

将模式选择旋钮旋到 JOG 模式，按 MAN 键，此时冷却液打开；若再按一次该键，冷却液关闭。

5. 手轮模式操作

将模式选择旋钮旋到 HANDLE 模式，通过手轮上的轴向选择旋钮可选择轴向运动——顺时针转动手轮脉冲器，轴正移，反之，则轴负移。通过选择脉动量×1、×10、×100（分别是 0.001、0.01、0.1 毫米/格）来确定进给速度。

手轮构造如图 3－6 所示。

6. 手动数据输入模式（MDI 模式）

将模式选择旋钮旋到 MDI 模式，按编辑面板上的 PROG 键，选择程序屏幕按 CRT 显示区的 MDI 功能软键，系统会自动加入程序号 O0000，并输入 NC 程序，如图 3－7 所示，将光标移到程序首段，按循环启动键运行程序。

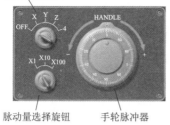

图 3-6　手轮构造图

图 3-7　FANUC0i Mate-MC 数控系统 MDI 编辑画面

7. 程序编辑

1）创建新程序

将模式选择旋钮旋到 EDIT 模式，将程序保护锁调到 ON 状态下按 PROG 键，按 LIB 功能软键，进入程序列表画面［如图 3-8（a）所示］，输入新程序名（如 O0001），按 INSERT 键，完成新程序创建［如图 3-8（b）所示］。

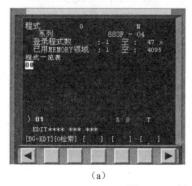

（a）

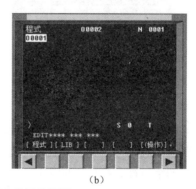

（b）

图 3-8　创建新程序的操作画面

（a）程序列表；（b）程序编辑

2）打开程序

将模式选择旋钮旋到 EDIT 模式，将程序保护锁调到 ON 状态下，按 PROG 键，按 LIB 功能软键进入程序列表画面，输入要打开的程序名（如 O0002），按↓光标键，即可完成 NC 程序打开操作，如图 3-9 所示。

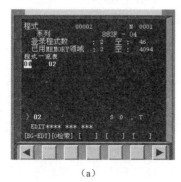

（a）

（b）

图 3-9　打开程序的操作画面

（a）程序列表；（b）程序编辑

3）编辑程序

编辑程序主要包括字的插入、字的替换、字的删除、字的检索及程序复位。

（1）字的插入。

- 使用光标移动键，将光标移至要插入程序字的前一位字符上，如图3-10（a）所示。
- 输入要插入的程序字，如G17，再按INSERT键。

光标所在的字符（G40）之后出现新插入的程序字（G17），同时光标移至该程序字上，如图3-10（b）所示。

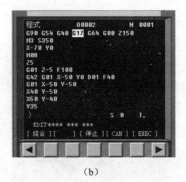

（a）　　　　　　　　　　　　　（b）

图3-10　程序字插入操作

（a）插入前的画面；（b）插入后的画面

（2）字的替换。

- 使用光标移动键，将光标移至要替换的程序字符上。
- 输入要替换的程序字，按ALTER键。

光标所在的字符被替换成新的字符，同时光标移到下一个字符上。

（3）字的删除。

- 使用光标移动键，将光标移至要删除的程序字符上。
- 按DELETE键。

即完成了字符的删除操作。

（4）字的检索

- 输入要检索的程序字符，例如，要检索M09，则输入M09。
- 按↓光标键，光标即定位在要检索的字符位置。

注意：按↓光标键，表示从光标所在位置开始向程序结束的方向检索；按↑光标键，表示从光标所在位置开始向程序开始的方向检索。

（5）删除程序。

删除程序有以下两种操作：

- 删除单一程序文件：输入要删除的程序名（如O10），按DELETE键，即可删除程序文件（O10）。
- 删除内存中所有程序文件：输入O-9999，按DELETE键，即删除内存中全部程序文件。

（6）程序复位。

按 RESET 键，光标即可返回到程序首段。

8. 刀具补偿参数的设置

刀具补偿参数输入界面如图 3－11 所示，界面中各参数含义如下。

（1）番号：对应于每一把刀具的刀具号。

（2）形状（H）：表示刀具的长度补偿。

（3）磨耗（H）：表示刀具在长度方向的磨损量。

$$刀具的实际长度补偿 = 形状(H) + 磨耗(H)$$

（1）形状（D）：表示刀具的半径补偿。

（2）形状（D）：表示刀具的半径磨损量。

$$刀具的实际半径补偿 = 形状(D) + 磨耗(D)$$

刀具输入补偿参数的操作步骤如下。

① 按 OFFSET SETING 键，进入刀具补偿参数输入界面。

② 将光标移至要输入参数的位置，输入参数值，按 INPUT 键，即完成刀具补偿参数的输入。

例如：1 号刀直径为 8 mm，长度为 100 mm；2 号刀直径为 10 mm，长度为 110 mm；3 号刀直径为 16 mm，长度为 130 mm。将 3 把刀的补偿参数输入至系统后如图 3－12 所示。

图 3－11　刀具补偿值输入界面

图 3－12　刀具补偿参数输入示例

9. 空运行操作

FANUC0i Mate－MC 数控系统提供了两种模式的程序空运行，即机床锁定空运行及机床空运行。

在完成刀具补偿参数的设置后，即可进行空运行操作。

1）机床锁定空运行

机床锁定空运行就是系统在执行 NC 程序时，机床自身不运动，只在加工画面显示程序运行过程或运行轨迹，常用来检查加工程序的正确性，相关的操作步骤如下。

（1）在"编辑"或"自动"模式下打开要运行的程序。

（2）将模式选择旋钮旋到 MEMORY 模式，按 MLK 键（该键指示灯亮），按 DRN 键（该键指示灯亮），使机床置于锁定的空运行状态。

（3）将"进给倍率"旋钮调至最小，按 S. B. K 键，使机床置于单段模式下。

（4）按 CYCLE START 键，调整"进给倍率"旋钮，以单段方式空运行程序。

2）机床空运行

机床空运行则机床运动部件不锁定情况下，系统快速运行 NC 程序，主要用于检查刀具在加工过程中是否与夹具等发生干涉、工件坐标系设置是否正确等情况。

图 3-13 工件坐标系上移参数设置示例

（1）按 OFFSET SETING 键，按"坐标系"功能软键，在图 3-13 光标所示位置输入一数值（如 50.0），将工件坐标系上移至一定高度。

（2）在"编辑"或"自动"模式下打开要运行的程序。

（3）将模式选择旋钮旋到 MEMORY 模式，按 DRN 键（该键指示灯亮），使机床置于无锁定的空运行状态。

（4）将"进给倍率"旋钮调至最小，按 S. B. K 键，使机床置于单段模式下。

（5）按 CYCLE START 键，调整"进给倍率"旋钮，以单段方式空运行程序，检查程序编制的合理性。

如确认程序无误，也可在连续模式下空运行程序。

注意：空运行结束后，应立即取消机床空运行，并进行工件坐标系复位，为后续程序自动运行作准备。

10. 程序自动运行

在确定程序正确、合理后，将机床置于自动加工模式，实施零件首件加工，相关操作步骤如下。

（1）在"编辑"或"自动"模式下打开要运行的程序。

（2）将模式选择旋钮旋到 MEMORY 模式，使机床置于正常的自动加工状态。

（3）将"进给倍率"旋钮调至最小，按 S. B. K 键，使机床置于单段模式下。

（4）按 CYCLE START 键，调整"进给倍率"旋钮，以单段方式空运行程序。

如确认程序无误，也可在连续模式下空运行程序。

注意：在对零件正式加工前，一定要确认机床空运行是否取消，刀具补偿参数是否正确，经检查无误后方可加工。

3.2 SINUMERIK-802D 数控系统面板操作

一、初识 SINUMERIK-802D 数控系统

SINUMERIK-802D 数控系统面板主要由 CRT 显示区、编辑面板及控制面板三部分组成。

1. CRT 显示区

SINUMERIK-802D 数控系统的 CRT 显示区位于整个机床面板的左上方，可划分为状态区、应用区和软键区 3 个区域，如图 3-14 所示。

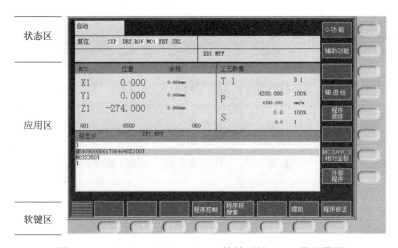

图 3-14 SINUMERIK-802D 数控系统 CRT 显示界面

1）状态区

状态区主要用于显示机床目前所处的状态，区域内各显示元素的含义如图 3-15 所示。

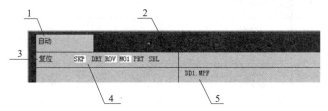

图 3-15 SINUMERIK-802D 数控系统屏幕状态区

1—系统状态显示区；2—报警及信息显示区；3—程序状态区；4—程序控制状态显示区；5—当前 NC 程序显示区

2）应用区

该区主要显示系统当前加工状态，包括坐标值、程序及工艺参数等，如图 3-14 所示。

3）软键区

显示屏右侧和下方的方块为功能软键，按下软键，可以进入软键上方对应的菜单。有些菜单下有多级子菜单，当进入子菜单后，可通过按"返回"软键返回上一级菜单。

2. 编辑面板

SINUMERIK-802D 数控系统的编辑面板位于 CRT 显示区正下方（如图 3-16 所示），各按键名称及功能见表 3-4。

图 3-16 SINUMERIK-802D 数控系统编辑面板

表 3-4 SINUMERIK-802D 数控系统编辑面板按键功能说明

序号	按键符号	按键名称	功能说明
1		报警应答键	当系统出现按键所示两半圆符号的报警信息时,按此键即可消除报警

续表

序号	按键符号	按键名称	功能说明
2		通道转换键	通道转换
3		信息键	获得帮助信息
4		上挡键	用于输入处于上挡位置的字符
5		空格键	按此键可以在光标后插入空格
6		退格键	删除光标前一个字符
7	 Del	删除键	删除光标当前位置字符
8		制表键	用于当前光标位置前插入五个空格
9		回车/ 输入键	用于确认输入内容；编程时按此键，光标另起一行
10	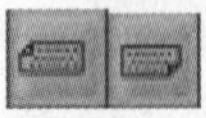	翻页键	将光标从所在屏幕向上、向下翻页
11	 M	加工键	按此键，显示机床加工状态界面
12		程序操作 区域键	按此键，显示程序编辑界面
13	 Off Para	参数操作 区域键	按此键，显示加工参数编辑界面
14	 Prog Man	程序管理 操作区域键	按此键，显示程序列表界面
15		报警/系统操 作区域键	按此键，可查看系统参数
16		选择转换键	用于机床模式的选择与转换
17	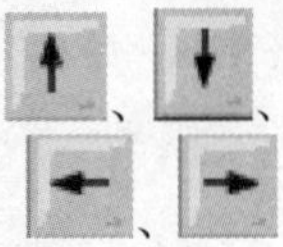	光标移动键	按此键，将光标上下或左右移动

3. 控制面板

　　SINUMERIK–802D 数控系统控制面板通常位于 CRT 显示区的正右侧（如图 3–17 所示），各按键（旋钮）名称及功能见表 3–5。

图 3 - 17　SINUMERIK - 802D 数控系统控制面板

表 3 - 5　SINUMERIK - 802D 数控系统控制面板各键及用途

序号	按键/旋钮符号	按键/旋钮名称	功能说明
1		急停旋钮	紧急情况下按下此按钮，机床停止一切运动
2		手动模式键	在该模式下，可进行手动切削连续进给、手动快速进给、程序编辑及对刀等操作
3		回零模式键	在该模式下可进行回参考点操作
4		自动模式键	在该模式下可使机床自动运行程序
5		单段模式键	该模式有效时，每按一次"循环启动"键，机床执行一段程序后暂停
6		MDA 模式键	手动数据输入操作
7		主轴正转键	在"手动"模式下按下此键，主轴正转
8		主轴反转键	在"手动"模式下按下此键，主轴反转
9		主轴停转键	在"手动"模式下按下此键，主轴停转
10		轴选择键	在"手动"模式下，按下某一运动轴按键，则被选择的轴会以进给倍率的速度移动，松开按键则轴停止移动

序号	按键/旋钮符号	按键/旋钮名称	功能说明
11		增量选择键	在"手动"模式下，按此键将进行步进增量的选择，配合轴选择键，可进行点动增量进给操作
12		循环启动键	在 MDA 或"自动"模式下，按下此键，机床自动执行当前程序
13		循环停止键	在 MDA 或"自动"模式下，按下此键，机床暂停程序自动运行，直到再一次按下循环启动键
14		主轴转速倍率旋钮	在主轴旋转过程中，可通过此旋钮对主轴转速进行调节，调节范围在 50%～120%
15		进给速度倍率旋钮	在手动连续进给过程中，可以通过此旋钮对进给速度进行调节，调节范围为 0～120%。同时，在程序执行过程中，也可对程序中指定的进给速度 F 进行调节
16		复位键	用于系统复位，使系统回复到初始状态

二、机床操作

1. 开机

打开机床总电源，按系统电源打开键，直至 CRT 显示屏进入加工界面后，旋开急停旋钮，按复位键，开机结束。

注意： 在开机前，应先检查机床润滑油是否充足，电源柜门是否关好，操作面板各按键是否处于正常位置，否则将可能影响机床正常开机。

2. 机床回零

按回零模式键，将手轮上的轴向选择旋钮旋至 OFF 挡。依次按 +Z、+X、+Y 键，当系统出现图 3-18 所示画面后，机床回零成功。

注意： 对于配置绝对值编码器的数控系统，不须回零，只要刀具在安全位置，开机就可使用。

机床回零操作应注意以下几点。

（1）当机床工作台或主轴当前位置接近机床参考点或处于超程状态时，应采用手动方式，将机床工作台或主轴移至各轴行程中间位置，否则无法完成回参考点操作。

（2）机床正在执行回零动作时，不允许按其他操作模式键，否则回零操作失败。

（3）回零操作完成后，按手动模式键，即依次按住各轴选择键 -X、-Y、-Z，让机床在三个坐标方向上回退至距零点约 100 mm 的距离（如图 3-19 所示），以便进行后续操作。

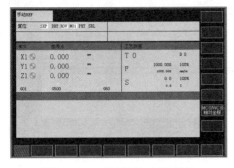

图 3-18 系统回零时的画面

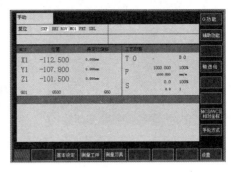

图 3-19 手动操作后的系统画面

3. 关机

按下急停旋钮，关闭系统电源，再关闭机床总电源，完成关机操作。

注意：关机后应立即进行加工现场及机床的清理与保养。

4. 手动模式操作

手动模式操作主要包括手动移动刀具及手动控制主轴等。

1）手动移动刀具

按手动模式键，即分别按住各轴选择键 +Z、+X、+Y、-X、-Y、-Z，即可使机床向选定轴方向连续进给，若同时按快速移动键，则可快速进给（通过调节进给倍率旋钮、快速倍率旋钮，可控制进给、快速进给移动的速度）。

2）手动控制主轴

按手动模式键，再按主轴正转键，此时主轴按系统指定的速度顺时针转动；若按主轴反转键，主轴则按系统指定的速度逆时针转动；按主轴停转键，主轴停止转动。

5. 手轮模式操作

按下手动模式键，通过手轮上的轴向选择旋钮可选择轴向运动——顺时针转动手轮脉冲器，轴正移，反之，则轴负移。通过选择脉动量×1、×10、×100（分别是 0.001 毫米/格、0.01 毫米/格、0.1 毫米/格）来确定进给速度。

手轮构造如图 3-20 所示。

6. 手动数据输入模式（MDA 模式）

按 MDA 模式键，再按加工键，屏幕显示进入加工界面（如图 3-21 所示），光标停在程序输入区（若光标不在程序输入区，则按"返回"软键，光标即可回到程序输入区）。手动输入 NC 程序段，然后按复位键，使光标回到程序首段，再按循环启动键，系统则执行刚输入的 NC 程序。

按"删除 MDA 程序"软键，可删除当前的 MDA 程序。

7. 程序编辑

1）创建新程序

按程序管理操作区域键，系统进入程序管理界面 [如图 3-22（a）所示]。按"新程序"软键后，弹出对话框 [如图 3-22（b）所示]，输入新程序名（如 GN9）后，按"确认"软键，即已创建一新程序，同时系统进入新程序编辑页面，如图 3-22（c）所示。

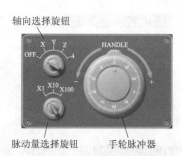

图 3-20 手轮构造图

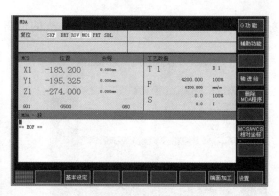

图 3-21 SINUMERIK-802D 数控系统 MDA 加工画面

图 3-22 新程序的创建

（a）SINUMERIK-802D 数控系统程序管理界面；（b）SINUMERIK-802D 数控系统创建新程序界面；
（c）SINUMERIK-802D 数控系统程序编辑界面

注意：要创建新的主程序文件，则直接输入程序名，系统默认该程序为主程序文件类型，并自动生成 ".MPF" 后缀名；假如要创建新的子程序文件，则必须输入 "程序名.SPF" 格式。

例如：输入 LX10，则创建一个名为 LX10.MPF 的主程序文件；若输入 LX100.SPF，则创建一个名为 LX100.SPF 的子程序文件。

2）打开程序

按程序管理操作区域键，系统进入程序管理界面，将光标移至想要打开程序的位置后，按"打开"软键，即打开所选程序并进入程序编辑界面。

3）程序编辑

SINUMERIK-802D 数控系统 NC 程序的输入、修改等编辑操作与计算机文字编辑方法非常相似，因而其操作过程此处略。

4）程序复制

（1）复制部分程序段。这里所说的复制部分程序段的操作，主要是指文件内复制。

在程序编辑状态下，将光标移到要复制的程序段的起始位置，如图 3-23（a）所示。按"标记程序段"软键，再将光标移到要复制的程序段终止位置，如图 3-23（b）所示。按"复制程序段"软键，完成部分程序段的复制，再将光标移至粘贴的目标位置，如图 3-23（c）所示。按"粘贴程序段"软键，即可完成文件内部程序的复制，如图 3-23（d）所示。

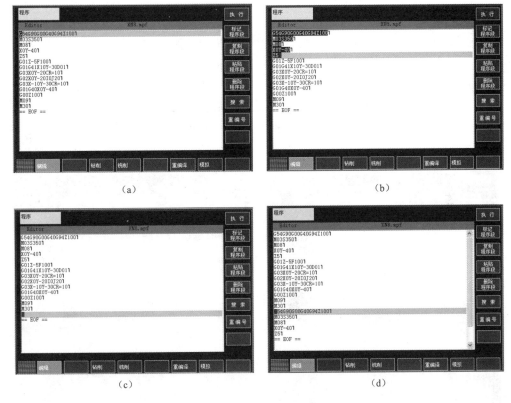

图 3-23 程序段的复制

（a）确定复制的起始位；（b）确定复制的终止位；（c）光标移至粘贴目标位置；（d）粘贴

（2）复制整个程序文件。按程序管理操作区域键，系统进入程序管理界面，如图 3-22（a）所示，移动光标，选择要复制的程序名后，按"复制"软键，弹出图 3-22（b）所示的对话框，输入新文件名，即完成复制整个程序文件的操作。

5）程序删除

与程序复制相似，程序删除也分删除部分程序段和删除整个程序文件两项操作。

（1）删除部分程序段。将光标移到要删除的程序段的起始位置，如图 3-23（a）所示。按"标记程序段"软键，再将光标移到要删除的程序段终止位置，如图 3-23（b）所示。按

"删除程序段"软键，完成部分程序段的删除。

（2）删除整个程序文件。按手动模式键，再按程序管理操作区域键，系统进入程序管理界面，如图3-22（a）所示，移动光标，选择要删除的程序名并按"删除"软键，之后按"确认"软键，即可完成删除整个程序文件的操作。

8. 刀具补偿参数的设置

1）建立新刀具

按参数操作区域键后，按"刀具表"软键，弹出图3-24（a）所示界面。按"新刀具"软键后，按"铣刀"软键（如要建立钻头刀具参数，则按"钻头"软键），弹出3-24（b）所示的对话框，输入刀具号并按"确认"软键，即可创建一个新刀具。

2）建立新刀沿

SINUMERIK 系统中的刀沿相当于 FANUC 系统中的刀具补号。当刀具需要多个刀补号时，则要建立相应的新刀沿。建立新刀沿的操作步骤如下。

按参数操作区域键后，按"刀具表"软键，再按"切削沿"软键，最后按"新刀沿"软键一次，即创建了一个新刀沿，如图3-24（c）所示。

3）刀具参数的输入

按参数操作区域键，再按"刀具表"软键，之后按"切削沿"软键，弹出图3-25（c）所示的界面，通过D>>软键和D<<软键变换刀沿号，对应刀沿号输入刀具相关的补偿参数，如图3-25（d）所示。

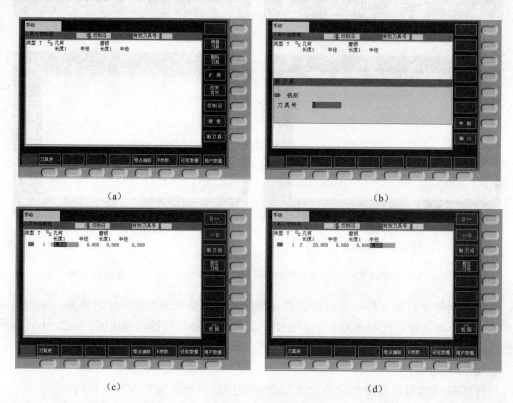

图 3-24 刀具参数界面

（a）刀具参数管理界面；（b）新刀具的建立；（c）新刀沿的建立；（d）刀具参数的输入

9. 程序空运行操作

SINUMERIK–802D 数控系统提供了两种模式的程序空运行，即机床锁定空运行及机床空运行。

在完成刀具补偿参数的设置后，即可进行空运行操作。

1）机床锁定空运行

（1）按自动模式键，再按程序管理区域键，选择并打开要运行的程序，按"执行"软键，系统进行加工状态界面。

（2）按"程序控制"软键，再按"程序测试"软键，使之有效，并按"空运行"软键，使之有效（注意：若要执行单段运行程序，则加按单段模式键）。

（3）将"进给速度倍率"旋钮调至最小，按"循环启动"键，调整"进给倍率"旋钮，即可进行程序锁定空运行。

2）机床空运行

机床空运行是指机床运动部件不锁定情况下，系统快速运行 NC 程序。主要用于检查刀具在加工过程中是否与夹具等发生干涉、工件坐标系设置是否正确等情况。

（1）按参数操作区域键，再按"零点偏移"软键，在图 3–25 光标所示位置输入一数值（如 50.0），将工件坐标系上移至一定高度。

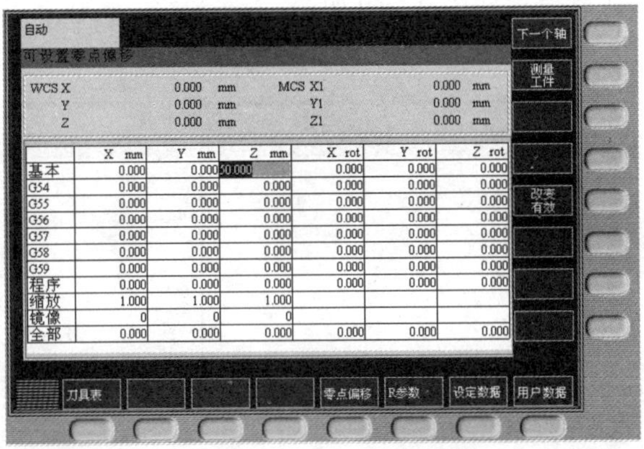

图 3–25 **SINUMERIK–802D** 数控系统工件坐标系上移参数设置示例

（2）按自动模式键，再按程序管理区域键，选择并打开要运行的程序，后按"执行"软键，系统进行加工状态界面。

（3）按"程序控制"软键，再按"空运行"软键，使之有效。

（4）将"进给速度倍率"旋钮调至最小，再按"循环启动"键，调整"进给倍率"旋钮，即可进行程序空运行，检查程序编制是否合理。

如确认程序无误，也可在连续模式下空运行程序。

注意：空运行结束后，应立即取消机床空运行，并进行工件坐标系复位，为后续程序自动运行做准备。

10. 程序自动运行

在确定程序正确、合理后，将机床置于自动加工模式，实施零件首件加工，相关操作如下：

（1）按自动模式键，再按程序管理区域键，选择并打开要运行的程序后，按"执行"软键，系统进行加工状态界面。

（2）将"进给速度倍率"旋钮调至最小，再按"循环启动"键，调整"进给倍率" 旋钮，即可进行程序自动运行，完成零件首件加工。

如确认程序无误，也可在连续模式下空运行程序。

注意：在对零件正式加工前，一定要确认机床空运行是否取消，刀具补偿参数是否正确，经检查无误后方可加工。

3.3 SINUMERIK–802S 数控系统面板操作

一、初识 SINUMERIK–802S 数控系统

SINUMERIK–802S 数控系统面板主要由 CRT 显示区、编辑面板及控制面板三部分组成。

1. CRT 显示区

SINUMERIK–802S 数控系统的 CRT 显示区位于整个机床面板的左上方，可划分为状态区、应用区和软键区 3 个区域，如图 3–26 所示。

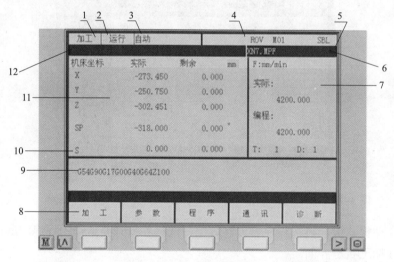

图 3–26 SINUMERIK–802S 数控系统 CRT 显示界面

1—当前操作区；2—程序状态区；3—运行方式区；4—状态显示区；5—报警显示区；6—当前程序名显示区；

7—刀具状态及进给速度显示区；8—软键功能显示区；9—当前程序段显示区；10—主轴转速显示区；

11—工作窗口；12—操作信息区

2. 编辑面板

SINUMERIK–802S 数控系统的编辑面板位于 CRT 显示区正下方（如图 3–27 所示），各按键（旋钮）名称及功能见表 3–6。

3. 控制面板

SINUMERIK–802S 数控系统控制面板通常位于 CRT 显示区的正右侧（如图 3–28 所

示），各按键（旋钮）名称及功能见表3－7。

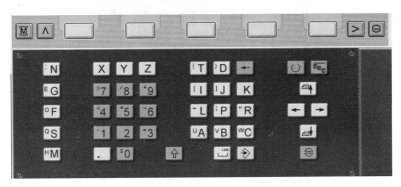

图3－27　SINUMERIK－802S数控系统编辑面板

表3－6　SINUMERIK－802S数控系统编辑面板按键功能说明

序号	按键符号	按键名称	功能说明
1	M	加工键	按此键后，屏幕立即回到加工画面
2		功能软件	根据屏幕软键功能区显示的功能，按对应的软键，可以调用相应的画面
3	∧	返回键	按此键，系统将返回上一级菜单
4	>	扩展键	按此键后，进入同级的其他子菜单
5		区域转换键	按此键，系统返回主界面
6	←	退格键	删除光标前一个字符
7		垂直菜单键	按此键后，屏幕画面垂直显示可选项
8		报警应答键	当系统出现按键所示两半圆符号的报警信息时，按此键即可消除报警
9	○	选择/转换键	在设定参数或有U符号提示时，按此键可以选择或转换参数、窗口内容
10	→	回车/输入键	用于确认输入内容；编程时按此键，光标另起一行
11	INS	空格键	按此键可以在光标后插入空格
12	⇧	上挡键	用于输入处于上挡位置的字符
13	:N ～ ʷC　各键	数字、字符键	输入键上的数字或字符，输入某数字、字符键左上角字符时，按住上挡键后再按相应的字符键、数字键即可输入

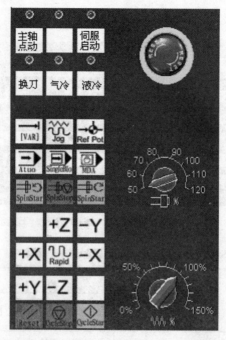

图 3 – 28　SINUMERIK – 802S 数控系统控制面板

表 3 – 7　SINUMERIK – 802S 数控系统控制面板各键及用途

序号	按键/旋钮符号	按键/旋钮名称	功能说明
1		急停旋钮	紧急情况下按下此按钮，机床停止一切运动
2		手动模式键	在该模式下，可进行手动切削连续进给、手动快速进给、程序编辑及对刀等操作
3		回零模式键	在该模式下可进行回参考点操作
4		自动模式键	在该模式下可使机床进行自动运行程序
5		单段模式键	该模式有效时，每按一次"循环启动"键，机床执行一段程序后暂停
6		MDA 模式键	手动数据输入操作
7		主轴正转键	在"手动"模式下按下此键，主轴正转
8		主轴反转键	在"手动"模式下按下此键，主轴反转
9		主轴停转键	在"手动"模式下按下此键，主轴停转

续表

序号	按键/旋钮符号	按键/旋钮名称	功能说明
10	+Z -Y +X -X +Y -Z	轴选择键	在"手动"模式下,按下欲运动轴按键,被选择的轴会以进给倍率的速度移动,松开按键则轴停止移动
11		增量选择键	在"手动"模式下,按此键将进行步进增量的选择,配合轴选择键,可进行点动增量进给操作
12		循环启动键	在MDA或"自动"模式下,按下此键,机床自动执行当前程序
13		循环停止键	在MDA或"自动"模式下,按下此键,机床暂停程序自动运行,直到再一次按下循环启动键
14		主轴转速倍率旋钮	在主轴旋转过程中,可通过此旋钮对主轴转速进行调节,调节范围在50%～120%
15		进给速度倍率旋钮	在手动连续进给过程中,可以通过此旋钮对进给速度进行调节,调节范围为0%～120%。同时,在程序执行过程中,也可对程序中指定的进给速度 F 进行调节
16		复位键	用于系统复位,使系统恢复到初始状态
17	主轴点动	主轴点动键	按下后实现主轴点动
18	伺服启动	伺服启动键	按此键,使指示灯亮即启动伺服系统
19	换刀	换刀键	装、卸刀使用
20	气冷	空气冷却开关键	按此键后,指示灯亮即打开空气冷却,灯灭为关闭空气冷却
21	液冷	切削液冷却开关键	按此键后,指示灯亮即打开切削液冷却,灯灭为关闭冷却液

二、机床操作

1. 开机

打开机床总电源，显示系统加工界面并出现003000的报警信息，旋开急停按钮，并按复位键，再按伺服启动按键（指示灯亮），之后再按复位键，开机结束。

注意：开机前，应先检查机床润滑油是否充足，电源柜门是否关好，操作面板各按键是否处于正常位置，否则将可能影响机床正常开机。

2. 机床回零

按下回零模式键，再按加工键，使屏幕显示进入加工界面，依次按住 +Z、+X、+Y 轴选择键，当系统弹出图3-29所示画面后，机床回零成功，表明回零结束。

机床回零操作应注意以下几点。

（1）当机床工作台或主轴当前位置接近机床参考点或处于超程状态时，应采用手动方式将机床工作台或主轴移至各轴行程中间位置，否则无法完成回参考点操作。

（2）机床正在执行回零动作时，不允许按其他操作模式键，否则回零操作失败。

（3）回零操作完成后，按手动模式键——依次按住各轴选择键 −X、−Y、−Z，让机床在三个坐标方向上回退至距零点约100 mm的距离（如图3-30所示），以便进行后续操作。

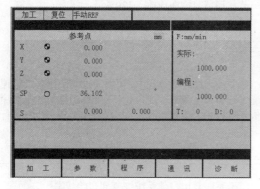

图3-29 系统回零时的画面

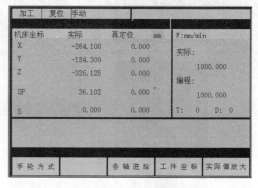

图3-30 手动操作后的系统画面

3. 关机

按下急停旋钮，关闭系统电源，再关闭机床总电源，完成关机操作。

注意：关机后应立即进行加工现场及机床的清理与保养。

4. 手动模式操作

手动模式操作主要包括手动移动刀具及手动控制主轴等。

1）手动移动刀具

按手动模式键，即分别按住各轴选择键 +Z、+X、+Y、−X、−Y、−Z，即可使机床向选定轴方向连续进给，若同时按快速移动键，则可快速进给（通过调节进给倍率旋钮、快速倍率旋钮，可控制进给、快速进给移动的速度）。

2）手动控制主轴

按手动模式键，再按主轴正转键，此时主轴按系统指定的速度顺时针转动；若按主轴反转键，主轴则按系统指定的速度逆时针转动；按主轴停转键，主轴停止转动。

5. 手轮模式操作

按手动模式键，再按加工键和扩展键，之后按"手轮"软键（如图3-31所示）（通过"X""Y""Z"软键选择运动轴），并按"确认"软键，然后通过手轮脉动量选择旋钮选择进给倍率，转动手轮，即可通过手轮控制刀具移动。

手轮构造如图3-32所示。

注意：顺时针转动手轮脉冲器，则刀具向被选定的轴正向移动；反转手轮，刀具则向该轴负向移动。

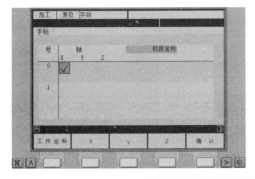

图3-31 SINUMERIK-802S数控系统手轮操作界面

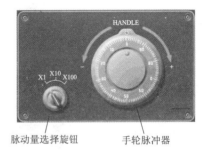

图3-32 手轮构造图

6. 手动数据输入模式（MDA模式）

按MDA模式键，再按加工键，屏幕显示进入加工界面（如图3-33所示），光标停在程序输入区后，手动输入一段NC程序段，然后按循环启动键，系统则执行刚输入的NC程序。

例如，手动输入"M03S500"，按循环启动键，机床主轴则以500 r/min速度正转。

7. 程序编辑

1）创建新程序

按区域转换键，弹出图3-34（a）所示界面，

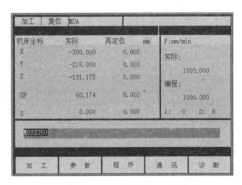

图3-33 SINUMERIK-802S
数控系统MDA加工画面

然后按"程序"软键，再按">"扩展键和"新程序"软键，弹出图3-34（b）所示界面，输入新程序名，然后按"确认"软键，弹出图3-34（c）所示界面，完成创建新程序的操作。

注意：要创建新的主程序文件，则直接输入程序名，系统默认该程序为主程序文件类型，并自动生成".MPF"后缀名；假如要创建新的子程序文件，则必须输入"程序名.SPF"格式。

例如：输入LX10，则创建一个名为LX10.MPF的主程序文件；若输入LX100.SPF，则创建一个名为LX100.SPF的子程序文件。

2）打开程序

按区域转换键，再按"程序"软键，弹出图3-35所示界面。将光标移到要打开的程序名，按"选择"软键，并按"打开"软键，完成程序打开操作。

3）程序编辑

SINUMERIK-802S数控系统NC程序的输入、修改等编辑操作与计算机文字编辑方法非常相似，因而其操作过程此处略。

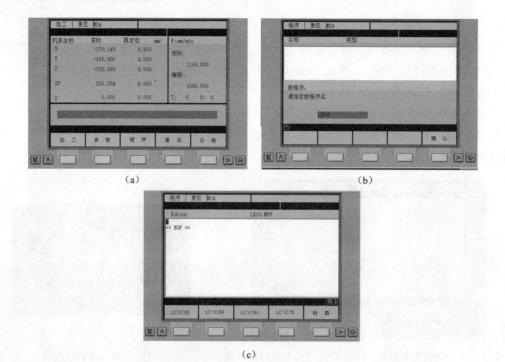

（a）

（b）

（c）

图3-34 新程序的创建

（a）SINUMERIK-802S数控系统程序管理界面；（b）SINUMERIK-802S数控系统创建新程序界面；

（c）SINUMERIK-802S数控系统程序编辑界面

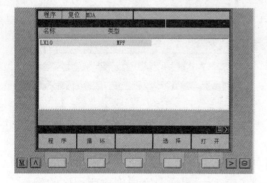

图3-35 打开程序

4）程序复制

（1）复制部分程序段。这里所说的复制部分程序段的操作，主要是指文件内复制。

在程序编辑状态下［如图3-34（c）所示界面］，按">"扩展键，再按"编辑"软键，将光标移到要复制的程序段起始位置，如图3-36（a）所示。按"标记"软键，再将光标移到要复制的程序段终止位置，如图3-36（b）所示。按"拷贝"软键，完成部分程序段的复制，再将光标移至粘贴的目标位置，如图3-36（c）所示。

按"粘贴"软键，即可完成文件内部分程序复制，如图3-36（d）所示。

（2）复制整个程序文件。按区域转换键，再按"程序"软键，弹出图3-35所示界面。将光标移到要复制的程序名，按"拷贝"软键，弹出图3-34（b）所示的对话框，输入新文件名，即完成复制整个程序文件的操作。

5）程序删除

与程序复制相似，程序删除也分删除部分程序段和删除整个程序文件两项操作。

（1）删除部分程序段。将光标移到要删除的程序段起始位置，如图3-36（a）所示。按"标记"软键，再将光标移到要删除的程序段终止位置，如图3-36（b）所示。按"删除"软键，完成部分程序段的删除。

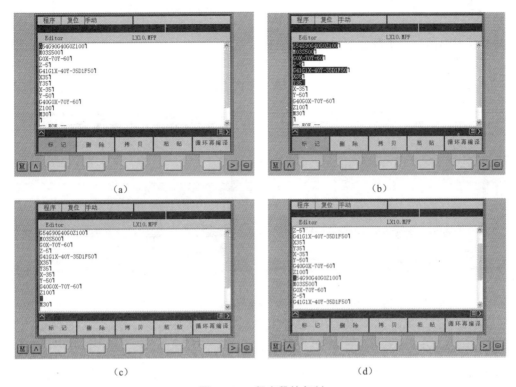

图 3 – 36　程序段的复制

（a）确定复制的起始位；（b）确定复制的终止位；（c）光标移至粘贴目标位置；（d）粘贴

（2）删除整个程序文件。按区域转换键，再按"程序"软键，弹出图 3 – 35 所示界面。将光标移到要复制的程序名，按"删除"软键，再按"确认"软键，即完成删除整个程序文件的操作。

8. 刀具补偿参数的设置

1）建立新刀具

按区域转换键，按"参数"软键，再按"刀具补偿"软键，弹出图 3 – 37（a）所示界面。按">"扩展键，再按"新刀具"软键，弹出图 3 – 37（b）所示界面，输入新刀具号及刀具类型参数后，按"确认"软键，即创建了一个新刀具。

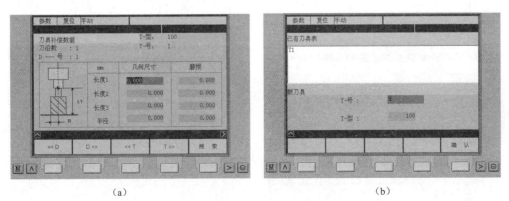

图 3 – 37　创建新刀具

（a）刀具参数界面；（b）创建新刀具界面

2）建立新刀沿

建立新刀沿的操作步骤如下。

按区域转换键，按"参数"软键，再按"刀具补偿"软键，之后按"＞"扩展键，弹出图3-38（a）所示界面。按"新刀沿"软键，再按"确认"软键，即创建了一个新刀沿。

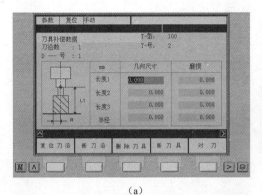
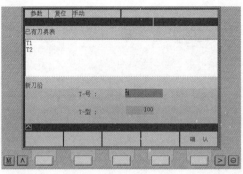

（a）　　　　　　　　　　　　（b）

图3-38　刀具参数界面

（a）刀具参数界面；（b）创建新刀沿界面

3）刀具参数的输入

按区域转换键，按"参数"软键，再按"刀具补偿"软键，弹出图3-38（a）所示界面。按"＞"扩展键，通过"D>>"软键和"D<<"软键变换刀沿号，对应刀沿号输入刀具相关的补偿参数，如图3-39所示。

9. 程序空运行操作

SINUMERIK-802S 数控系统提供了两种模式的程序空运行，即机床锁定空运行及机床空运行。

完成刀具补偿参数的设置后，即可进行空运行操作。

1）机床锁定空运行

（1）按自动模式键，按"程序"软键，选择并打开要运行的程序，然后按"选择"软键，再按"打开"软键，之后按加工键，系统进行加工状态界面。

（2）在加工界面下，按"程序控制"软键，弹出图 3-40 所示界面。通过光标键选中DRY 及 PRT 复选框，使之有效按"确认"软键（注意：若要执行单段运行程序，则按单段模式键）。

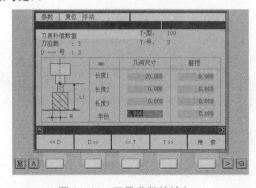
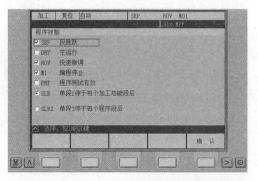

图3-39　刀具参数的输入　　　　　　图3-40　程序控制界面

（3）将"进给速度倍率"旋钮调至最小，按"循环启动"键，调整"进给倍率"旋钮，即可进行程序锁定空运行。

2）机床空运行

机床空运行指机床运动部件不锁定情况下，系统快速运行 NC 程序。主要用于检查刀具在加工过程中是否与夹具等发生干涉、工件坐标系设置是否正确等情况。

（1）按区域转换键，按"参数"软键，再按"零点偏移"软键，在图 3-38（a）光标所示位置输入一数值（如 50.0），将工件坐标系移至一定高度，并输入刀具半径补偿值。

（2）按自动模式键，再按"程序"软键，选择并打开要运行的程序。按"选择"软键，再按"打开"软键，之后按加工键，系统进行加工状态界面。

（3）在加工界面下，按"程序控制"软键，弹出图 3-40 所示界面。通过光标键选中 DRY 复选框，使之有效按"确认"软键。

（4）将"进给速度倍率"旋钮调至最小，按"循环启动"键，调整"进给倍率"旋钮，即可进行程序空运行。

注意：空运行结束后，应立即取消机床空运行，并进行工件坐标系复位，为后续程序自动运行做准备。

10. 程序自动运行

在确定程序正确、合理后，将机床置于自动加工模式，实施零件首件加工，相关操作如下。

（1）按自动模式键，再按"程序"软键，选择并打开要运行的程序。按"选择"软键，再按"打开"软键，之后按加工键，系统进行加工状态界面。

（2）将"进给速度倍率"旋钮调至最小，按"循环启动"键，调整"进给倍率" 旋钮，即可进行程序自动运行，完成零件首件加工。

如确认程序无误，也可在连续模式下运行程序。

注意：在对零件正式加工前，一定要确认机床空运行是否取消，刀具补偿参数是否正确，经检查无误后方可加工。

3.4　数控铣床/加工中心对刀操作

一、数控铣床/加工中心的坐标系统

1. 数控铣床/加工中心机床坐标系

1）机床坐标系的定义及规定

在数控机床上加工零件，机床动作是由数控系统发出的指令来控制的。为了确定机床的运动方向和移动距离，就要在机床上建立一个坐标系，这个坐标系称为机床坐标系，也叫标准坐标系。

数控机床的加工运动主要有刀具的运动和工件的运动两种类型，在确定数控机床坐标系时通常有以下规定。

（1）永远假定刀具相对于静止的工件运动。

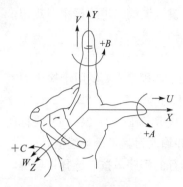

图3-41　右手笛卡尔坐标系

（2）采用右手直角笛卡尔坐标系作为数控机床的坐标系，如图3-41所示。

（3）规定刀具远离工件的运动方向为坐标的正方向。

2）数控铣床/加工中心机床坐标系方向

（1）Z轴。规定平行于主轴轴线（即传递切削动力的主轴轴线）的坐标轴为机床Z轴。

对于数控铣床/加工中心，其Z轴方向就是机床主轴轴线方向，同时刀具沿主轴轴线远离工件的方向为Z轴的正方向。

（2）X轴。X坐标一般取水平方向，它垂直于Z轴且平行于工件的装夹面。

对于立式数控铣床/加工中心，机床X轴正方向的确定方法是：操作者站立在工作台前，沿刀具主轴向立柱看，水平向右方向为X轴的正方向；

对于卧式数控铣床/加工中心，其X轴轴正方向的确定方法是：操作者面对Z轴正向，从刀具主轴向工件看（即从机床背面向工件看），水平向右方向为X轴正方向。

（3）Y轴。Y坐标轴垂直于X、Z坐标轴，根据右手直角笛卡尔坐标来进行判别。

（4）旋转坐标轴方向。旋转坐标轴A、B、C对应表示其轴线分别平行于X、Y、Z坐标轴的旋转运动。A、B、C的正方向，按右手法则判定。

图3-42所示标出了立式和卧式两类数控铣床的机床坐标系及其方向。

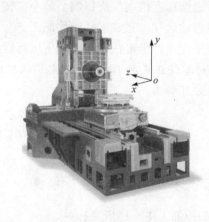

（a）　　　　　　　　　　　　　　　　（b）

图3-42　数控铣床机床坐标系

（a）立式数控铣床机床坐标系；（b）卧式数控铣床机床坐标系

3）数控铣床/加工中心的机床原点

机床原点即机床坐标系原点，是机床生产厂家设置的一个固定点。它是数控机床进行加工运动的基准参考点。数控铣床/加工中心的机床原点一般设在各坐标轴极限位置处，即各坐标轴正向极限位置或负向极限位置，并由机械挡块来确定其具体的位置。

2. 数控铣床/加工中心工件坐标系及原点的选择

1）工件坐标系的定义

机床坐标系的建立保证了刀具在机床上的正确运动。但是，零件加工程序的编制通常是根据零件图样进行的，为便于编程，加工程序的坐标原点一般都与零件图纸的尺寸基准相一致。这种针对某一工件根据零件图样建立的坐标系称为工件坐标系。

2）工件原点及选择

工件装夹完成后，选择工件上的某一点作为编程或工件加工的原点，这一点就是工件坐标系的原点，也称工件原点。

工件原点的选择，通常遵循以下几点原则。

（1）工件原点应选在零件图的尺寸基准上，以便于坐标值的计算，并减少错误。

（2）工件原点应尽量选在精度较高的工件表面上，以提高被加工零件的加工精度。

（3）Z 轴方向上的工件坐标系原点，一般取在工件的上表面。

（4）当工件对称时，一般以工件的对称中心作为 XY 平面的原点，如图 3－43（a）所示。

（5）当工件不对称时，一般取工件其中的一个垂直交角处作为工件原点，如图 3－43（b）所示。

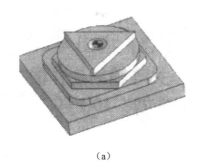
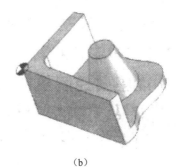

（a）　　　　　　　　　　　　　　　　　　（b）

图 3－43　工件原点的选择

（a）对称的工件；（b）不对称的工件

利用数控铣床/加工中心进行零件加工时，其工件原点与机床坐标系原点之间的关系如图 3－44 所示。

二、数控铣床/加工中心对刀原理及方法

1. 对刀原理

这里所说的对刀就是通过一定方法找出工件原点相对于机床原点的坐标值，如图 3－44 所示，其中 a、b、c 就是工件原点相对机床原点分别在 X、Y、Z 向的坐标值。如将 a、b、c 值输入至数控系统工件坐标系设定界面 G54 中（如图 3－45 所示），加工时调用 G54 即可将 O 点作为工件坐标系原点进行零件加工。

2. 对刀方法

一般情况下，数控铣床/加工中心对刀包括 XY 向对刀及 Z 向对刀两方面内容。

1）XY 向对刀

（1）当工件原点与方形坯料对称中心重合时。

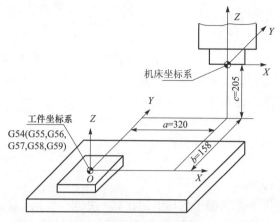

图 3-44　工件原点和机床原点的关系

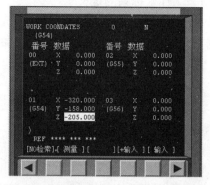

图 3-45　工件原点和机床原点的关系

- X 向对刀过程：让刀具或找正器缓慢靠近并接触工件侧边 A，记录此时的机床坐标值 X_1；再用相同的方法使对刀器接触工件侧边 B，记录此时的机床坐标值 X_2；通过公式 $X=(X_1+X_2)/2$ 计算出工件原点相对机床原点在 X 向的坐标值。

- Y 向对刀过程：重复上述步骤，最终找出工件原点相对机床原点在 Y 向的坐标值，如图 3-46 所示。

在进行对刀操作时，必须根据工件加工精度要求来选择合适的对刀工具。

- 对于精度要求不高的工件，常用立铣刀代替找正器以试切工件的方式找出工件原点相对机床原点的坐标值 X、Y。

- 对于精度要求很高的工件，常用寻边器（如图 3-47 所示）找出工件原点相对机床原点的坐标值 X、Y。

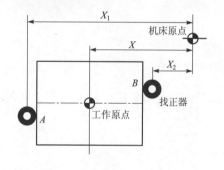

图 3-46　工件原点与方形坯料
中心重合时的 X 向对刀示意图

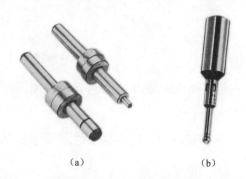

（a）　　　　　　　（b）

图 3-47　常用的寻边器
（a）偏心式寻边器；（b）光电寻边器

（2）工件原点与圆形结构回转中心重合。

- 用定心锥轴对刀。如图 3-48 所示，根据孔径大小选用相应的定心锥轴，使锥轴逐渐靠近基准孔的中心，通过调整锥轴位置，使其能在孔中上下轻松移动，记下此时机床坐标系中的 X、Y 坐标值，即为工件原点的位置坐标。

- 用百分表对刀。如图 3-49 所示，用磁性表座将百分表固定在机床主轴端面上，通过手动操作，将百分表测头接近工件圆孔，继续调整百分表位置，直到表测头旋转一周时，其指针的跳动量在允许的找正误差内（如 0.02 mm），记下此时机床坐标系中的 X、Y 坐标值，即为工件原点的位置坐标。

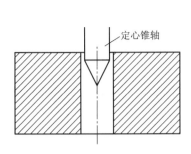

图 3-48 利用定心锥轴对刀

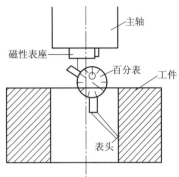

图 3-49 利用百分表对刀

2）Z 向对刀

不同形状的工件，其工件坐标系的 Z 向零点位置可能有不同的选择。有的工件需要将 Z 向零点选择在工件上表面，也有的工件需要选择机床工作台面作为 Z 向零点位置。通过 Z 向对刀操作，实现 Z 向零点的设定。Z 向对刀操作有两种方式，一种方法是用刀具端刃直接轻碰工件；另一种方法是利用 Z 向设定器（如图 3-50 所示）精确设定 Z 向零点位置。现仅介绍用 Z 向设定器将 Z 向零点设定在工件上表面的操作方法。如图 3-51 所示，Z 向设定器的标准高度为 50 mm，将设定器放置在工件上表面，当刀具端刃与设定器接触至指示灯亮时，此时刀具在机床坐标系中的 Z 坐标值减去 50 mm 后即为工件原点相对机床原点的 Z 向坐标值。

图 3-50 Z 向设定器

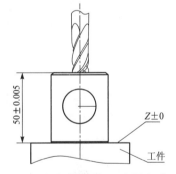

图 3-51 利用 Z 向设定器进行 Z 向零点对刀设定

三、数控铣床/加工中心试切对刀操作

不同品牌的数控系统，其对刀建立工件坐标系的操作过程是不同的。下面将重点进行常用数控系统试切法对刀操作。

如图 3-52 所示，将工件原点选在工件中心上表面位置，并将相应的坐标值存入寄存器 G54 中，其操作步骤如下。

1. 在 FANUC0i Mate-MC 数控系统的对刀操作

（1）启动主轴（转速 350～400 r/min）。

（2）设定 X 向工件原点（刀具运动顺序如图 3-52 所示）。

① 将模式选择旋钮旋到 HANDLE 模式，按编辑面板上的 POS 键，再按"相对"功能软键。通过手轮移动刀具，使刀具轻碰工件，如图 3-52 所示中的 2 号位所示。

② 按字符键 X，再按 CRT 显示区下方的"起源"功能软键，将 X 轴相对坐标清零，如图 3-53（a）所示。

③ 通过手轮控制刀具沿图 3-52 中 2→3→4→5→6 所示路径移动，并使刀具轻碰工件，如图 3-52 中的 6 号位所示。

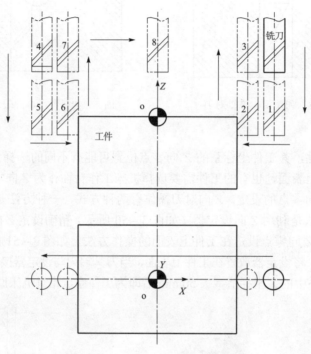

图 3-52　X 向对刀刀具运动示意图

④ 记下屏幕此时显示的 X 相对坐标值［如图 3-53（b）中的 -61.932］，并将该值除 2。

⑤ 通过手轮控制刀具沿图 3-52 中 6→7→8 所示路径移动，调整手轮倍率，使刀具准确到达相对坐标 X=-61.932/2 指示的位置，如图 3-53（c）所示。

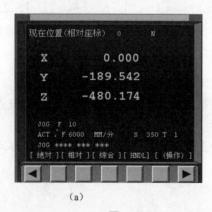
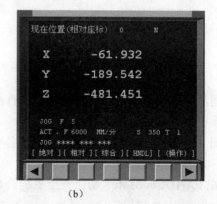

图 3-53　FANUC0i Mate-MC 系统对刀过程

（a）刀具在 2 位置的相对坐标界面；（b）刀具在 6 位置的相对坐标界面

⑥ 按 OFFSET SETING 键，再按"坐标系"功能软键，将光标移动到 G54 中的 X 位置，输入 X0 [如图 3－53（d）所示]。按"测量"功能软键，G54 中的 X 值 299.967 即为工件原点相对于机床原点在 X 向的坐标值，如图 3－53（e）所示。

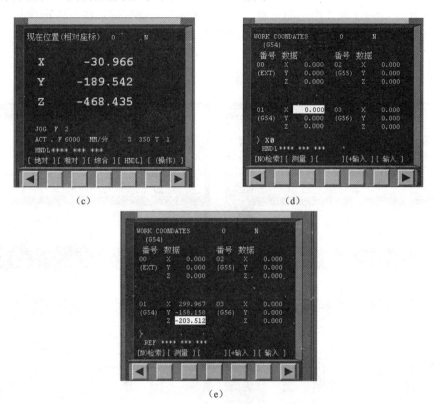

（c）

（d）

（e）

图 3－53　FANUC0i Mate－MC 系统对刀过程（续）

（c）刀具在 8 位置的相对坐标界面；（d）测量刀具在机床坐标系中的坐标；（e）X 向对刀结束后的界面

（3）设定 Y 向工件原点，其操作过程与 X 向相似，此处略。

（4）设定 Z 向工件原点。

① 通过手轮控制刀具移动，并使刀具轻碰工件上表面。

② 按 OFFSET SETING 键，再按"坐标系"功能软键，将光标移动到 G54 中的 Z 位置，输入 Z0，按"测量"功能软键，G54 中的 Z 值 －203.512 即为工件原点相对于机床原点在 Z 向的坐标值，如图 3－53（e）所示。

2. SINUMERIK－802D 数控系统对刀操作

（1）启动主轴（转速 350～400 r/min）。

（2）设定 X 向工件原点（刀具运动顺序如图 3－52 所示）。

① 按手动模式键，再按加工键，通过手轮移动刀具，使刀具轻碰工件，如图 3－52 中的 2 号位所示。

② 按"基本设定"功能软键，再按"X=0"功能软键，进行坐标清零 [如图 3－54（a）所示]。

③ 通过手轮控制刀具沿图 3－52 中的 2→3→4→5→6 所示路径移动，并使刀具轻碰工件，

如图 3-52 中的 6 号位所示。

④ 记下屏幕此时显示的 X 相对坐标值［如图 3-54（b）中的 -61.98］，并将该值除 2。

⑤ 通过手轮控制刀具沿图 3-52 中 6→7→8 所示路径移动，调整手轮倍率，使刀具准确到达相对坐标 $X=-61.98/2$ 指示的位置，并按"$X=0$"功能软键，进行 X 向坐标再次清零。

⑥ 按参数操作区域键，再按"零点偏移"软键，弹出图 3-54（c）所示界面。将基本中的 X 值剪切至 G54 中的 X 位置［如图 3-54（d）所示］，此时 G54 中的 X 值 -330.897 即为工件原点相对于机床原点在 X 向的坐标值。

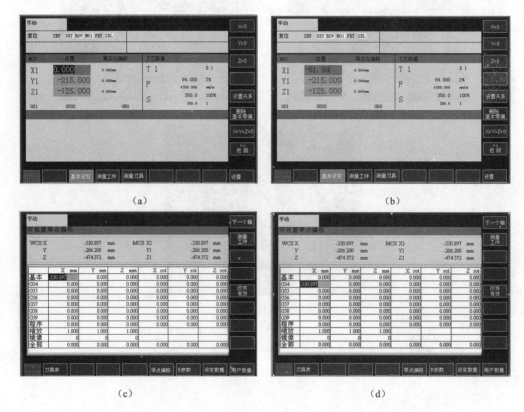

图 3-54　SINUMERIK-802D 系统 X 向对刀过程

（a）刀具在 2 位置的坐标界面；（b）刀具在 6 位置的坐标界面；

（c）刀具在 8 位置的零点偏移界面；（d）X 向对刀结束后的零点偏移界面

（3）设定 Y 向工件原点，其操作过程与 X 向相似，此处略。

（4）设定 Z 向工件原点。

① 通过手轮控制刀具移动，并使刀具轻碰工件上表面。

② 按加工键，再按"基本设定"功能软键，之后按"$Z=0$"功能软键，进行 Z 向坐标清零。

③ 按参数操作区域键，再按"零点偏移"软键，弹出图 3-55（a）所示界面。将基本中 Z 值剪切至 G54 中的 Z 位置［如图 3-55（b）所示］，此时 G54 中的 Z 值 -205.318 即为工件原点相对于机床原点在 Z 向的坐标值。

注意：对刀完成后，必须确认"零点偏移"界面中的"基本"栏中的参数是否全部清零。

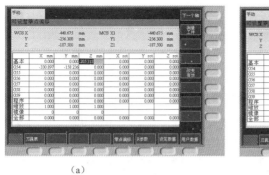

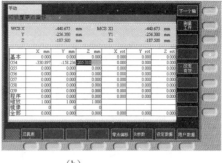

（a）

（b）

图 3 – 55 SINUMERIK – 802D 系统 Z 向对刀过程

（a）刀具在工件上表面位置时的零点偏移界面；（b）Z 向对刀结束后的零点偏移界面

3. SINUMERIK – 802S 数控系统对刀操作

（1）启动主轴（转速 350～400 r/min）。

（2）设定 X 向工件原点（刀具运动顺序如图 3 – 52 所示）。

① 按手动模式键，再按加工键，之后按增量选择键，调整手轮点动倍率，通过手轮移动刀具，使刀具轻碰工件，如图 3 – 52 中的 2 号位所示。

② 按"参数"功能软键，再按"零点偏移"功能软键，弹出图 3 – 56（a）所示界面，将光标移至 G54 的 X 栏，按"测量"功能软键，弹出图 3 – 56（b）所示界面。输入刀具号，并按"确认"功能软键，弹出图 3 – 56（c）所示界面。按"计算"功能软键，再按"确认"功能软键，系统返回图 3 – 56（d）所示界面。

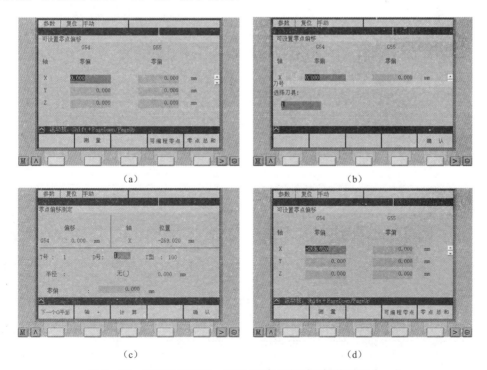

（c）

（d）

图 3 – 56 SINUMERIK – 802S 系统 X 向对刀操作过程（一）

（a）零点偏移基本界面；（b）零点偏移设置界面；（c）零点偏移计算界面；（d）最终零点偏移基本界面

③ 通过手轮控制刀具沿图 3-52 中 2→3→4→5→6 所示路径移动，并使刀具轻碰工件，如图 3-52 中的 6 号位所示。

④ 按"参数"功能软键，再按"零点偏移"功能软键，弹出图 3-56（a）所示界面，确认光标在 G54 的 X 栏，按"测量"功能软键，弹出图 3-56（b）所示界面。输入刀具号，并按"确认"功能软键，将光标下移至"零偏"栏，同时按 Shift 键及"="键后，输入"（轴位置数据－轴偏移数据）/2"（在图 3-57（a）所示界面中，输入"（-269.02-（-330.986））/2"后，按"确认"功能软键，再按"计算"功能软键，之后按"确认"功能软键，系统返回图 3-57（b）所示界面，此时 G54 中的 X 值 -300.003 即为工件原点相对于机床原点在 X 向的坐标值。

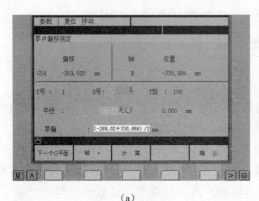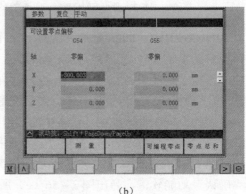

（a）　　　　　　　　　　　　　（b）

图 3-57　SINUMERIK-802S 系统 X 向对刀操作过程（二）

（a）零点偏移设置界面输入参数；（b）零点偏移基本界面

（3）设定 Y 向工件原点，其操作过程与 X 向相似，此处略。

（4）设定 Z 向工件原点。

① 通过手轮控制刀具移动，并使刀具轻碰工件上表面。

② 按"参数"功能软键，再按"零点偏移"功能软键，将光标移至 G54 的 Z 栏，按"测量"功能软键后，输入刀具号，并按"确认"功能软键，弹出图 3-58（a）所示界面。按"计算"功能软键，再按"确认"功能软键，系统返回图 3-58（b）所示界面。

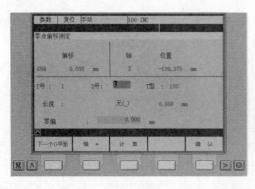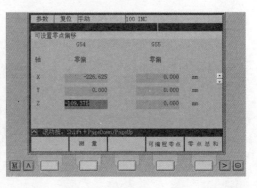

（a）　　　　　　　　　　　　　（b）

图 3-58　SINUMERIK-802S 系统 Z 向对刀操作过程

（a）零点偏移计算界面；（b）零点偏移基本界面

四、检测工件坐标系原点位置是否正确的操作

在生产过程中，通常用 MDI（MDA）方式来检测所设定的工件坐标系原点位置是否正确，其操作步骤如下。

（1）将系统置于 MDI 或 MDA 模式，并进入相应的编程界面。

（2）输入下列程序：

M03 S500

G54 G90 G0 X0 Y0

Z20

（3）按循环启动运行键，调节机床进给倍率，安全可靠地运行上述程序段，观察刀具是否运行到工件坐标系原点上方 20 mm 处，若位置不对则重新进行对刀操作。

学生工作任务

1. 如图 3 - 59 所示工件的六表面已完成加工，当工件原点与工件中心不重合时，试问应如何进行 XY 向的对刀操作。

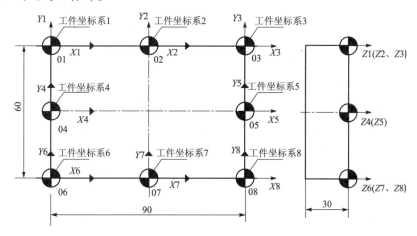

图 3 - 59　工件原点与工件中心不重合时工件坐标设定工件

2. 如图 3 - 60 所示工件，a、b 两垂直侧面被加工过，其他两侧面因要铣掉而不需加工，若将工件原点取在 O 点，试问应如何进行 XY 向的对刀操作。

3. 采用试切对刀法，将工件原点定位在图 3 - 61 所示工件上表面的 O 点位置。

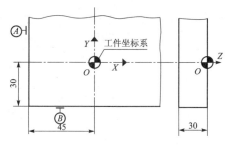

图 3 - 60　工件坐标单边设定工件

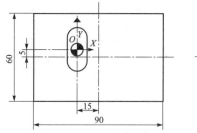

图 3 - 61　工件坐标设定工件

4. 如图3-62所示圆形工件，各面均完成加工，现应用百分表为工具，练习将工件原点精确定位在工件上表面回转中心位置。

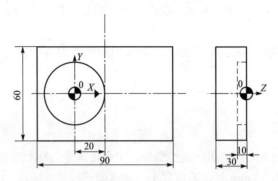

图3-62　回转面中心工件坐标系设定工件

第二篇

数控铣/加工中心编程与操作技能实训

平 面 铣 削

一、平面铣削概述

当把一根直线以任意方向和位置放在一个表面上，直线都能与表面密合，这一表面就是理想的平面。平面铣削是铣削加工中最基本的加工内容，在实际生产中应用相当广泛，汽车覆盖件模具、发动机箱体等零件的凸台面、接合面（如图 4-1 所示），均要进行平面铣削。

（a）　　　　　　　　　　　　　　　　（b）

图 4-1　进行平面铣削的零件

（a）汽车覆盖件模具模座；（b）发动机箱体零件

按照平面与机床工作台的相对位置关系，平面铣削可分为平行面、垂直面、斜面及台阶面的加工，如图 4-2 所示。针对平面铣削的技术要求主要是平面度和表面粗糙度的要求，对某些零件上的平面，可能还有其他物理性能等方面的要求。

二、学习目标

从编程角度看，编写平面铣削的数控加工程序并不困难，简单平面有时还可使用手动或 MDI 方式即可完成加工。平面铣削的关键是合理选用刀具、铣削方式、切削参数、零件的装夹找正等。通过完成本单元中的工作任务，促使学习者达到以下几个学习目标。

1. 知识目标

（1）掌握平面铣削相关的工艺知识及方法。

（2）能根据零件特点正确选择刀具，合理选用切削参数及装夹方式。

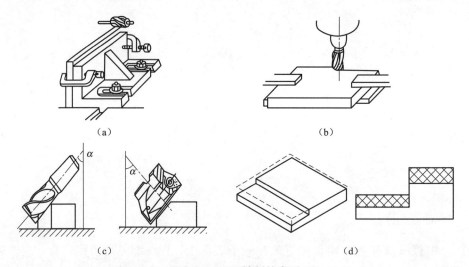

图 4－2　平面铣削的类型

（a）铣平行面；（b）铣垂直面；（c）铣斜面；（d）铣台阶面

（3）掌握零件平面铣削常用的编程指令与方法。

（4）掌握平面铣削的精度控制方法。

2. 技能目标

能够应用数控铣床/加工中心进行平行面及阶梯面的铣削加工，所加工的平面应满足尺寸公差、形位公差及表面粗糙度等方面的要求，同时具有铣削垂直面和斜面的迁移能力。

4.1　平行面铣削

一、平行面铣削工艺知识准备

1. 平行面铣削刀路设计

1）刀具直径大于平行面宽度

当刀具直径大于平行面宽度时，铣削平行面可分为对称铣削、不对称逆铣与不对称顺铣三种方式。

（1）对称铣削。

铣削平行面时，铣刀轴线位于工件宽度的对称线上。如图 4－3（a）所示，刀齿切入与切出时的切削厚度相同且不为零，这种铣削称为对称铣削。

对称铣削时，刀齿在工件的前半部分为逆铣，在进给方向的铣削分力 F_{2f} 与工件进给方向相反；刀齿在工件的后半部分为顺铣，F_{1f} 与工件进给方向相同。对称铣削时，在铣削层宽度较窄和铣刀齿数少的情况下，由于 F_f 在进给方向上的交替变化，使工件和工作台容易产生窜动。另外，在横向的水平分力 F_c 较大，对窄长的工件易造成变形和弯曲。因此，只有在工件宽度接近铣刀直径时才采用对称铣削。

（2）不对称逆铣。

铣削平行面时，当铣刀以较小的切削厚度（不为零）切入工件，以较大的切削厚度切出工件时，这种铣削称为不对称逆铣，如图 4－3（b）所示。

不对称逆铣时，刀齿切入没有滑动，因此，也没有铣刀进行逆铣时所产生的各种不良现象。而且采用不对称逆铣，可以调节切入与切出的切削厚度。切入厚度小，可以减小冲击，有利于提高铣刀的耐用度，适合铣削碳钢和一般合金钢。这是最常用的铣削方式。

（3）不对称顺铣。

铣削平行面时，当铣刀以较大切削厚度切入工件，以较小的切削厚度切出工件时，这种铣削称为不对称顺铣，如图4-3（c）所示。

不对称顺铣时，刀齿切入工件时虽有一定冲击，但可避免刀刃切入冷硬层。在铣削冷硬性材料或不锈钢、耐热钢等材料时，可使切削速度提高40%～60%，并可减小硬质合金刀具的热裂磨损。

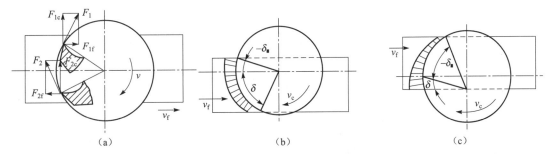

图4-3　当刀具大于平行面宽度时刀路设计

（a）对称铣削；（b）不对称逆铣；（c）不对称顺铣

2）刀具直径小于平行面宽度

当工件平面较大、无法用一次进给切削完成时，就需采用多次进刀切削，而两次进给之间就会产生重叠接刀痕。一般大面积平行面铣削有以下三种进给方式。

（1）环形进给，如图4-4（a）所示。

这种加工方式的刀具总行程最短，生产效率最高。如果采用直角拐弯，则在工件四角处由于要切换进给方向，造成刀具停在一个位置无进给切削，使工件四角被多切了一薄层，从而影响了加工面的平面度，因此在拐角处应尽量采用圆弧过渡。

（2）周边进给，如图4-4（b）所示。

这种加工方式的刀具行程比环形进给要长，由于工件的四角被横向和纵向进刀切削两次，其精度明显低于其他平面。

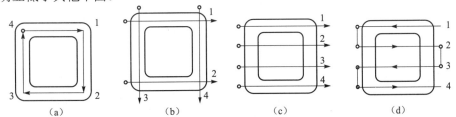

图4-4　当刀具小于平行面宽度时的刀路设计

（a）环形进给；（b）周边进给；（c）单向平行进给；（d）往复平行进给

（3）平行进给，如图4-4（c）、图4-4（d）所示。

平行进给就是在一个方向单程或往复直线走刀切削，所有接刀痕都是方向平行的直线，单向走刀加工平面度精度高，但切削效率低（有空行程），往复走刀平面度精度低（因顺、逆铣交替），但切削效率高。对于要求精度较高的大型平面，一般都采用单向平行进刀方式。

2. 平面铣削常用刀具类型

1）可转位硬质合金面铣刀

这类刀具由一个刀体及若干硬质合金刀片组成，其结构如图 4-5 所示，刀片通过夹紧元件夹固在刀体上。按主偏角 κ_r 值的大小分类，可转位硬质合金面铣刀可分为 45°、90° 等类型。

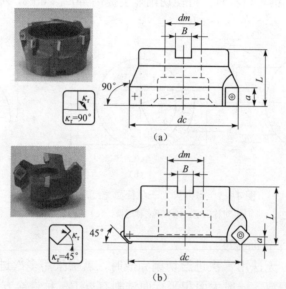

图 4-5 可转位硬质合金面铣刀
(a) 90° 可转位硬质合金面铣刀；(b) 45° 可转位硬质合金面铣刀

可转位硬质合金面铣刀具有铣削速度高，加工效率高，所加工的表面质量好，并可加工带有硬皮和淬硬层的工件，因而得到了广泛的应用。适用于平面铣、台阶面铣及坡走铣等场合，如图 4-6 所示。

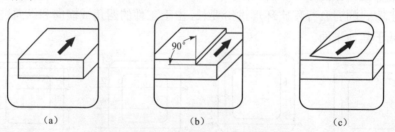

图 4-6 可转位硬质合金面铣刀的铣削形式
(a) 平面铣；(b) 台阶面铣；(c) 坡走铣

2）可转位硬质合金 R 面铣刀

这类刀具的结构与可转位硬质合金面铣刀相似，只是刀片为圆形，如图 4-7 所示。可转位 R 面铣刀的圆形刀片结构赋予其更大的使用范围，它不仅能执行平面铣、坡走铣，还能进行型腔铣、曲面铣、螺旋插补等，如图4-8所示。

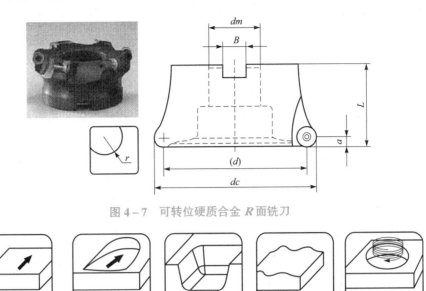

图4-7 可转位硬质合金R面铣刀

图4-8 可转位硬质合金R面铣刀的铣削形式

（a）平面铣；（b）坡走铣；（c）型腔铣；（d）曲面铣；（e）螺旋插补

3）立铣刀

在特殊情况下，也可用立铣刀进行平行面铣削。常用立铣刀的结构形式及材料如图4-9所示。立铣刀的圆柱表面和端面上都有切削刃，它们可同时进行切削，也可单独进行切削，立铣刀圆柱表面的切削刃为主切削刃，端面上的切削刃为副切削刃。主切削刃一般为螺旋齿，可以增加切削平稳性，提高加工精度。由于普通立铣刀端面中心处无切削刃，所以，立铣刀通常不能作轴向进给，端面刃主要用来加工与侧面相垂直的底平面。

图4-9 常用立铣刀结构形式及材料

（a）高速钢立铣刀；（b）整体硬质合金立铣刀；（c）可转位立铣刀

为了改善切屑卷曲情况，增大容屑空间，防止切屑堵塞，刀齿数比较少，容屑槽圆弧半径则较大。一般粗齿立铣刀齿数 $z=3\sim4$，细齿立铣刀齿数 $z=5\sim8$。标准立铣刀的螺旋角 β 为 $40°\sim50°$（粗齿）和 $30°\sim35°$（细齿）。

由于数控机床要求铣刀能快速自动装卸，故立铣刀柄部的形式有很大的不同，有的制成带柄形式，有的制成套式结构，一般由专业刀具厂商按照一定的规范设计制造。

3. 刀具直径的确定

平面铣削时刀具直径可根据以下方法来确定。

（1）最佳铣刀直径应根据工件宽度来选择，D 的范围为（1.3～1.5）W_{OC}（切削宽度），如图 4-10（a）所示。

（2）如果机床功率有限或工件太宽，应根据两次进给或依据机床功率来选择铣刀直径，当铣刀直径不够大时，选择适当的铣削加工位置也可获得良好的效果，此时，$W_{OC}=0.75D$，如图 4-10（b）所示。

一般情况下，在机床功率满足加工要求的前提下，可根据工件尺寸，主要是工件宽度来选择铣刀直径，同时也要考虑刀具加工位置和刀齿与工件接触类型等。进行大平面铣削时铣刀直径应比切削宽度大 20%～50%。

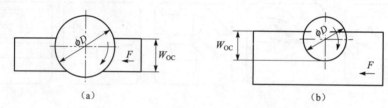

图 4-10　平面铣削时铣刀直径的选择

（a）选择的刀具直径大于工件宽度；（b）选择的刀具直径小于工件宽度

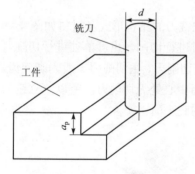

图 4-11　铣削用量示意图

4. 切削用量的选择

平面铣削切削用量主要包含铣削深度 a_p（背吃刀量）、铣削速度 v_c 及进给速度 F，如图 4-11 所示。

1）背吃刀量 a_p 的选择

在加工平面余量不大的情况下，应尽量一次进给铣去全部的加工余量。只有当工件的加工精度较高时，才分粗、精加工平面；而当加工平面的余量较大、无法一次去除时，则要进行分层铣削，此时背吃刀量 a_p 值可参考表 4-1 来选择。原则上尽可能选大些，但不能太大，否则会由于切削力过大而造成"闷车"或崩刃现象。

表 4-1　铣削深度选择推荐表

工件材料	高速钢铣刀/mm		硬质合金铣刀/mm	
	粗铣	精铣	粗铣	精铣
铸铁	5～7	0.5～1	10～18	1～2
低碳钢	<5	0.5～1	<12	1～2
中碳钢	<4	0.5～1	<7	1～2
高碳钢	<3	0.5～1	<4	1～2

2）铣削速度 v_c 的确定

当 a_p 选定后，应在保证合理刀具寿命的前提下，确定其铣削速度 v_c。在这个基础上，尽量选取较大的铣削速度。粗铣时，确定铣削速度必须考虑到机床的许用功率。如果超过机床的许用功率，则应适当降低铣削速度。精铣时，一方面应考虑合理的铣削速度，以抑制积屑瘤的产生，保证表面质量。另一方面，由于刀尖磨损往往会影响加工精度，因此，应选用耐磨性较好的刀具材料，并尽可能使其在最佳铣削速度范围内工作。铣削速度太高或太低，都会降低生产效率。

铣削速度可在表 4-2 推荐的范围内选取，并根据实际情况进行试切后的调整。

表 4-2　铣削速度推荐表

工件材料	铣削速度/m·min⁻¹		说　明
	高速钢铣刀	硬质合金铣刀	
低碳钢	20～45	150～190	
中碳钢	20～35	120～150	
合金钢	15～25	60～90	1. 粗铣时取小值，精铣时取大值；
灰口铸铁	14～22	70～100	2. 工件材料强度和硬度较高时取小值，反之取大值；
黄铜	30～60	120～200	3. 刀具材料耐热性好时取大值，反之取小值
铝合金	112～300	400～600	
不锈钢	16～25	50～100	

在完成 v_c 值的选择后，应根据公式（4-1）计算出主轴转速 n 值。

$$n = 1\,000v_c/\pi D \qquad (4-1)$$

式中　n——主轴转速（r/min）；

D——铣刀直径（mm）。

（3）确定进给速度 F

铣刀的进给速度大小直接影响工件的表面质量及加工效率，因此进给速度选择得合理与否非常关键。在确定好背吃刀量 a_p 及铣削速度 v_c 后，接下来就是确定刀具的进给速度 F，通常根据公式（4-2）计算得

$$F = f \cdot z \cdot n \qquad (4-2)$$

式中　f——铣刀每齿进给量（mm/z）；

z——铣刀齿数；

n——主轴转速（r/min）。

一般来说，粗加工时，限制进给速度的主要因素是切削力，确定进给量的主要依据是铣床进给机床的强度、刀杆刚度、刀齿强度以及机床、夹具、工件等工艺系统的刚度。在强度、刚度许可的条件下，进给量应尽量取得大些。半精加工和精加工时，限制进给速度的主要因素是表面粗糙度，为了减小工艺系统的振动，提高已加工表面的质量，一般应选取较小的进给量。刀具铣削时的每齿进给量 f 值可参考表 4-3 来选取。

表4-3　铣刀每齿进给量 *f* 选择推荐表

刀具名称	高速钢铣刀/min·z⁻¹		硬质合金铣刀/min·z⁻¹	
	铸铁	钢件	铸铁	钢件
圆柱铣刀	0.12~0.20	0.1~0.15	0.2~0.5	0.08~0.20
立铣刀	0.08~0.15	0.03~0.06	0.2~0.5	0.08~0.20
套式面铣刀	0.15~0.20	0.06~0.10	0.2~0.5	0.08~0.20
三面刃铣刀	0.15~0.25	0.06~0.08	0.2~0.5	0.08~0.20

二、程序指令准备

1. 辅助功能指令（M指令）

辅助功能指令又称 M 指令，其主要作用是控制机床各种辅助动作及开关状态，如主轴的转动与停止、冷却液的开与关闭等，通常是靠继电器的通断来实现控制过程的，用地址字符 M 及两位数字表示。程序的每一个程序段中 M 代码只能出现一次。

常用辅助功能 M 指令及其功能见表4-4。

表4-4　常用辅助功能 M 指令及其功能

指令	功　　能	指令	功　　能
M00	程序暂停	M05	主轴停止
M01	程序有条件暂停	M07	第一冷却介质开
M02	程序结束	M08	第二冷却介质开
M03	主轴正转	M09	冷却介质关闭
M04	主轴反转	M30	程序结束（复位）并回到程序头

2. 主轴转速功能指令（S指令）

主轴转速功能指令也称 S 功能指令，其作用是指定机床主轴的转速。

输入格式：S □ □

└─────── 主轴速度

3. 进给速度功能指令（F指令）

也称 F 功能指令，其作用是指定刀具的进给速度。

输入格式：F □ □

└─────── 刀具进给速度

进给单位可以是 mm/min，也可以是 mm/r。编程时，程序中若输入了 G94 指令或省略，此时进给单位为 mm/min；如输入 F120，表示刀具进给速度为 120 mm/min；若输入了 G95 指令，则进给单位为 mm/r；如输入 F0.2，表示刀具进给速度为 0.2 mm/r。

4. 准备功能指令（G 指令）

准备功能指令也称 G 指令，是建立机床工作方式的一种指令。用字母 G 加数字构成。进行零件平面加工所需的 G 指令见表 4 – 5。

表 4 – 5　FANUC0i– MC/ SINUMERIK–802D/802S 部分准备功能指令

指令	功　　能	指令	功　　能
G00*	快速定位	G54*～ G59	工件坐标系的选择
G01	直线插补	G90*	绝对值编程
G17*	XY 平面选择	G91	增量值编程
G18	XZ 平面选择	G94*	每分钟进给
G19	YZ 平面选择	G95	每转进给
G20	英寸输入（SINUMERIK 用 G70）		
G21	毫米输入（SINUMERIK 用 G71）		
注：带"*"号的 G 指令表示机床开机后的默认状态。			

1）G00——快速定位指令

该指令控制刀具以点定位从当前位置快速移动到坐标系中的另一指定位置，其移动速度不是用程序指令 F 设定，而是由系统参数预先设定。

指令格式：G00 X__ Y__ Z__

其中，X__ Y__ Z__为刀具运动的目标点坐标，当使用增量编程时，X__ Y__ Z__为目标点相对于刀具当前位置的增量坐标，同时不运动的坐标可以不写。

如图 4 – 12 所示，刀具从当前点 O 点快速定位至目标点 A（X45 Y30 Z20），若按绝对坐标编程，其程序段如下：

G00 X45 Y30 Z20

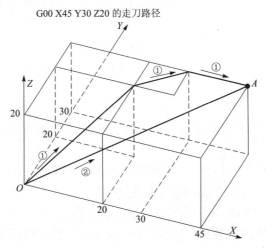

图 4 – 12　G00/G01 指令的运动轨迹

执行此程序段后，刀具的运动轨迹由标识①所示的三段折线组成。由此可看出，刀具在以三轴联动方式定位时，首先沿正方体（三轴中最小移动量为边长）的对角线移动，然后再以正方形（剩余两轴中最小移动量为边长）的对角线运动，最后再走剩余轴长度。

因此，在执行 G00 时，为避免刀具与工件或夹具相撞，通常采用以下两种方式编程。

（1）刀具从上向下移动时。

编程格式：G00 X__ Y__
　　　　　　　　Z__

（2）刀具从下向上移动时。

编程格式：G00 Z__
　　　　　　　　X__ Y__

注意： 不能使用 G00 指令切削工件。

2）G01——直线插补指令

该指令控制刀具从当前位置沿直线移动到目标点，其移动速度由程序指令 F 控制。它适合加工零件中的直线轮廓。

指令格式：G01 X__ Y__ Z__ F__

其中，X__ Y__ Z__ 为刀具运动的目标点坐标。当使用增量编程时，X__ Y__ Z__ 为目标点相对于刀具当前位置的增量坐标，同时不运动的坐标可以不写。

F__ 为指定刀具切削时的进给速度。刀具的实际进给速度通常与操作面板进给倍率开关所处的位置有关，当进给倍率开关处于 100% 位置时，进给速度与程序中的速度相等。

如图 4-12 所示，刀具从当前点 O 点以 F 为 120 mm/min 的进给速度切削至目标点 A（X45 Y30 Z20），若按绝对坐标编程，其程序段如下：

G01 X45 Y30 Z20 F120

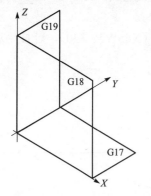

执行此程序段后，刀具的运动轨迹为标识②所示的一段直线。由此看出，G01 指令的运动轨迹为当前点与目标点之间的连线。

3）G17/G18/G19——坐标平面选择指令

应用数控铣床/加工中心进行工件加工前，只有先指定一个坐标平面，即确定一个二坐标的坐标平面，才能使机床在加工过程中正常执行刀具半径补偿及刀具长度补偿功能，如图 4-13 所示。坐标平面选择指令的主要功能就是指定加工时所需的坐标平面。

图 4-13　坐标平面选择指令示意图

指令格式：G17/(G18/G19)

其中，G17 表示指定 XY 坐标平面；G18 表示指定 XZ 坐标平面；G19 表示指定 YZ 坐标平面。

一般情况下，机床开机后，G17 为系统默认状态，在编程时 G17 可省略。

G17、G18、G19 三个坐标平面的含义见表 4-6。

4）G20/G21——FANUC0i-MC 系统单位输入设定指令

单位输入设定指令是用来设置加工程序中坐标值的单位是使用英制还是公制的。

FANUC0i-MC 系统采用 G20/G21 来进行英制和公制的切换。

表 4 – 6 G17，G18，G19 三个坐标平面的含义

指令	坐标平面	垂直坐标
G17*	XY	Z
G18	XZ	Y
G19	YZ	X

英制单位输入：G20；

公制单位输入：G21。

5）G70/G71——SINUMERIK 系统单位输入设定指令

英制单位输入：G70；

公制单位输入：G71。

机床出厂前，机床生产厂商通常将公制单位输入设定为系统默认状态。

6）G54～G59——工件坐标系选择指令

G54～G59 指令的功能就是在加工程序中用零点偏置方法设定的工件坐标系原点。

指令格式：G54/(G55/G56/G57/G58/G59)

为工件设定工件坐标系，能有效地简化零件加工程序，并减小编程错误（例如，加工图 4 – 14 所示的两型腔），其编程思路如下。

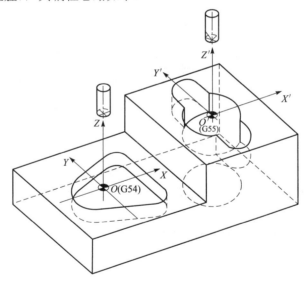

图 4 – 14 工件坐标系在加工中的应用

N10 G54 G00 Z100

N20 M03 S500

N30 G00 X0 Y0

......

......

N90 G00 Z100

N100 G55

```
N110 G00 X0 Y0
......
N200 M30
```

其中，N10～N90 段程序，通过设定 G54 来完成三角形轮廓的加工，N100～N200 段程序，通过设定 G55 完成键槽轮廓的加工。

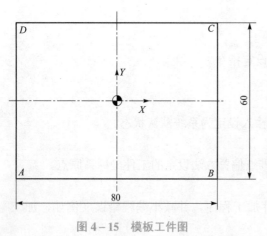

图 4-15　模板工件图

7）G90/G91——绝对值编程与增量值编程指令

指令格式：`G90/(G91)`

其中，G90 指令按绝对值编程方式设定坐标，即移动指令终点的坐标值 X、Y、Z 都是以当前坐标系原点为参照来计算。

G91 指令按增量值编程方式设定坐标，即移动指令中目标点的坐标值 X、Y、Z 都是以前一点为参照来计算的，前一点到目标点的方向与坐标轴同向取正，反向则取负。

例如，图 4-15 所示的模板工件图，分别用绝对坐标和增量坐标描述 A→B→C→D→A 时，各点坐标值见表 4-7。

表 4-7　A→B→C→D→A 各点坐标值

轨迹路线	绝对值坐标	增量值坐标
A→B	X40，Y-30	X80，Y0
B→C	X40，Y30	X0，Y60
C→D	X-40，Y30	X-80，Y0
D→A	X-40，Y-30	X0，Y-60

8）G94/G95——进给速度单位控制指令
该指令主要用于指定刀具移动时的速度单位。
编程格式：`G94/G95`
G94 指令指定刀具进给速度的单位为毫米/分钟（mm/min）；
G95 指令指定刀具进给速度单位为毫米/转（mm/r）。

三、案例工作任务（一）——铣削汽车覆盖件模具检具底板平面

1. 任务描述
应用数控铣床完成图 4-16 所示某模具检具底板平面的铣削，工件材料为 Q235。生产规模：单件。

2. 应用"六步法"完成此工作任务
完成该项加工任务的工作过程如下。

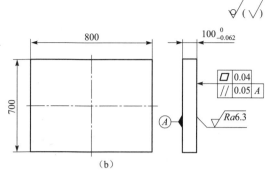

图 4-16　汽车覆盖件模具检具底板

（a）检具实物图；（b）检具底板零件图

1）资讯——分析零件图，明确加工内容

图 4-16 所示零件的加工部位为模具的上表面，经现场检测，毛坯的厚度余量平均为 5 mm 左右，由于工件毛坯比较大，且加工精度特别是形位公差要求高，后续的孔加工也要在此次装夹中完成，故采用数控铣床加工该零件，其中 $100_{-0.062}^{0}$ 和 $Ra6.3$ 为重点保证的尺寸和表面质量。

2）决策——确定加工方案

（1）机床选择：本次加工因零件轮廓尺寸较大（800×700×105），根据车间设备状况，决定选择数控龙门铣床完成本次任务。根据工件形状及尺寸特点，采用压板将工件直接定位于机床工作台，并用垫铁等附件配合装夹工件。

（2）刀具选择及其刀路设计：根据待加工平面的尺寸特点及车间刀具配备情况，决定用 $\phi160$ mm 可转位硬质合金面铣刀铣削工件，同时为了降低因"接刀痕"而产生的平面度误差及表面粗糙度，必须选用耐磨性好的刀片材料来加工。

因加工平面大，不可能进行一次铣削来完成平面加工，因此本次平面铣时的刀具轨迹选择平行往复铣削方式。

（3）切削用量选择过程如下。

● 背吃刀量 a_p 的选择：前面已经检测出毛坯的厚度余量平均为 5 mm 左右，余量不大，使用硬质合金面铣刀可一次进给铣去全部的加工余量，但是所加工的工件精度较高，所以分粗、精加工平面。工件材料为 Q235，刀具材料为硬质合金。

参考表 4-1 可得，粗加工时 $a_p<7$，而我们的毛坯余量为 5 mm，还需留 1 mm 余量做精加工，所以 $a_p=4$；精加工时，取 $a_p=1$ 来保证加工精度。

● 铣削速度 v_c 的确定。参考表 4-2 得，$v_c=120\sim150$，刀具大小为 $\phi160$ mm，根据公式（4-1）计算出主轴转速 n 值。

$$n=1\,000v_c/\pi D=240\sim300\,（r/min）$$

其中，粗加工时取较小的值，精加工时取较大的值。

● 进给速度 F 的确定：铣刀的进给速度大小直接影响工件的表面质量及加工效率，因此进给速度选择的合理与否非常关键。一般来说，粗加工时，每齿进给量应尽量取得大些；半精加工和精加工时，为了提高已加工表面的质量，一般应选取较小的每齿进给量。

其中，n 为 $240\sim300$，$z=8$，查表 4-3 得，f 为 $0.08\sim0.20$，根据公式（4-2）计算而得。

粗加工时：$F_{粗} = f \cdot z \cdot n = 240 \times 8 \times 0.2 = 384$（mm/min），$F_{粗} = 400$；

精加工时：$F_{精} = f \cdot z \cdot n = 300 \times 8 \times 0.08 = 192$（mm/min），$F_{精} = 200$。

（4）工件坐标系原点的选取。

为了方便后续的编程和对刀，本次加工时决定将选取工件上表面中心处作为工件坐标原点。

3）计划——制定加工过程文件

（1）加工工序卡。本次加工任务的工序卡内容见表4-8。

表4-8 检具底板加工工序卡

工步	加工内容	刀具规格	刀号	余量 /mm	主轴转速/ (r·min⁻¹)	进给速度/ (mm·min⁻¹)
1	平面粗加工	可转位硬质合金面铣刀 $\phi160$ mm	1	1	250	400
2	平面精加工	可转位硬质合金面铣刀 $\phi160$ mm	1	0	300	200

（2）NC程序单。本次加工任务的NC程序见表4-9。

表4-9 平面铣削NC程序

段号	FANUC0i-MC系统程序	SINUMERIK-802D系统程序	程序说明
	O0001	BB1.MPF	主程序名
N10	G54 G90 G40 G17 G64	G54 G90 G40 G17 G64 G71	程序初始化
N20	M03 S400	M03 S400	主轴正转，速度为400 r/min
N30	M08	M07	开冷却（气体）
N40	G00 Z150	G00 Z150	Z轴快速定位
N50	X-460 Y-300	X-460 Y-300	XY快速定位
N60	Z5	Z5	快速下刀
N70	G01 Z0.5 F100	G01 Z0.5 F100	Z轴定位到加工深度Z0.5
N80	G91	G91	启用相对坐标编程方式
N90	X900 F400	X900 F400	X方向进给
N100	Y150	Y150	Y方向进给
N110	X-900	X-900	X方向进给
N120	Y150	Y150	Y方向进给
N130	X900	X900	X方向进给
N140	Y150	Y150	Y方向进给

续表

段号	FANUC0i-MC 系统程序	SINUMERIK-802D 系统程序	程序说明
N150	X-900	X-900	X 方向进给
N160	Y150	Y150	Y 方向进给
N170	X900	X900	X 方向进给
N180	G90	G90	返回绝对坐标编程方式
N190	G0 Z150 M09	G0 Z150 M09	快速提刀至安全高度，关冷却液
N200	M30	M30	程序结束

4）实施——加工零件

（1）开机前的准备。

● 检查机床各油箱油量是否充足，压缩空气压力是否达到工作要求。

● 检查机床操作面板各按键是否处于正常位置。

● 检查机床工作台是否处于中间位置，安全防护门是否关闭。

（2）加工前的准备。

● 依照顺序打开车间的电源、机床主电源、操作箱上的电源开关，开机并回零。

● 将机床先空运行预热 30 min 左右，特别是主轴与三轴均以最高速率的 50% 运转 10～20 min（当机床第一次操作或长时间停止后，每个滑轨面均须先加润滑油，再让机床开机但不运转过 30 min，以便润滑油泵将油打至滑轨面后再运转）。

● 用压缩空气吹净刀具、刀柄及其附件，正确安装并夹紧刀具。

● 工量具准备：铣刀、游标卡尺、深度千分尺及相关检测工具的领取或借用。

（3）安装工件及刀具。

● 清理工作台、夹具、工件，并正确装夹工件，确保工件定位夹紧稳固可靠。

● 通过手动方式将刀具装入主轴中。

（4）对刀，建立工件坐标系。

启动主轴，手动对刀，建立工件坐标系。

（5）输入并检验程序。

● 将平面铣削的 NC 输入数控系统中，检查程序并确保程序正确无误。

● 将当前工件坐标系抬高至一安全高度，设置好刀具等加工参数后，将机床状态调整为"空运行"状态，空运行程序，检查平面铣削轨迹是否正确，是否与机床夹具等发生干涉，如有干涉则要调整程序。

（6）执行零件加工。

● 将工件坐标系恢复至原位，取消空运行，对零件进行首次加工。加工时，应确保冷却充分和排屑顺利。

● 应用量具直接在工作台上检测工件相关尺寸，根据测量结果调整 NC 程序，再次进行零件平面铣削，如此反复，最终将零件尺寸控制在规定的公差范围内。

（7）加工后处理。

- 在确保零件加工完成及各尺寸在公差范围内之后，拆除工件，去毛刺，进一步清理工件。
- 清扫机床，擦净刀具、量具等用具，并按规定摆放整齐。
- 严格按机床操作规程关闭机床。

5）检查——检验者验收零件

6）评估——加工者与检验者共同评价本次加工任务的完成情况

四、平面铣削相关的注意事项

（1）平面铣削应选用不重磨硬质合金面铣刀或立铣刀加工。

（2）一般采用二次走刀，第一次走刀最好用面铣刀粗铣，沿工件表面连续走刀。选好每次走刀的宽度和铣刀直径。每次走刀的宽度推荐为刀具直径的60%~90%，使接痕不影响精铣精度。加工余量大又不均匀时，铣刀直径要选小些。

（3）精加工时，铣刀直径要选大些，最好能够包容加工面的整个宽度。

（4）平面的半精加工和精加工，一般用可转位密齿面铣刀或立铣刀，可以达到理想的表面加工质量，甚至可以实现以铣代磨。密布的刀齿使进给速度极大提高，从而提高切削效率。精铣平面时，立铣刀可以设置2~6个刀齿。

4.2 台阶面铣削

一、台阶面铣削工艺知识准备

台阶面铣削在刀具、切削用量选择等方面与平行面铣削基本相同，但由于台阶面铣削除了要保证其底面精度之外，还应控制侧面精度，如侧面的平面度、侧面与底面的垂直度等，因此，在铣削台阶面时，刀具进给路线的设计与平行面铣削有所不同。以下介绍的是台阶面铣削常用的进刀路线。

1. 一次铣削台阶面

当台阶面深度不大时，在刀具及机床功率允许的前提下，可以一次完成台阶面铣削，刀具进给路线如图4-17所示。如台阶底面及侧面加工精度要求高时，可在粗铣后留0.3~1 mm余量进行精铣。

2. 在宽度方向分层铣削台阶面

当深度较大，不能一次完成台阶面铣削时，可采取图4-18所示的进刀路线，在宽度方向分层铣削台阶面。但这种铣削方式存在"让刀"现象，将影响台阶侧面相对于底面的垂直度。

3. 在深度方向分层铣削台阶面

当台阶面深度很大时，也可采取图4-19所示的进刀路线，在深度方向分层铣削台阶面。这种铣削方式会使台阶侧面产生"接刀痕"。在生产中，通常采用高精度且耐磨性能好的刀片来消除侧面"接刀痕"或台阶的侧面留0.2~0.5 mm余量作一次精铣。

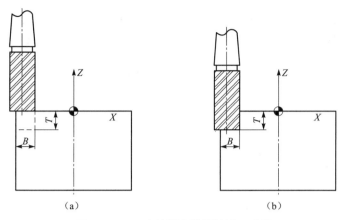

图 4-17 一次铣削台阶面的进刀路线

（a）刀具到达台阶侧面；（b）刀具到达台阶底面

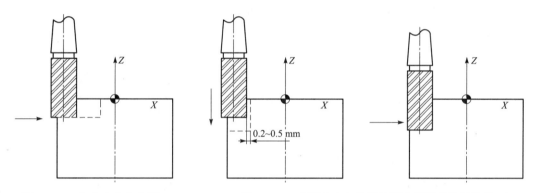

图 4-18 在宽度方向分层
铣削台阶面的进刀路线

图 4-19 在深度方向分层铣削台阶面的进刀路线

二、程序指令准备

在数控铣/加工中心机床通常采用子程序调用指令来执行分层铣削。

1. 子程序定义

在编制加工程序时，有时会遇到一组程序段在一个程序中多次出现，或者在几个程序中都要使用到，编程者可将这组多次出现的程序段编写成固定程序，并单独命名，这组程序段就称为子程序。

图 4-20 所示为 FANUC0i-MC 数控系统子程序调用示例。从示例中可看出，子程序一般都不可以作为独立的加工程序使用，只有通过调用来实现加工中的局部动作。

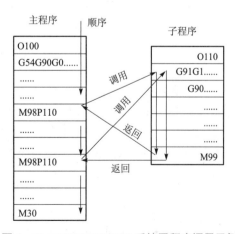

图 4-20 FANUC0i-MC 系统子程序调用示例

2. 子程序嵌套

在一个子程序中调用另一个子程序，这种编程方式称为子程序嵌套（如图 4-21 所示）。当主程序调用子程序时，该子程序被认为是一级子程序，数控系统不同，其子程序的嵌套级数也不相同，图4-21所示为FANUC0i-MC系统的四层子程序嵌套。

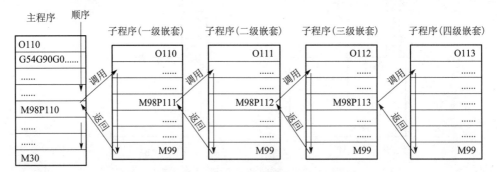

图4-21　FANUC0i-MC系统四层子程序嵌套示例

3. FAUNC系统子程序调用指令（M98/M99）

1）M98——调用子程序

指令格式：M98 P××××　××××

其中，在地址P后面的8位数字中，前4位表示子程序调用次数，后4位表示子程序名。调用次数前面的0可以省略不写；当调用次数为1时，前4位数字可省略。例如：

M98 P51002；表示调用O1002号子程序5次。

M98 P1002；表示调用O1002号子程序1次。

M98 P30004；表示调用O0004号子程序3次。

2）M99——子程序调用结束，并返回主程序

FANUC0i-MC系统常用M99指令结束子程序。

指令格式：M99

3）子程序编程应用格式

在FANUC0i-MC系统中，子程序与主程序一样，必须建立独立的文件名，但程序结束必须用M99。其编程应用格式如图4-20及图4-21所示，此处略。

4. SINUMERIK系统子程序调用指令

1）子程序调用指令格式：△△△△△△△△ P××××

"△△△△△△△△"表示要调用的子程序名，其命名方式与一般程序的命名规则相同；P后面的数字表示调用次数。

例如：L0101 P2；表示调用L0101子程序2次。

2）RET——子程序结束并返回主程序

RET的作用与FANUC0i-MC系统的M99相同，此处略。

三、案例工作任务（二）——台阶面铣削加工

1. 任务描述

应用数控铣床完成图4-22所示的某阶台平面的铣削，工件材料为45号钢。生产规模：单件。

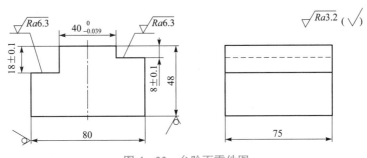

图 4-22 台阶面零件图

2. 应用"六步法"完成此工作任务

完成该项加工任务的工作过程如下。

1) 资讯——分析零件图，明确加工内容

图 4-22 零件的加工部位为台阶表面及侧面，该零件可用普通铣床或数控铣床等机床加工，铣台阶面是在上一道铣平面基础上进行的后续加工，在此选用数控铣床加工该零件，其中 $40_{-0.036}^{0}$、18 ± 0.1、8 ± 0.1 和 $Ra3.2$、$Ra6.3$ 为重点保证的尺寸和表面质量。

2) 决策——确定加工方案

（1）机床及装夹方式选择。由于零件轮廓尺寸不大，且为单件加工，根据车间设备状况，决定选择 XK714 型加工中心完成本次任务。由于零件毛坯为 80 mm×75 mm×48 mm 方钢，故决定选择平口钳、垫铁等配合装夹工件。

（2）刀具选择及刀路设计。由图可知，两台阶面的最大宽度为 20 mm，并根据车间刀具配备情况，决定用 φ25 mm 立铣刀铣削待加工的台阶面，此时刀具直径大于台阶宽度。

为有效保护刀具，提高加工表面质量，采用不对称顺铣方式铣削工件，XY 向刀路设计如图 4-23 所示。

从零件图可以看出，两台阶面虽然宽度相等，但左侧台阶深 18 mm，右侧台阶深 8 mm，深度相差较大，因此，尺寸深 8 mm±0.1 mm 的台阶面采用一次粗铣，尺寸深 18 mm±0.1 mm 的台阶面采用在深度方向分层粗铣，两台阶底面、侧面各留 0.5 mm 余量进行精加工。

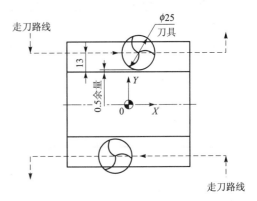

图 4-23 台阶面铣削刀路示意图

（3）切削用量选择。

详见表 4-10，此处略。

（4）工件原点的选择。本次加工两台阶面，选取工件上表面中心 O 处作为工作原点。

3) 计划——制定加工过程文件

（1）加工工序卡。

本次加工任务的工序卡内容见表 4-10。

（2）NC 程序单。

● 粗加工深 8 mm 的阶台平面的 NC 程序见表 4-11。

表 4 – 10　台阶面零件铣削加工工序卡

工步	加工内容	刀具规格	刀号	刀具半径补偿/mm	主轴转速/（r·min⁻¹）	进给速度/（mm·min⁻¹）
1	粗加工深 8 mm 的阶台平面	$\phi25$	T1	10.5	250	40～50
2	粗加工深 18 mm 的阶台平面	$\phi25$	T1	10.5	250	40～50
3	精铣深 8 mm 阶台凸台平面及侧面	$\phi25$	T2	10	250	80～100
4	精铣深 18 mm 阶台凸台平面及侧面	$\phi25$	T2	10	250	80～100

表 4 – 11　粗加工深 8 mm 的阶台平面 NC 程序

段号	FANUC0i– MC 系统程序	SINUMERIK – 802D 系统程序	程序说明
	O0001	BB1.MPF	主程序名
N10	G54 G90 G40 G17 G64 G21	G54 G90 G40 G17 G64 G71	程序初始化
N20	M03 S250	M03 S250	主轴正转，速度为 250 r/min
N30	M08	M08	开冷却液
N40	G00 Z100	G00 Z100	Z 轴快速定位
N50	X – 60 Y45	X – 60 Y45	XY 快速定位
N60	Z5	Z5	快速下刀
N70	G01 Z – 7.5 F100	G01 Z – 7.5 F100	Z 轴定位到加工深度 Z – 7.5（留 0.5 余量）
N80	Y33	Y33	Y 方向进刀（留 0.5 余量）
N90	X60	X60	X 方向进给
N100	Y45	Y45	Y 方向退刀
N110	G0 Z100 M09	G0 Z100 M09	快速提刀至安全高度，关冷却液
N120	M30	M30	程序结束

● 粗加工深 18 mm 的阶台平面的 NC 程序见表 4 – 12。

表 4 – 12　粗加工深 18 mm 的阶台平面 NC 程序

段号	FANUC0i– MC 系统程序	SINUMERIK – 802D 系统程序	程序说明
	O0001	BB1.MPF	主程序名
N10	G54 G90 G40 G17 G64 G21	G54 G90 G40 G17 G64 G71	程序初始化
N20	M03 S250	M03 S250	主轴正转，速度为 250 r/min
N30	M08	M08	开冷却液
N40	G00 Z100	G00 Z100	Z 轴快速定位

续表

段号	FANUC0i-MC 系统程序	SINUMERIK-802D 系统程序	程序说明
N50	X60 Y-60	X60 Y-60	XY 快速定位
N60	Z5	Z5	快速下刀
N70	G01 Z0.5 F100	G01 Z0.5 F100	Z 轴定位到 Z0.5（留 0.5 余量）
N80	M98 P30010	L100 P3	重复调用子程序 3 次
N90	G0 Z100 M09	G0 Z100 M09	快速提刀至安全高度，关冷却液
N100	M30	M30	程序结束
	O0010	L100.SPF	子程序名
N10	G91 G01 Z-6	G91 G01 Z-6	增量 Z 轴下刀 一个加工深度 -6
N20	G90 X60 Y-33	X60 Y-33	绝对 Y 方向进刀（留 0.5 余量）
N30	X-60	X-60	X 方向进给
N40	Y-60	Y-60	Y 方向退刀
N60	X60 Y-60	X60 Y-60	XY 快速定位
N70	M99	M17	子程序结束

- 精铣深 8 mm 阶台凸台平面及侧面 NC 程序见表 4-13。

表 4-13 精铣深 8 mm 阶台凸台平面及侧面 NC 程序

段号	FANUC0i-MC 系统程序	SINUMERIK-802D 系统程序	程序说明
	O0001	BB1.MPF	主程序名
N10	G55 G90 G40 G17 G64 G21	G55 G90 G40 G17 G64 G71	程序初始化
N20	M03 S250	M03 S250	主轴正转，速度为 250 r/min
N30	M08	M08	开冷却液
N40	G00 Z100	G00 Z100	Z 轴快速定位
N50	X-60 Y45	X-60 Y45	XY 快速定位
N60	Z5	Z5	快速下刀
N70	G01 Z-8 F100	G01 Z-8 F100	Z 轴定位到加工深度 Z-8
N80	Y32.5	Y32.5	Y 方向进刀
N90	X60	X60	X 方向进给
N100	Y45	Y45	Y 方向退刀
N110	G0 Z100 M09	G0 Z100 M09	快速提刀至安全高度，关冷却液
N120	M30	M30	程序结束

- 精铣深 18 mm 阶台凸台平面及侧面 NC 程序见表 4 – 14。

表 4 – 14　精铣深 18 mm 阶台凸台平面及侧面 NC 程序

段号	FANUC0i – MC 系统程序	SINUMERIK – 802D 系统程序	程序说明
	O0001	BB1.MPF	主程序名
N10	G55 G90 G40 G17 G64 G21	G55 G90 G40 G17 G64 G71	程序初始化
N20	M03 S250	M03 S250	主轴正转，速度为 250 r/min
N30	M08	M08	开冷却液
N40	G00 Z100	G00 Z100	Z 轴快速定位
N50	X60 Y – 45	X60 Y – 45	XY 快速定位
N60	Z5	Z5	快速下刀
N70	G01 Z – 18 F100	G01 Z – 18 F100	Z 轴定位到加工深度 Z – 18
N80	Y – 32.5	Y – 32.5	Y 方向进刀
N90	X – 60	X – 60	X 方向进给
N100	Y45	Y45	Y 方向退刀
N110	G0 Z100 M09	G0 Z100 M09	快速提刀至安全高度，关冷却液
N120	M30	M30	程序结束

4）实施——加工零件

（1）开机前的准备。与平行面铣削案例操作过程相同。

（2）加工前的准备。与平行面铣削案例操作过程相同。

（3）安装工件及刀具。与平行面铣削案例操作过程相同。

（4）对刀，建立工件坐标系。由于本次加工使用了粗、精两把立铣刀，因而必须用两把刀进行两次对刀，为操作方便，决定先用 2 号刀（精铣刀）对刀，建立工件坐标系 G55，再换 1 号刀（粗铣刀）并对刀，建立工件坐标系 G54，此时当前刀具为 1 号刀（粗铣刀）。

（5）输入并检验程序。

- 在"编辑"模式下，将粗、精铣程序全部输入数控系统中，检查程序并确保程序正确无误。

- 打开粗铣程序，将当前工件坐标系抬高至一安全高度，设置好刀具等加工参数，将机床状态调整为"空运行"状态空运行程序，检查台阶面铣削轨迹是否正确，是否与机床夹具等发生干涉，如有干涉则要调整程序。

（6）执行零件加工。

- 将当前工件坐标系恢复至原位，取消空运行，将机床状态调整为"自动运行"状态，对零件进行粗铣加工。

- 在手动模式下换 2 号刀（精铣刀），同时调用台阶面精铣程序，再次设定刀具相关参数，然后进行零件半精铣加工。

● 半精铣加工完成后，对工件去毛刺，测量相关尺寸，根据测量结果修改程序相关坐标值，以修改程序的方式来控制零件凸台的高度及侧面加工精度。

（7）加工后的处理与平行面铣削案例操作过程相同，此处略。

5）检查——检验者验收零件

6）评估——加工者与检验者共同评价本次加工任务的完成情况

学生工作任务

1. 在案例工作任务（一）中，检具底板深度尺寸是如何控制的，请说明控制方法及步骤。

2. 在案例工作任务（二）中，凸台深度及侧面轮廓尺寸是如何控制的，请说明控制方法及步骤。

3. 应用数控铣床完成如图 4-24 和图 4-25 所示零件上下表面的加工，零件材料为 45 号钢。生产规模：单件。试尝试不同加工方案。

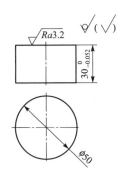

图 4-24 圆台表面铣削

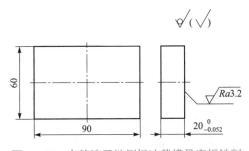

图 4-25 套筒滚子链侧板冲裁模具底板铣削

4. 应用数控铣床完成图 4-26 所示汽车模具底座凸台平面的铣削，零件材料为 45 号钢。生产规模：单件。

5. 应用数控铣床完成图 4-27 所示台阶零件的加工，零件材料为 45 钢。生产规模：单件。

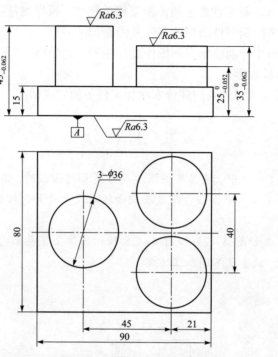

图 4 - 26　底座凸台平面的铣削

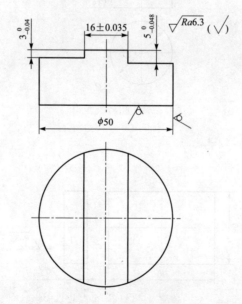

图 4 - 27　台阶零件铣削

零件 2D 外形轮廓铣削

一、零件 2D 外形轮廓铣削概述

零件 2D 外形轮廓可以描述成由一系列直线、圆弧或曲线通过拉伸形成的凸形结构，其侧面一般与零件底面垂直。冲裁模具、结构件等零件必须具有精确的外形轮廓，才能保证它与对应的型腔零件形成良好的配合，如图 5-1 所示。零件 2D 外形轮廓铣削是数控加工中最基本、最常用的切削方式，复杂的、高精度的二维外形轮廓，都离不开这种加工方式。

图 5-1 零件 2D 外形轮廓

一般情况下，零件 2D 外形轮廓通常有以下三种结构类型，即单一外形、叠加外形及并列多个外形，如图 5-2 所示。铣削零件 2D 外形轮廓主要是控制轮廓的尺寸精度、表面粗糙度及部分结构的形位精度。

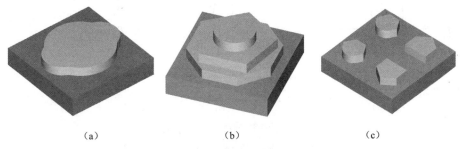

| (a) | (b) | (c) |

图 5-2 零件 2D 外形轮廓结构类型
（a）单一外形；（b）叠加外形；（c）并列多个外形

二、学习目标

通过完成本单元的工作任务，促使学习者达到以下学习目标。

1. 知识目标

（1）掌握零件 2D 外形轮廓铣削相关的工艺知识及方法。

（2）能根据零件特点正确选择刀具，合理选用切削参数及装夹方式。

（3）掌握零件 2D 外形轮廓铣削常用的编程指令与方法。

（4）掌握零件 2D 外形轮廓铣削的精度控制方法。

2. 技能目标

能够应用数控铣床/加工中心进行单一外形轮廓、叠加外形轮廓及并列多个外形等轮廓的铣削加工，并满足相应的尺寸公差、形位公差及表面粗糙度等方面的要求。

5.1　单一外形轮廓铣削

一、单一外形轮廓铣削工艺知识准备

单一外形轮廓铣削如图 5-3 所示，轮廓侧面是主要加工内容，其加工精度、表面质量均

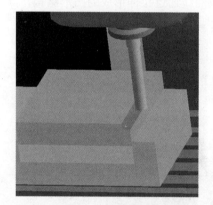

图 5-3　单一外形轮廓铣削示意图

有较高的要求。因此，合理设计轮廓铣削刀路、选择合适的铣削刀具以及切削用量非常重要。

1. 刀路设计

1）进、退刀路线设计

刀具进、退刀路线设计得合理与否，对保证所加工的轮廓表面质量非常重要。一般来说，刀具进、退刀线的设计应尽可能遵循切向切入、切向切出工件的原则。根据这一原则，轮廓铣削中刀具进、退刀路线通常有三种设计方式，即直线—直线方式，如图 5-4（a）所示；直线—圆弧方式，如图 5-4（b）所示；圆弧—圆弧方式，如图 5-4（c）所示。

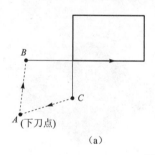
（a）

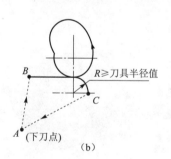
（b）

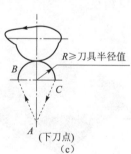
（c）

图 5-4　轮廓铣削进、退刀路线设计

（a）直线—直线方式；（b）直线—圆弧方式；（c）圆弧—圆弧方式

2）铣削方向的选择

进行零件轮廓铣削时有两种铣削方向，即顺铣与逆铣。

（1）顺铣就是在切削区域内，刀具的旋转方向与刀具的进给方向相反时的铣削，如图 5-5（a）所示。顺铣加工有以下几个特点。

● 顺铣时，观察者沿刀具进给方向看，刀具始终在工件的左侧。

● 顺铣时，切削层厚度从最大开始逐渐减小至零，刀具产生向外"拐"的变形趋势，工件处于"欠切"状态，如图 5-5（a）所示。

● 顺铣时，刀齿处于受压状态，刀具此时无滑移，因而其耐用度高，所加工的表面质量好。

（2）逆铣就是在切削区域内，刀具的旋转方向与刀具的进给方向相同时的铣削，如图 5-5（b）所示。逆铣加工有以下几个特点。

● 逆铣时，观察者沿刀具进给方向看，刀具始终在工件的右侧。

● 逆铣时，切削层厚度从零逐渐增加到最大，刀具此时因"抓地"效应产生向内"弯"的变形趋势，工件处于"过切"状态，如图 5-5（b）所示。

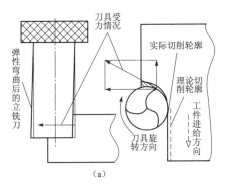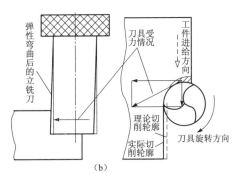

图 5-5　轮廓铣削方式

（a）顺铣；（b）逆铣

● 逆铣开始时，由于切削厚度为零，小于铣刀刃口钝圆半径，不能切入切料，刀齿在加工表面上产生小段滑移，刀具与工件表面产生强烈摩擦，这种摩擦一方面使刀刃磨损加剧，另一方面使工件已加工表面产生冷硬现象，从而增大了工件的表面粗糙度。

综上所述，为提高刀具耐用度及工件表面质量，在进行轮廓铣削时，一般都采用顺铣，逆铣只有在铣削带"硬皮"的工件时才使用。

3）Z 向刀路设计

轮廓铣削 Z 向的刀路设计根据工件轮廓深度与刀具尺寸确定。

（1）一次铣至工件轮廓深度。当工件轮廓深度尺寸不大，在刀具铣削深度范围之内时，可以采用一次下刀至工件轮廓深度完成工件铣削，刀路设计如图 5-6 所示。

立铣刀在粗铣时一次铣削工件的最大深度即背吃刀量 a_p（如图 5-7 所示），以不超过铣刀半径为原则，通常根据下列几种情况选择。

● 当侧吃刀量 $a_e < d/2$（d 为铣刀直径）时，取 $a_p = (1/3 \sim 1/2) d$；

● 当切削宽度 $d/2 \leqslant a_e < d$ 时，取 $a_p = (1/4 \sim 1/3) d$；

● 当切削宽度 $a_e = d$（即满刀切削）时，取 $a_p = (1/5 \sim 1/4) d$。

采用一次铣至工件轮廓深度的进刀方式虽然使 NC 程序变得简单，但这种刀路使刀具受到较大的切削抗力而产生弹性变形，因而影响了工件轮廓侧壁相对底面的垂直度。

（2）分层铣至工件轮廓深度。当工件轮廓深度尺寸较大，刀具不能一次铣至工件轮廓深度时，则需采用在 Z 向分多层依次铣削工件，最后铣至工件轮廓深度，刀路设计如图 5-8 所示。

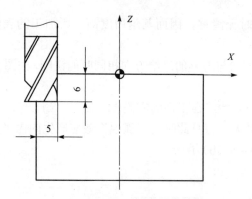

图 5-6 一次铣至工件轮廓深度的铣削方式

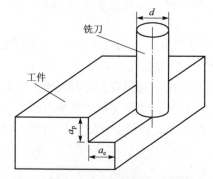

图 5-7 切削深度、切削宽度吃刀量示意图

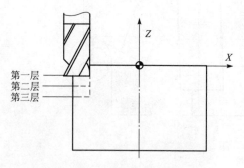

图 5-8 Z 向分层铣削示意图

在 Z 向分层铣削工件，有效地解决了工件轮廓侧壁相对底面的垂直度问题，因而在生产中得到了广泛的应用。

2. 常用的轮廓铣削刀具

一般情况下，常用立铣刀来进行零件 2D 外形轮廓铣削。立铣刀的结构形状如图 5-9 所示，其圆柱表面和端面上都有切削刃，它们可同时进行切削，也可单独进行切削。立铣刀圆柱表面的切削刃为主切削刃，端面上的切削刃为副切削刃，主要用来加工与侧面相垂直的底平面。主切削刃一般为螺旋齿，可以增加切削平稳性，提高加工精度。由于普通立铣刀端面中心处无切削刃，所以，立铣刀通常不能作轴向大深度进给。

（a） （b）

图 5-9 整体式立铣刀
（a）高速钢立铣刀；（b）整体硬质合金立铣刀

根据刀具材料及结构形式分类，立铣刀通常用以下三种类型。

1）整体式立铣刀

整体式立铣刀主要有高速钢立铣刀和整体硬质合金立铣刀两大类型，如图 5-9 所示。

高速钢立铣刀具有韧性好、易于制造、成本低等特点，但由于刀具硬度特别是高温下的硬度低，难以满足高速切削要求，因而限制了其使用范围。

硬质合金立铣刀具有硬度高和耐磨性好等特性，因而可获得较高切削速度及较长的使用寿命，且金属去除率高。刃口经过精磨的整体硬质合金立铣刀可以保证所加工零件的形位公差及较高的表面质量，通常作为精铣刀具使用。

为了改善切屑卷曲情况、增大容屑空间，整体式立铣刀的刀齿数通常在 3～8 之间。一般

粗齿立铣刀齿数 z 为 3～4，细齿立铣刀齿数 z 为 5～8。标准立铣刀的螺旋角 β 为 40°～50°（粗齿）和 30°～35°（细齿）。

整体式立铣刀主要有粗齿和细齿两种类型，粗齿立铣刀具有齿数少（z 为 3～4），刀齿强度高、容屑空间大等特点，常用于粗加工；细齿立铣刀齿数多（z 为 5～8），切削平稳，适用于精加工，如图 5-10 所示。因此，应根据不同工序的加工要求，选择合理的不同齿数的立铣刀。

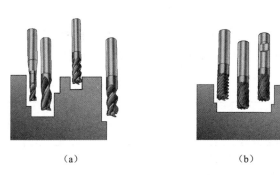

（a）　　　　　　　　　　　　　（b）

图 5-10　不同齿数立铣刀的加工应用
（a）用于粗加工的粗齿立铣刀；（b）用于精加工的细齿立铣刀

2）可转位硬质合金立铣刀

可转位硬质合金立铣刀的结构如图 5-11 所示。

与整体式硬质合金立铣刀相比，可转位硬质合金立铣刀的尺寸形状误差相对较差，直径一般大于 10 mm，因而通常作为粗铣刀具或半精铣刀具使用。

图 5-11　可转位硬质合金立铣刀

3）玉米铣刀

玉米铣刀可分为镶硬质合金刀片玉米铣刀及焊接式玉米铣刀两种类型，这种铣刀具有高速、大切深、表面质量好等特点，在生产中常用于大切深的粗铣加工或半精铣加工，其结构如图 5-12 所示。

（a）　　　　　　　　　　　　　（b）

图 5-12　玉米铣刀
（a）镶硬质合金刀片玉米铣刀；（b）焊接刀刃玉米铣刀

一般情况下，要根据工件的生产规模及企业生产条件，最终确定选用何种类型的立铣刀来进行轮廓铣削加工。

3. 刀具直径的确定

为保证轮廓的加工精度和生产效率，合理确定立铣刀的直径非常重要。一般情况下，在机床功率允许的前提下，工件粗加工时应尽量选择直径较大的立铣刀进行铣削，以便快速去除多余材料，提高生产效率；工件精加工则选择相对较小直径的立铣刀，从而保证轮廓的尺寸精度和表面粗糙度值。

4. 切削用量的选择

与平面铣削相似，进行零件 2D 轮廓铣削时也应确定刀具切削用量，即背吃刀量 a_p、铣削速度 v_c、进给速度 F。其中，a_p 值的确定在本节中已有所述，其他两个参数的选择可查表 5-1 及表 5-2，并参照平面铣削切削用量的确定方法选择。

表 5-1 铣刀的铣削速度   m/min

工件材料	铣刀刃口材料					
	碳素钢	高速钢	超高速钢	合金钢	碳化钛	碳化钨
铝合金	75～150	180～300		240～460		300～600
镁合金		180～270				150～600
钼合金		45～100				120～190
黄铜（软）	12～25	20～25		45～75		100～180
黄铜	10～20	20～40		30～50		60～130
灰铸铁（硬）		10～15	10～20	18～28		45～60
冷硬铸铁			10～15	12～18		30～60
可锻铸铁	10～15	20～30	25～40	35～45		75～110
钢（低碳）	10～14	18～28	20～30		45～70	
钢（中碳）	10～15	15～25	18～28		40～60	
钢（高碳）		10～15	12～20		30～45	
合金钢					35～80	
合金钢（硬）					30～60	
高速钢			12～25		45～70	

表 5-2 立铣刀进给量推荐值   mm/z

工件材料	工件材料硬度（HB）	硬质合金		高速钢	
		端铣刀	立铣刀	端铣刀	立铣刀
低碳钢	150～200	0.2～0.35	0.07～0.12	0.15～0.3	0.03～0.18
中、高碳钢	220～300	0.12～0.25	0.07～0.1	0.1～0.2	0.03～0.15
灰铸铁	180～220	0.2～0.4	0.1～0.16	0.15～0.3	0.05～0.15
可锻铸铁	240～280	0.1～0.3	0.06～0.09	0.1～0.2	0.02～0.08
合金钢	220～280	0.1～0.3	0.05～0.08	0.12～0.2	0.03～0.08
工具钢	HRC36	0.12～0.25	0.04～0.08	0.07～0.12	0.03～0.08
镁合金铝	95～100	0.15～0.38	0.08～0.14	0.2～0.3	0.05～0.15

二、程序指令准备

1. FANUC0i-MC 系统的 G02/G03——圆弧插补指令

该指令控制刀具从当前点按指定的圆弧轨迹运动至圆弧终点，主要适用于圆弧轮廓的铣削加工。FANUC0i-MC 系统主要有以下几种指令格式。

（1）在 XY 平面内圆弧插补。

G17 G02/G03 X___Y___R___(I___J___)F___

其中，

① X___Y___为圆弧终点坐标；

② I___J___为圆心相对于圆弧起点的坐标增量值，即 I = X 圆心 − X 圆弧起点；J = Y 圆心 − Y 圆弧起点；

③ R___为圆弧半径，当圆弧圆心角 ≤ 180° 时，圆弧半径取正值；当 180° ≤ 圆弧圆心角 < 360° 时，圆弧半径取负值；当圆弧圆心角 = 360°，即插补轨迹为一整圆时，此时只能用 I、J 格式编程；当同时输入 R 与 I、J 时，R 有效。

④ F 为圆弧插补时进给速度；

⑤ G02 为顺圆插补，G03 为逆圆插补。

（2）在 XZ 平面内圆弧插补。

G18 G02/G03 X___Z___R___(I___K___)F___

（3）在 YZ 平面内圆弧插补。

G19 G02/G03 Y___Z___R___(J___K___)F___

圆弧顺、逆方向的判别方法是：逆着圆弧插补坐标平面的矢量正方向看，圆弧沿顺时针方向移动的为顺圆插补（G02），圆弧沿逆时针方向移动的为逆圆插补（G03），如图 5-13 所示。

如图 5-14 所示，刀具从当前点 A，沿不同圆弧轨迹插补至目标点，取 O 点为工件原点，刀具进给速度 F = 100 mm/min，其对应的 NC 程序见表 5-3。

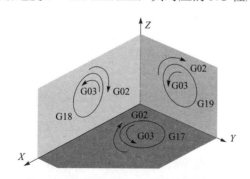

图 5-13 圆弧插补顺、逆判断示意图

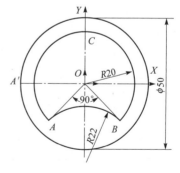

图 5-14 圆弧插补应用举例

表 5-3 圆弧插补编程示例

轨迹路线	NC 程序
A→B	G02 X14.142 Y − 14.142 R22 F100
A→C→B	G02 X14.142 Y − 14.142 R − 20 F100
A′→A′	G02 X − 25 Y0 I25 J0 F100

2. SINUMERIK－802D 系统的 G02/G03——圆弧插补指令

1）程序指令格式

SINUMERIK－802D 系统圆弧插补指令的含义与 FANUC 系统的完全相同，只是程序指令格式有差异。其中常用的编程格式是：

```
G02/G03  X___Y___CR=___(I___J___)F___
```

此外，SINUMERIK－802D 系统还有其他编程格式，详见附表二，此处略。

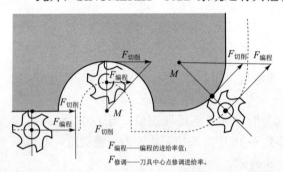

$F_{编程}$——程序的进给率值；
$F_{修调}$——刀具中心点修调进给率。

图 5－15　切削点的进给速度与刀具中心点速度关系

2）圆弧切削速度修调问题

在加工圆弧轮廓时，切削刃处的实际进给速度 $F_{切削}$ 并不等于编程设定的刀具中心点进给速度 $F_{编程}$。由图 5－15 所示，在铣削直线轮廓时，$F_{切削}=F_{编程}$。在铣削凹圆弧轮廓时，$F_{切削}=R_{轮廓}*F_{编程}/(R_{轮廓}-R_{刀具})>F_{编程}$；在凸圆弧轮廓切削时，$F_{切削}=R_{轮廓}*F_{编程}/(R_{轮廓}+R_{刀具})<F_{编程}$。在凹圆弧轮廓切削时，如果 $R_{轮廓}$ 与 $R_{刀具}$ 很接近，则 $F_{切削}$ 将变得非常大，有可能损伤刀具或工件。因此要考虑圆弧半径对进给速度的影响，在编程时对切削圆弧处的进给速度作必要的修调。

SINUMERIK－802D 系统采用下列指令来控制圆弧切削速度是否修调。即

CFTCP——关闭进给率修调（此时编程进给率在刀具中心有效）；

CFC——开启圆弧进给率修调（此时编程进给率在刀具切削刃处有效）。

3. G40/G41/G42——刀具半径补偿指令

1）刀具半径补偿定义

在编制零件轮廓铣削加工程序时，一般以工件的轮廓尺寸作为刀具轨迹进行编程，而实际的刀具运动轨迹则与工件轮廓有一偏移量（即刀具半径），如图 5－16 所示。数控系统这种编程功能称为刀具半径补偿功能。

2）刀具半径补偿指令

（1）建立刀具半径补偿的程序指令格式如下：

```
G41/G42  G00(G01)X___Y___D___F___
```

其中，

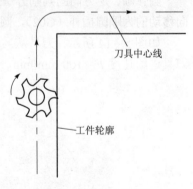

刀具中心线

工件轮廓

图 5－16　刀具半径补偿示意图

● X、Y 为 G00、G01 指令运动的终点坐标。

● D 刀具补偿偏置号，通常在字母 D 后用两位数字表示刀具半径补偿值在刀具参数表中的存放地址。

● G41 为刀具半径左补偿指令，G42 为刀具半径右补偿指令，如图 5－17 所示。刀具半径补偿方向的判别方法是：沿着刀具的进给方向看，若刀具在工件被切轮廓的左侧，则为刀具半径左补偿，用 G41 指令；反之，则为刀具半径右补偿，用 G42 指令。

（2）取消刀具半径补偿的程序指令格式如下：

```
G41/G42  G00(G01)X___Y___D___(F___)
```

其中，

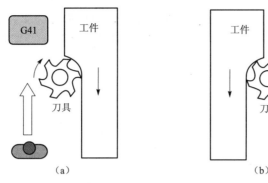

图 5-17 刀具半径补偿指令及其判别

（a）刀具半径左补偿指令——G41；（b）刀具半径右补偿指令——G42

G40 为刀具半径补偿取消指令，使用该指令后，G41 和 G42 指令无效。

（3）刀具半径补偿指令编程应用格式。

在 G17 指令有效时，其编程格式为：

```
G41(G42)G00(G01)X___Y___D___(F___)        ——建立刀具半径补偿
......                                     ——轮廓铣削
G40 G00(G01)X___Y___(F___)                ——取消刀具半径补偿
```

其刀具半径补偿的建立与取消过程如图 5-18 所示。

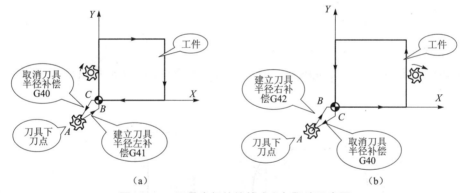

图 5-18 刀具半径补偿的建立与取消示意图

（a）刀具以 G41 方式铣削工件；（b）刀具以 G42 方式铣削工件

3）刀具半径补偿指令使用的注意事项

（1）刀具半径补偿模式的建立与取消程序段只能在 G00 或 G01 插补指令状态下才有效，并且建立半径补偿时刀具移动的距离（如图 5-18 中的 AB 段）及取消半径补偿时刀具移动的距离（如图 5-18 中的 CA 段）均要大于半径补偿值。

（2）当采用"直线—圆弧""圆弧—圆弧"方式切入工件时（如图 5-4 所示），进、退刀线中的圆弧半径必须大于刀具半径值。

（3）在刀具补偿模式下，一般不允许存在连续两段以上的非补偿平面内的移动指令，否则刀具会出现过切等危险动作。

4）刀具半径补偿功能的应用

通过运用刀具半径补偿功能来编程，可以实现简化编程的目的。可以利用同一加工程序，只需对刀具半径补偿量作相应的设置就可以进行零件的粗加工、半精加工及精加工，如图 5-19（a）所示。也可用同一程序段，加工同一公称尺寸的凹、凸型面，如图 5-19（b）所示。

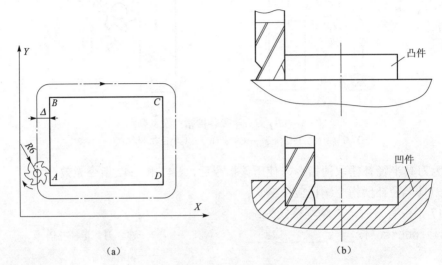

（a）   （b）

图 5-19　刀具半径补偿的应用

（a）对零件进行粗、半精及精加工；（b）对同一公称尺寸的凹、凸型面加工

三、案例工作任务（一）——方板零件外形轮廓铣削

1. 任务描述

应用数控铣床/加工中心完成图 5-20 所示的方板零件的外形轮廓铣削，零件材料为 45 钢。生产规模：单件。

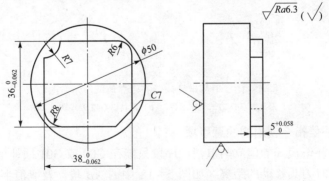

图 5-20　方板零件

2. 应用"六步法"完成此工作任务

完成该项加工任务的工作过程如下。

1）资讯——分析零件图，明确加工内容

图 5-21 所示零件的加工部位为方板零件侧面轮廓，其中包括直线轮廓及圆弧轮廓，尺寸 $38_{-0.062}^{0}$、$36_{-0.062}^{0}$、$5_{0}^{+0.058}$ 是本次加工重点保证的尺寸，但精度不高（公差等级为 IT9 级）同时轮廓侧面的表面粗糙度为 Ra6.3，表面质量要求一般。

2）决策——确定加工方案

（1）机床及装夹方式选择。由于零件轮廓尺寸不大，根据车间设备状况，决定选择 XK714 型数控铣床完成本次任务。另外，零件毛坯为 $\phi50$ mm 圆形钢件，故决定选择平口钳、V 形块、垫铁等附件配合装夹工件。

（2）刀具选择及刀路设计。由于本次加工的方板零件加工精度要求不高，故决定仅用一把直径为 $\phi12$ mm 高速钢立铣刀（3 刃）来完成零件轮廓的粗、精加工。

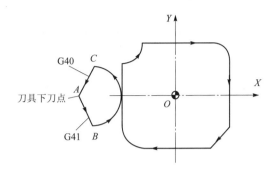

图 5-21 方板零件铣削刀路示意图

为有效保护刀具，提高加工表面质量，本次加工将采用顺铣方式铣削工件，XY 向刀路设计如图 5-21 所示，刀具 AB 段轨迹为建立刀具半径左补偿，CA 段轨迹为取消刀具半径补偿，因零件轮廓深度仅有 5 mm，故 Z 向刀路采用一次铣至轮廓底面的方式铣削工件。

（3）切削用量选择。

采用计算方法选择切削用量，选择结果详见表 5-4，此处略。

（4）工件原点的选择：选取工件上表面中心 O 点作为工件原点，如图 5-21 所示。

3）计划——制定加工过程文件

（1）加工工序卡。本次加工任务的工序卡内容见表 5-4。

表 5-4 方板零件铣削加工工序卡

序号	加工内容	刀具规格	刀号	刀具半径补偿 /mm	主轴转速 /(r·min⁻¹)	进给速度 /(mm·min⁻¹)
1	粗铣削方板零件外轮廓	$\phi12$ mm 高速钢三刃立铣刀	1	7	350	30
2	半精铣削方板零件外轮廓	$\phi12$ mm 高速钢三刃立铣刀	1	6.2	400	60
3	精铣削方板零件外轮廓	$\phi12$ mm 高速钢三刃立铣刀	1	测量后计算得出	400	60

（2）NC 程序单。

方板零件 NC 程序见表 5-5。

表 5-5 方板零件 NC 程序

段号	FANUC0i-MC 系统程序	SINUMERIK-802D 系统程序	程序说明
	O0001	BB1.MPF	主程序名
N10	G54G90G40G17G64G21	G54G90G40G17G64G71	程序初始化
N20	M03S350	M03S350	主轴正转，速度为 350 r/min
N30	M08	M08	开冷却液

续表

段号	FANUC0i–MC 系统程序	SINUMERIK–802D 系统程序	程序说明
N40	G00Z100	G00Z100	Z 轴快速定位
N50	X–35Y0	X–35Y0	XY 快速定位
N60	Z5	Z5	快速下刀
N70	G01Z–5F30	G01Z–5F30	Z 轴定位到加工深度 Z–5
N80	G41X–29Y–10D1	G41X–29Y–10D1	建立刀具半径左补偿
N90	G03X–19Y0R10	G03X–19Y0CR=10	圆弧铣削
N100	G01Y11	G01Y11	Y 方向进刀
N110	G03X–12Y18R7	G03X–12Y18CR=7	圆弧铣削
N120	G01X13	G01X13	X 方向进刀
N130	G02X19Y12R6	G02X19Y12CR=6	圆弧铣削
N140	G01Y–11	G01Y–11	Y 方向进刀
N150	X12Y–18	X12Y–18	XY 方向进刀
N160	X–11	X–11	X 方向进刀
N170	G02X–19Y–10R8	G02X–19Y–10CR=8	圆弧铣削
N180	G01Y0	G01Y0	Y 方向进刀
N190	G03X–29Y10R10	G03X–29Y10CR=10	圆弧退刀
N200	G01G40X–35Y0	G01G40X–35Y0	取消刀具半径补偿
N210	G00Z100M09	G00Z100M09	快速提刀至安全高度，关冷却液
N220	M30	M30	程序结束

4）实施——加工零件

（1）开机前的准备。参照平行面铣削案例操作过程。

（2）加工前的准备。参照平行面铣削案例操作过程。

（3）安装工件及刀具。参照平行面铣削案例操作过程。

（4）对刀，建立工件坐标系。由于本次加工仅使用了一把立铣刀，因而只需要对刀一次，建立工件坐标系 G54 即可。因零件加工精度不高，决定采用试切方式对刀，对刀过程略。

（5）输入并检验程序。

● 在"编辑"模式下，将 NC 程序输入数控系统中，检查程序并确保程序正确无误。

● 将当前工件坐标系抬高至一安全高度，设置好刀具参数（刀具半径补偿值）。将机床状态调整为"空运行"状态空运行程序，检查零件轮廓铣削轨迹是否正确，是否与机床夹具等发生干涉，如有干涉则要调整程序。

（6）执行零件加工。在本次加工任务中，由于仅有一个加工程序，因而执行零件加工需进行以下操作。

● 将当前工件坐标系恢复至原位，取消空运行，再次检查刀补参数 D_1 及工件坐标参数，确认无误后，将机床状态调整为"自动运行"状态，对零件进行粗铣加工。

● 修改刀补参数 $D_1 = 6.2$ mm，按表 5-4 的要求修改 NC 程序中的主轴转速及进给速度，再次运行程序进行零件半精加工。

● 半精铣加工完成后，对工件去毛刺，测量零件轮廓尺寸，并根据测量结果计算得出新的 D_1 值，修改该参数；测量零件深度尺寸，并根据测量结果修改工件坐标 G54 的 Z 值，通过坐标系参数控制零件的深度尺寸。

● 完成相关参数修改后，再次运行程序，执行零件精铣加工。

（7）加工后处理。参照平行面铣削案例操作过程。

5）检查——检验者验收零件

6）评估——加工者与检验者共同评价本次加工任务的完成情况

四、案例工作任务（二）——M 形零件外形轮廓铣削

1. 任务描述

应用数控铣床/加工中心完成图 5-22 所示的 M 形零件的外形轮廓铣削，零件材料为 45 钢。生产规模：单件。

2. 应用"六步法"完成此工作任务

完成该项加工任务的工作过程如下。

1）资讯——分析零件图，明确加工内容

图 5-22 所示零件的加工部位为侧面轮廓，除要保证尺寸 $40_{-0.039}^{0}$、$14_{0}^{+0.027}$ 等轮廓尺寸外、还应保证 $15_{0}^{+0.027}$ 深度尺寸及零件侧面对底面的垂直度。

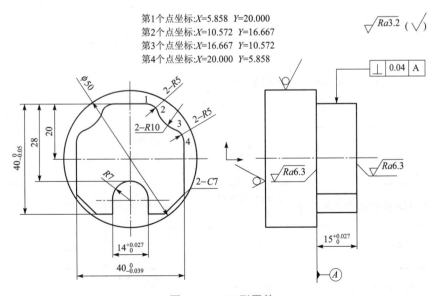

图 5-22 M 形零件

2）决策——确定加工方案

（1）机床及装夹方式选择：由于零件轮廓尺寸不大，并根据车间设备状况决定选择 XK714 型数控铣床完成本次任务。另外，零件毛坯为 $\phi50$ mm 圆形钢件，针对圆钢的结构特点，决定选择平口钳、V 形块、垫铁等附件配合装夹工件。

（2）刀具选择及刀路设计：由于零件带有半径为 7 mm 的凹圆弧轮廓结构，因而该轮廓加工所选刀具最大直径不能超过 $\phi14$ mm，结合车间刀具配备情况，决定选用一把直径为 $\phi12$ mm 的高速钢立铣刀（3 刃）对零件轮廓进行粗铣。为提高表面质量，选用另一把直径为 $\phi12$ mm 的高速钢立铣刀（5 刃）进行轮廓半精铣和精铣。

为有效保护刀具，提高加工表面质量，采用顺铣方式铣削工件。XY 向刀路设计如图 5–23 所示，刀具 AB 段轨迹为建立刀具半径左补偿，CA 段轨迹为取消刀具半径补偿。因零件轮廓深 15 mm，深度较大，同时轮廓侧面对底面有垂直度要求，故采用 Z 向分层铣削，以每层铣削 5 mm 方式完成零件粗铣，再以一次铣至轮廓底面的方式对零件进行半精、精铣。

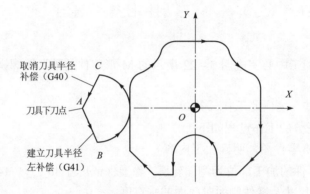

图 5–23　M 形零件铣削刀路示意图

（3）切削用量选择。详见表 5–6，此处略。

（4）工件原点的选择。选取工件上表面中心 O 点作为工件原点，如图 5–23 所示。

3）计划——制定加工过程文件

（1）加工工序卡。本次加工任务的工序卡内容见表 5–6。

表 5–6　M 形零件的外形轮廓铣削加工工序卡

序号	加工内容	刀具规格	刀号	刀具半径补偿 /mm	主轴转速 /(r · min^{-1})	进给速度 /(mm · min^{-1})
1	粗铣削 M 形件外轮廓	$\phi12$ mm 高速钢三刃立铣刀	1	$D_1 = 6.4$	350	50
2	半精铣削 M 形件外轮廓	$\phi12$ mm 高速钢五刃立铣刀	2	$D_2 = 6.1$	400	70
3	精铣削 M 形件外轮廓	$\phi12$ mm 高速钢五刃立铣刀	2	测量后计算得出 D_3	400	70

（2）NC 程序单。

● M 形零件 NC 程序见表 5－7 和表 5－8。

表 5－7　M 形零件的外形轮廓铣削 NC 主程序

段号	FANUC0i－MC 系统程序	SINUMERIK－802D 系统程序	程序说明
	O0001	BB1.MPF	主程序名
N10	G54G90G40G17G64G21	G54G90G40G17G64G71	程序初始化
N20	M03S350 F30D1	M03S350 F30D1	主轴正转，速度为 350 r/min，指定粗铣刀补 D1
N30	M08	M08	开冷却液
N40	G00Z100	G00Z100	Z 轴快速定位
N50	X－35Y0	X－35Y0	XY 快速定位
N60	Z0	Z0	快速下刀
N70	M98P30100	L1P3	调用三次子程序
N80	G00Z100	G00Z100	Z 轴快速定位
N90	M05	M05	主轴停转
N100	M00	M00	程序暂停，手动换精铣刀
N110	M03S400 F70 D2	M03S400 F70 T2D2	主轴正转，指定进给速度及刀补
N120	G55G90	G55G90	指定由精铣刀确定的工件坐标系
N130	G00X－35Y0	G00X－35Y0	XY 快速定位
N140	Z－15	Z－15	快速下刀
N150	M98P100	L1	调用一次子程序
N160	G00Z100	G00Z100	抬刀
N170	M05	M05	主轴停转
N180	M01	M01	程序选择性暂停，以便进行工件测量，如不需测量工件，则使 M01 不起作用
N190	M03S400 F70 D3	M03S400 F70 T2D3	主轴正转，指定进给速度及刀补
N200	G55G90G00Z－15	G55G90G00Z－15	指定新的工件坐标系，快速下刀
N210	M98P100	L1	调用一次子程序
N220	G0Z100M09	G0Z100M09	快速提刀至安全高度，关冷却液
N230	M30	M30	程序结束

表5-8　M形零件的外形轮廓铣削NC子程序

段号	FANUC0i-MC系统程序	SINUMERIK-802D系统程序	程序说明
	O0100	L1.SPF	子程序名
N10	G01G91Z-5	G01G91Z-5	相对坐标下刀5mm深
N20	G90G41X-30Y-10	G90G41X-30Y-10	绝对坐标建立刀具半径补偿
N30	G03X-20Y0R10	G03X-20Y0CR=10	圆弧进刀
N40	G01Y5.858	G01Y5.858	Y方向进刀
N50	G02X-16.667Y10.572R5	G02X-16.667Y10.572CR=5	圆弧铣削
N60	G03X-10.572Y16.667R10.	G03X-10.572Y16.667CR=10	圆弧铣削
N70	G02X-5.858Y20R5	G02X-5.858Y20CR=5	圆弧铣削
N80	G01X5.858	G01X5.858	X方向进刀
N90	G02X10.572Y16.667R5	G02X10.572Y16.667CR=5	圆弧铣削
N100	G03X16.667Y10.572R10	G03X16.667Y10.572CR=10	圆弧铣削
N110	G02X20Y5.858R5	G02X20Y5.858CR=5	圆弧铣削
N120	G01Y-13	G01Y-13	Y方向进刀
N130	X13Y-20	X13Y-20	XY方向进刀
N140	X7	X7	X方向进刀
N150	Y-15	Y-15	Y方向进刀
N160	G03X-7R7	G03X-7CR=7	半圆铣削
N170	G01Y-20	G01Y-20	Y方向进给
N180	X-13	X-13	X方向进给
N190	X-20Y-13	X-20Y-13	XY方向进给
N200	Y0	Y0	Y方向进给
N210	G03X-30Y10R10	G03X-30Y10CR=10	圆弧退刀
N220	G40G01X-35Y0	G40G01X-35Y0	快速提刀至安全高度，关冷却液
N230	M99	M17	子程序结束，返回主程序

4）实施——加工零件

（1）开机前的准备。

（2）加工前的准备。

（3）安装工件及刀具。

（4）对刀，建立工件坐标系。

由于本次加工使用了粗、精两把立铣刀，因而必须用两把刀进行两次对刀，为操作方便，决定先用 2 号刀（精铣刀）对刀，建立工件坐标系 G55，再换 1 号刀（粗铣刀）并对刀，建立工件坐标系 G54，此时当前刀具为 1 号刀（粗铣刀）。

（5）输入并检验程序。

● 在"编辑"模式下，将粗、精铣程序全部输入数控系统中，检查程序并确保程序正确无误。

● 打开主程序，将当前工件坐标系抬高至一安全高度，设置好刀具等加工参数，将机床状态调整为"空运行"状态空运行程序，检查零件轮廓铣削轨迹是否正确，是否与机床夹具等发生干涉，如有干涉则要调整程序。

（6）执行零件加工。

● 将当前工件坐标系恢复至原位，取消空运行，将机床状态调整为"自动运行"状态，对零件进行粗铣加工。

● 当程序进行第一次暂停时，在"手动"模式下换 2 号刀（精铣刀），按"程序启动"键，继续执行零件半精铣加工程序。

● 当程序进行第二次暂停时，对工件去毛刺，测量零件轮廓尺寸，根据测量结果计算 D_3 值，并修改刀补参数 D_3 值；测量零件深度尺寸，并根据测量结果修改工件坐标 G55 的 Z 值，通过坐标系参数控制零件的深度尺寸（如进行批量生产，当完成首件加工后，本步骤可省略）。

● 完成刀补参数及坐标系参数修改后，按"程序启动"键，继续执行零件精铣加工程序。

（7）加工后的处理。

5）检查——检验者验收零件

6）评估——加工者与检验者共同评价本次加工任务的完成情况

五、铣削注意事项

（1）进行零件轮廓铣削时，粗铣时尽量预留较大加工余量（如粗铣后留单边余量 1 mm），这将使后续的半精、精加工工序易于控制零件的轮廓度精度。

（2）应用高速钢铣刀铣削零件轮廓，应采用大流量冷却液冷却，确保刀具冷却充分，以提高刀具使用寿命。

（3）理论上讲，进行零件轮廓铣削时，在 X 向的零件尺寸误差与 Y 向的基本相同，假如因机床存在传动误差（如丝杆反向间隙）造成 X 向、Y 向各尺寸偏差不一致时，可采取刀补调整尺寸精度与程序调整精度相结合的办法来结合综合控制零件尺寸精度。

5.2　叠加外形轮廓铣削

一、叠加外形轮廓铣削工艺知识准备

叠加外形轮廓是指沿 Z 向串联分布的多个轮廓集合，如图 5－24（b）所示，就每个轮廓铣削而言，叠加外形轮廓铣削所用的刀具、刀路的设计以及切削用量的选择与单一外轮廓基本相同，但从零件整体工艺看，轮廓间铣削的先后顺序将直接影响零件的加工效率甚至尺寸精度和表面质量。因此，如何安排叠加外形轮廓各轮廓铣削的先后顺序将十分关键。此外，如何快速清除残料也是铣削轮廓时必须考虑的重要问题。

1. 叠加外形轮廓铣削工艺方案类型

1）先上后下的工艺方案

先上后下的工艺方案，就是按照从上到下的加工顺序，依次对叠加外形轮廓进行铣削的加工方案，如图5-24所示。

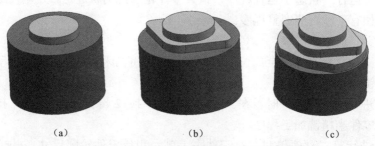

图5-24　先上后下的工艺路线示意图
（a）先铣最上层轮廓；（b）再铣中间层轮廓；（c）最后铣最下层轮廓

这种工艺方案的特点是：每层的铣削深度接近，粗铣轮廓时不需要刀刃很长的立铣刀，切削载荷均匀，但在铣最上层轮廓时，往往不可能一次走刀就把零件的所有余量全部清除，必须及时安排残料清除的程序段。常用于叠加层数较多的外形轮廓铣削。

2）先下后上的工艺方案

先下后上的工艺方案，就是按照从下到上的加工顺序，依次对叠加外形轮廓进行铣削的加工方案，如图5-25所示。

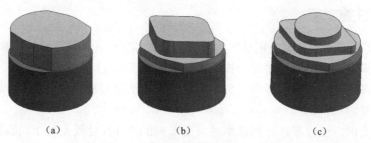

图5-25　先下后上的工艺路线示意图
（a）先铣最下层轮廓；（b）再铣中间层轮廓；（c）最后铣最上层轮廓

与先上后下工艺方案相比较，这种工艺方案具有残料清除少，切削效率高的优点。但由于刀具粗铣时各层轮廓深度不一，因而存在着切削负荷不均匀，需要长刃立铣刀等缺点。常用于叠加层数较小（叠加层数在2～3层之间）的外形轮廓铣削。

2. 残料的清除方法

1）通过大直径刀具一次性清除残料

对于无内凹结构且四周余量分布较均匀的外形轮廓，可尽量选用大直径刀具在粗铣时一次性清除所有余量，如图 5-26 所示。

2）通过增大刀具半径补偿值分多次清除残料

对于轮廓中无内凹结构的外形轮廓，可通过增大刀具半径补偿值的方式，分几次切削完成残料清除，如图 5-27 所示。

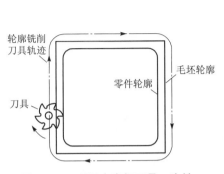

图 5-26　采用大直径刀具一次性
清除残料示意图

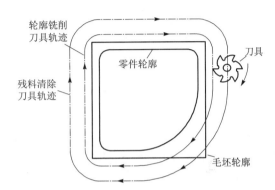

图 5-27　采用改变刀具半径补偿值分多次
清除无内凹结构轮廓残料

对于轮廓中有内凹结构的外形轮廓，可以忽略内凹形状并用直线替代（在图 5-28 所示中将 AB 处看成直线），然后增大刀具半径补偿值，分多次切削完成残料清除。

3）通过增加程序段清除残料

对于一些分散的残料，也可通过在程序中增加新程序段来清除残料，如图 5-29 所示。

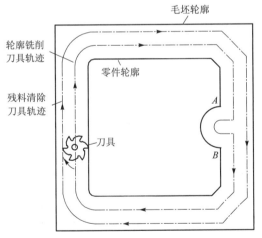

图 5-28　采用改变刀具半径补偿值分多次
清除带内凹结构轮廓的残料

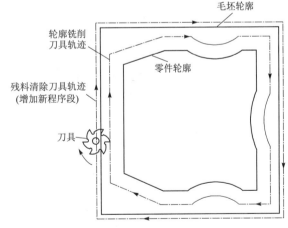

图 5-29　增加程序段清除零件残料示意图

4）采用手动方式清除残料

当零件残料很少时，可将刀具以 MDI 方式下移至相应高度，再转为手轮方式清除残料，如图 5-30 所示。

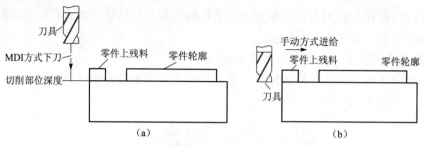

图 5 – 30　增加程序段清除零件残料示意图

（a）MDI 下移刀具到相应高度；（b）手动清除残料

二、程序指令准备

数控系统中某些编程指令的拓展功能，有时能极大地简化加工程序的编写，以下介绍的是利用 G01、G02、G03 指令的拓展功能进行的零件轮廓的倒角、倒圆铣削。

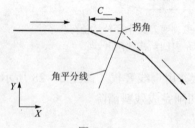

图 5 – 31
FANUC/SINUMERIK – 802D
系统轮廓倒角示意图

1. 在 FANUC0i– MC 系统中，用 G01/G02/G03 指令的倒角、倒圆

（1）轮廓倒角（如图 5 – 31 所示）。

编程格式：G01 X＿＿Y＿＿,C＿＿F＿＿; (X＿＿Y＿＿为倒角处两直线轮廓交点坐标；C＿＿为等腰三角形边长)

（2）轮廓倒圆 [如图 5 – 32 （a）所示]。

① 直线——直线之间圆角。

编程格式：G01 X＿＿Y＿＿,R＿＿F＿＿; (X＿＿Y＿＿为倒圆处两直线轮廓交点坐标；R＿＿为圆角半径)

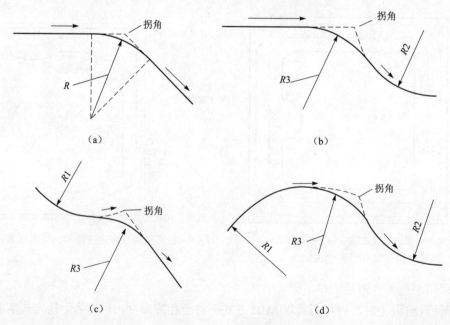

图 5 – 32　FANUC 系统轮廓倒圆示意图

（a）直线间圆角；（b）直线——圆弧间圆角；（c）圆弧——直线间圆角；（d）圆弧间圆角

注意：利用 G01 指令倒圆，只能用于凸结构圆角，不能用于凹结构圆角。

② 直线——圆弧之间圆角〔如图 5－32（b）所示〕。

编程格式：G01X___Y___,R___F___；

例：

G01X___Y___,R3F___；(X___Y___为倒圆处直线与圆弧交点坐标,R3 为倒圆半径)

G03(G02)X___Y___R2；(R2 为圆弧插补半径)

......

③ 圆弧——直线之间圆角〔如图 5－32（c）所示〕。

编程格式：G03(G02)X___Y___R,R___F___；

例：

G03(G02)X___Y___R1,R3F___；(X___Y___为倒圆处圆弧与直线交点坐标，R1 为圆弧插补半径,R3 为倒圆半径)

G01X___Y___；

......

④ 圆弧——圆弧之间圆角〔如图 5－32（d）所示〕。

编程格式：G02(G03)X___Y___R,R___F___；

例：

G02(G03)X___Y___R1,R3F___；(X___Y___为倒圆处圆弧与圆弧交点坐标,R1 为圆弧插补半径,R3 为倒圆半径)

G02(G03)X___Y___R2；(R2 为圆弧插补半径)

......

如图 5－33 所示的轮廓，以轮廓中心为工件原点，应用 G01/G02/G03 指令的拓展功能编写轮廓加工程序，其轮廓铣削 NC 程序见表 5－9。

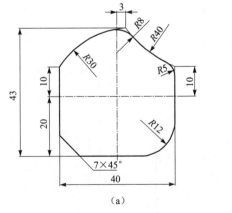
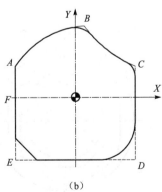

（a）　　　　　　　　　　　　　　　（b）

图 5－33　轮廓倒角、倒圆编程举例

（a）零件图；（b）零件轮廓节点坐标示意图

表5-9　轮廓倒角、倒圆编程示例

轨迹路线	FANUC0i 系统程序	SINUMERIK - 802D 系统程序
$F \rightarrow A$	G01 X - 20Y10 F100	G01 X - 20Y10 F100
$A \rightarrow B$	G02 X3Y23 R30，R8	G02 X3Y23 CR = 30RND = 8
$B \rightarrow C$	G03X20Y10R40，R5	G03X20Y10CR = 40RND = 5
$C \rightarrow D$	G01X20Y - 20，R12	G01X20Y - 20RND = 12
$D \rightarrow E$	X - 20，C7	X - 20CHR = 7
$E \rightarrow F$	X - 20Y0	X - 20Y0

2. 在 SINUMERIK - 802D 系统中，用 G01/G02/G03 指令的倒角和倒圆

SINUMERIK - 802D 系统 G01/G02/G03 指令的倒角和圆角功能与 FANUC0i - MC 系统完全相同，只是编程格式有差异，SINUMERIK - 802D 系统 G01/G02/G03 指令的倒角和圆角编程格式如下。

（1）轮廓倒角。

编程格式：G01 X___Y___CHR = ___F___；(X___Y___为倒角处两直线轮廓交点坐标；CHR = ___为等腰三角形的边长)

（2）轮廓倒圆。

编程格式：G01X___Y___RND = ___F___；(X___Y___为倒圆处直线与圆弧交点坐标，RND___为倒圆半径)

G03(G02)X___Y___CR = ___RND = ___F___；(CR = ___为圆弧插补半径，RND = ___为倒圆半径)。

三、案例工作任务（三）——"塔形"零件轮廓铣削

1. 任务描述

应用数控铣床完成图5-34所示的"塔形"零件的外形轮廓铣削，零件材料为45钢。生产规模：单件。

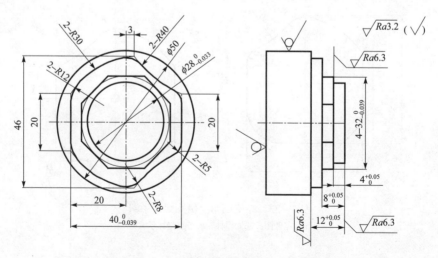

图5-34　"塔形"零件的外形轮廓

2. 应用"六步法"完成此工作任务

完成该项加工任务的工作过程如下。

1）资讯——分析零件图，明确加工内容

图 5-34 所示零件的加工部位为"塔形"零件的侧面轮廓，其中包括直线轮廓及圆弧轮廓，尺寸 $\phi 28_{-0.033}^{0}$、$40_{-0.039}^{0}$，均布 4 个 $32_{-0.039}^{0}$ 尺寸是本次加工重点保证的尺寸，同时轮廓侧面的表面粗糙度为 $Ra3.2$，加工要求比较高。

2）决策——确定加工方案

（1）机床及装夹方式选择：由于零件轮廓尺寸不大，根据车间设备状况，决定选择 XK714 型数控铣床来完成本次任务。针对毛坯为圆形钢件，故决定选择平口钳、V 形块、垫铁等附件配合装夹工件。

（2）刀具选择及刀路设计：选择一把直径为 $\phi 12\ mm$ 高速钢立铣刀（3 刃）对零件轮廓进行粗铣，为提高表面质量，用另一把直径为 $\phi 12\ mm$ 高速钢立铣刀（5 刃）进行半精铣、精铣轮廓。采用从上到下的加工方式。

为有效保护刀具，提高加工表面质量，采用顺铣方式铣削工件，XY 向刀路设计如图 5-35 所示。其中图 5-35（a）、图 5-35（c）采用圆弧进、退刀的方式，图 5-35（b）采用法向进刀的方式，零件轮廓每层深度仅有 4 mm，故 Z 向刀路采用一次铣至轮廓底面的方式铣削工件。

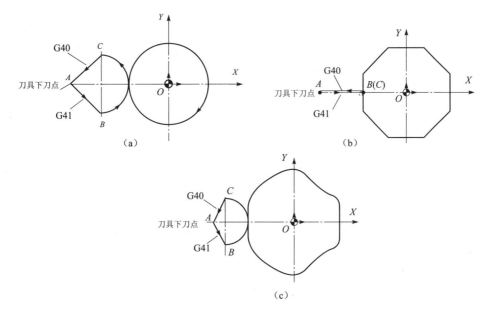

图 5-35 "塔形"零件铣削刀路示意图

（a）圆轮廓刀具路径；（b）八边形刀具路径；（c）圆弧外轮廓刀具路径

（3）切削用量选择。详见表 5-10，此处略。

（4）工件原点的选择。选取工件上表面中心 O 处作为工件原点，如图 5-35 所示。

3）计划——制定加工过程文件

（1）加工工序卡。本次加工任务的工序卡内容见表 5-10。

表 5-10 "塔形"零件铣削加工工序卡

工步	加工内容	刀具规格	刀号	刀具半径 补偿 /mm	主轴转速 /(r·min⁻¹)	进给速度 /(mm·min⁻¹)
1	粗铣削φ28 mm 轮廓	φ12 mm 高速钢 三刃立铣刀	1	D1 = 6.4	350	50
2	粗铣削八边形轮廓	φ12 mm 高速钢 三刃立铣刀	1	D1 = 6.4	350	50
3	粗铣削圆弧形轮廓	φ12 mm 高速钢 三刃立铣刀	1	D1 = 6.4	350	50
4	半精铣削φ28 mm 轮廓	φ12 mm 高速钢 五刃立铣刀	2	D2 = 6.05	450	80
5	半精铣削八边形轮廓	φ12 mm 高速钢 五刃立铣刀	2	D2 = 6.05	450	80
6	半精铣削圆弧形轮廓	φ12 mm 高速钢 五刃立铣刀	2	D2 = 6.05	450	80
7	精铣削φ28 mm 轮廓	φ12 mm 高速钢 五刃立铣刀	2	测量后计算 得出 D3	450	80
8	精铣削八边形轮廓	φ12 mm 高速钢 五刃立铣刀	2	D3	450	80
9	精铣削圆弧形轮廓	φ12 mm 高速钢 五刃立铣刀	2	D3	450	80

（2）NC 程序单。

● "塔形"零件 NC 程序见表 5-11～表 5-13。

表 5-11 "塔形"零件 -φ18 mm 圆的程序

段号	FANUC0i-MC 系统程序	SINUMERIK-802D 系统程序	程序说明
	O0001	BB1.MPF	主程序名
N10		T1	调用 1 号刀及其相关参数
N20	G54G90G40G17G64G21	G54G90G40G17G64G71	程序初始化
N30	M03S350 F50	M03S350 F50	主轴正转，指定主轴转速及进给速度
N40	M08	M08	开冷却液
N50	G00Z100	G00Z100	Z 轴快速定位
N60	X-35Y0	X-35Y0	XY 快速定位
N70	Z5	Z5	Z 轴快速定位安全平面
N80	G01Z-4	G01Z-4	Z 轴定位，切削进给 -4 mm
N90	G41X-24Y-10D1	G41X-24Y-10D1	建立半径左补偿，Y 方向进给

续表

段号	FANUC0i–MC 系统程序	SINUMERIK–802D 系统程序	程序说明
N100	G03X–14Y0R10	G03X–14Y0CR=10	半径为 10 mm 的逆圆弧进刀
N110	G02I14	G02I14	铣削 ϕ28 mm 圆
N120	G03X–24Y10R10	G03X–24Y10CR=10	退刀
N130	G40G01X–35Y0	G40G01X–35Y0	退刀返回起始点，取消刀具半径补偿
N140	G00Z100	G00Z100	快速定位安全高度
N150	M30	M30	程序结束

注：① 将 N20 程序段中的"G54"修改为"G55"，N30 程序段修改为"M03S400F80"，N90 程序段中的"D1"修改为"D2"，即可进行轮廓半精铣（对于 SINUMERIK–802D 系统，还须将 N10 程序段修改为"T2"）；

② 在半精铣程序的基础上，将 N90 程序段中的"D2"修改为"D3"，即可进行轮廓精铣（表 5–12 和表 5–13 程序修改方法相同）。

表 5–12 "塔形"零件–八边形轮廓的程序

段号	FANUC0i–MC 系统程序	SINUMERIK–802D 系统程序	程序说明
	O0002	BB2.MPF	主程序名
N10		T1	调用 1 号刀及其相关参数
N20	G54G90G40G17G64G21	G54G90G40G17G64G71	程序初始化
N30	M03S350 F50	M03S350 F50	主轴正转，指定主轴转速及进给速度
N40	M08	M08	开冷却液
N50	G00Z100	G00Z100	Z 轴快速定位
N60	X–35Y0	X–35Y0	XY 快速定位
N70	Z5	Z5	Z 轴快速定位安全平面
N80	G01Z–8	G01Z–8	Z 轴定位，切削进给 –8 mm
N90	G41X–16D1	G41X–16D1	建立半径左补偿，X 方向进给
N100	Y16，C9.373	Y16 CHR=9.373	Y 方向进给，倒角
N110	X16，C9.373	X16 CHR=9.373	X 方向进给，倒角
N120	Y–16，C9.373	Y–16 CHR=9.373	Y 方向进给，倒角
N130	X–16，C9.373	X–16 CHR=9.373	X 方向进给，倒角
N140	Y0	Y0	Y 方向进给
N150	G40X–35	G40X–35	退刀，取消半径补偿
N160	G0Z100	G0Z100	快速定位安全高度
N170	M30	M30	程序结束

表5－13　"塔形"零件－外轮廓的程序

段号	FANUC0i－MC系统程序	SINUMERIK－802D系统程序	程序说明
	O0003	BB3.MPF	主程序名
N10		T1	调用1号刀及其相关参数
N20	G54G90G40G17G64G21	G54G90G40G17G64G71	程序初始化
N30	M03S350 F50	M03S350 F50	主轴正转，速度为350 r/min
N40	M08	M08	开冷却液
N50	G00Z100	G00Z100	Z轴快速定位
N60	X－35Y0	X－35Y0	XY快速定位
N70	Z5	Z5	Z轴快速定位安全平面
N80	G01Z－12	G01Z－12	Z轴定位，切削进给－12 mm
N90	G41X－30Y－10D1	G41X－30Y－10D1	建立半径左补偿，Y方向进给
N100	G03X－20Y0R10	G03X－20Y0CR＝10	半径为10 mm的逆圆弧进刀
N110	G01Y10，R12	G01Y10RND＝12	X方向进给，倒圆弧R12
N120	G02X3Y23R30，R8	G02X3Y23CR＝30RND＝8	G02圆弧进给，倒圆弧R8
N130	G03X20Y10R40，R5	G03X20Y10CR＝40RND＝5	G03圆弧进给，倒圆弧R5
N140	G01Y－10，R5	G01Y－10RND＝5	Y方向进给，倒圆弧R5
N150	G03X3Y－23R40，R8	G03X3Y－23CR＝40RND＝8	G03圆弧进给，倒圆弧R8
N160	G02X－20Y－10R30，R12	G02X－20Y－10CR＝30RND＝12	G02圆弧进给，倒圆弧R12
N170	G01Y0	G01Y0	XY方向进给
N180	G03X－30Y10R10	G03X－30Y10CR＝10	半径为10 mm的逆圆弧退刀
N190	G40G01X－35Y0	G40G01X－35Y0	退刀返回起始点，取消刀具半径补偿
N200	G00Z100	G00Z100	快速定位安全高度
N210	M30	M30	程序结束

4）实施——加工零件

（1）开机前的准备。

（2）加工前的准备。

（3）安装工件及刀具。

（4）对刀，建立工件坐标系。

由于本次加工使用了粗、精两把立铣刀，因而必须用两把刀进行两次对刀。为操作方便，决定先用 2 号刀（精铣刀）对刀，建立工件坐标系 G55，再换 1 号刀（粗铣刀）对刀，建立工件坐标系 G54，此时当前刀具为 1 号刀（粗铣刀）。

（5）输入并检验程序（以 FANUC0i 系统为例）。

● 在"编辑"模式下，将所有程序输入数控系统中，检查程序并确保程序正确无误。

● 将当前工件坐标系抬高至一安全高度，设置好刀具等加工参数，将机床状态调整为"空运行"状态，分别空运行 O0001、O0002、O0003 号程序，检查零件轮廓铣削轨迹是否正确，是否与机床夹具等发生干涉，如有干涉则要调整程序。

（6）执行零件加工。

● 将当前工件坐标系恢复至原位，取消空运行，将机床状态调整为"自动运行"状态，分别运行 O0001、O0002、O0003 号程序，对零件三个轮廓进行粗铣加工。

● 手动换 2 号刀（精铣刀），打开 O0001 号程序，按表 5－10 所示切削用量修改程序中的 S、F 参数，将 G54 替换成 G55，同时修改系统的刀补参数，再次运行程序，进行零件轮廓半精加工。

● 对工件去毛刺，测量零件轮廓尺寸，根据测量结果计算新的 D1 值，并修改系统刀补参数 D1 值；测量零件深度尺寸，并根据测量结果修改工件坐标 G55 的 Z 值，通过坐标系参数控制零件的深度尺寸。完成刀补参数及坐标系参数修改后，按"程序启动"键，继续执行零件精铣加工程序。

● 重复上述第二、三步骤，分别运行 O0002、O0003 号程序，完成另外两个轮廓的半精、精铣加工。

（7）加工后的处理。

5）检查——检验者验收零件

6）评估——加工者与检验者共同评价本次加工任务的完成情况

5.3　岛屿形外形轮廓铣削

一、岛屿形外形轮廓铣削工艺知识准备

岛屿形外形轮廓是指并联分布的多个凸台轮廓的集合，如图 5－2（c）所示。就每个轮廓铣削而言，岛屿形外形轮廓铣削所用的刀具、刀路的设计以及切削用量的选择与单一外轮廓基本相同，但零件的整体工艺安排、刀具大小的选择及残料的高效清除，将直接影响零件的加工质量及生产效率。

1. 岛屿形外形轮廓铣削工艺方案类型

1）先外后内的工艺方案

对于各凸台轮廓高度相同［如图 5－36（a）所示］以及凸台轮廓四周高、中间低［如图 5－36（b）所示］的岛屿形外形轮廓，通常采用"从外到内"的工艺方案来粗铣零件，即"铣四周轮廓，再铣中间轮廓，最后清除残料"的工艺方案，如图 5－37 所示。

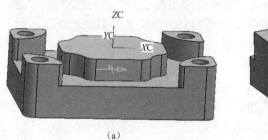
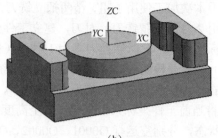

（a） （b）

图 5-36 适宜"先外后内"工艺方案的岛屿形外形轮廓

（a）各凸台轮廓高度相等；（b）凸台轮廓四周高、中间低

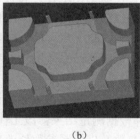
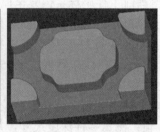

（a） （b） （c）

图 5-37 先外后内的工艺方案过程

（a）加工四周凸台轮廓；（b）加工中间凸台轮廓；（c）清除残料后的工件

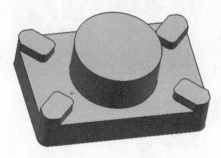

图 5-38 适宜"先内后外"工艺
方案的岛屿形外形轮廓

2）先内后外的工艺方案

而对于凸台轮廓中间高、四周低的岛屿形外形轮廓（如图 5-38 所示），为了保证四周凸台上的残料在清除时为连续切削，则通常采用"先内后外"的工艺方案作为粗铣方案，即"清除高于四周凸台的残料，铣中间轮廓，再铣四周凸台，最后清除剩余残料"，如图 5-39 所示。

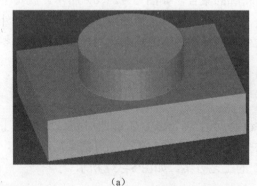
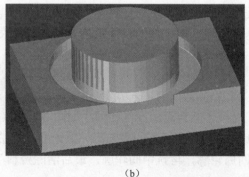

（a） （b）

图 5-39 先内后外的工艺方案过程图

（a）清除高于四周凸台的残料；（b）加工中间凸台轮廓

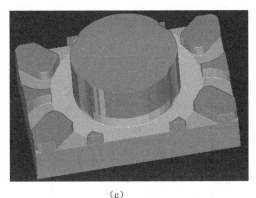 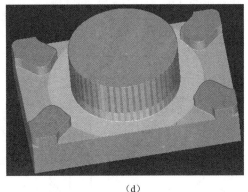

（c）　　　　　　　　　　　　　　（d）

图 5 – 39　先内后外的工艺方案过程图（续）

（c）加工四周凸台轮廓；（d）清除残料后的工件

2. 铣削岛屿形外形轮廓刀具直径的选择

由于并联分布多个凸台，因而在铣削岛屿形外形轮廓时刀具直径不是任意选择，而是找出各凸台间的最小距离，然后根据这个最小距离确定轮廓铣削的刀具直径。当然，为提高残料的清除效率，在条件允许的情况下，也可选取比铣削轮廓刀具更大的刀具来清除残料。

图 5 – 40 所示的零件，除中间的凸台轮廓外，周边还有一处凸台。若要加工整个外轮廓，所用刀具半径最大为 11.213 mm，为安全起见，此处采用 ϕ10 mm 刀具铣削各凸台。当完成轮廓铣削后，留残如图 5 – 41 所示，可通过选择直径为 ϕ18 mm 或 ϕ20 mm 的刀具一次性加工完成 A 到 B 处所有残料，半径补偿为 $10 - 1 + 9 = 18$ mm（其中 10 为 ϕ10 mm

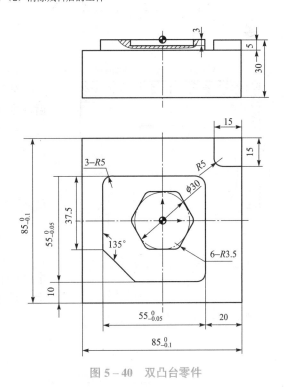

图 5 – 40　双凸台零件

刀具已切宽度，9 为 ϕ18 mm 刀具半径，有 1 mm 重叠量）。

3. 残料的清除方法

岛屿形外形轮廓零件属于外形较复杂、周边有凸台干涉的零件类型，其残料清除除可采用前面所述方法外，还可根据以下情况选取相应的清除方案。

1）当凸台较多但形状相同且规律分布时

如图 5 – 42 所示，用合适的刀具加工完所有轮廓后，所留残料如阴影部分所示，通过一些直线段刀轨编写去除任一小阴影部分（如阴影 A）的程序，然后通过坐标旋转或镜像等功能去除其他部（*B*、*C*、*D* 处）的残料。

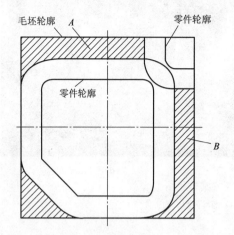

图 5-41 双凸台零件铣削刀具直径的选择示例

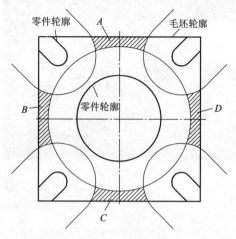

图 5-42 凸台干涉规律分布

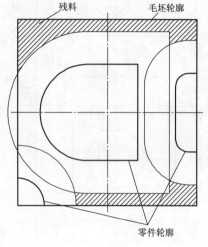

图 5-43 凸台干涉不规律分布

2）当凸台较多且形状各不相同

如图 5-43 所示，用合适的刀具加工完所有轮廓后，所留残料如阴影部分所示，此类残料一般直接通过一些直线段刀轨去除，相关坐标可通过 CAD 软件捕捉点功能获取。

二、案例工作任务（四）——均布双凸台轮廓铣削

1. 任务描述

应用数控铣床/加工中心完成图 5-44 所示零件两个结构相同的凸台轮廓铣削加工，零件材料为 45 钢。生产规模：单件。

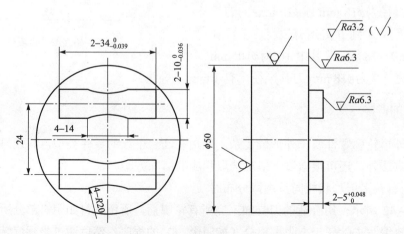

图 5-44 均布双凸台零件图

2. 应用"六步法"完成此工作任务

完成该项加工任务的工作过程如下。

1）资讯——分析零件图，明确加工内容

图 5-44 所示零件的加工部位为两个相同凸台轮廓，尺寸 $34_{-0.039}^{0}$ 和 $10_{-0.036}^{0}$ 是本次加工重点保证的尺寸，同时轮廓侧面的表面粗糙度为 $Ra3.2$。

2）决策——确定加工方案

（1）机床及装夹方式的选择。由于零件轮廓尺寸不大，根据车间设备状况，决定选择 XK714 型数控铣床完成本次任务。另外，零件毛坯为 $\phi50$ mm 圆形钢件，针对圆钢的结构特点，决定选择平口钳、V 形块、垫铁等附件配合装夹工件。

（2）刀具选择及刀路设计：选用一把直径为 $\phi12$ mm 高速钢立铣刀（3 刃）对零件轮廓进行粗铣，为提高零件表面加工质量，选用另一把直径为 $\phi12$ mm 的高速钢立铣刀（5 刃）进行轮廓半精铣、精铣。

一般情况下，两个结构相同、位置不同的凸台结构，在生产规模为单件加工时，通常先完成其中一个凸台轮廓加工，然后通过改变系统坐标参数或进行坐标系平移等方式，加工另一凸台结构。图 5-44 所示的"鞍形"零件，其中一凸台的铣削刀路如图 5-45 所示，采用"圆弧—圆弧"方式切入切出工件，铣削方式为顺铣。由于 Z 向下刀深度只有 5 mm，因此，将采用一次铣至轮廓底面的方式完成零件加工。

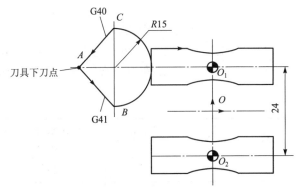

图 5-45　均布双凸台轮廓铣削刀路示意图

（3）切削用量选择，详见表 5-14。

表 5-14　均布双凸台零件铣削加工工序卡

序号	加工内容	刀具规格	刀号	刀具半径补偿/mm	主轴转速/(r·min⁻¹)	进给速度/(mm·min⁻¹)
1	粗铣轮廓	$\phi12$ mm 高速钢三刃立铣刀	1	$D_1 = 6.5$	350	50
2	半精铣轮廓	$\phi12$ mm 高速钢五刃立铣刀	2	$D_2 = 6.1$	400	80
3	精铣轮廓	$\phi12$ mm 高速钢五刃立铣刀	2	测量后计算出 D_3	400	80

（4）工件原点的选择。选取工件上表面中心 O_1 处为工件坐标原点 G54，此时可加工零件上方凸台；若在系统坐标偏置参数中输入 Y-24 mm（如图 5-46 所示），再次启动程序即可实现下方凸台轮廓加工。

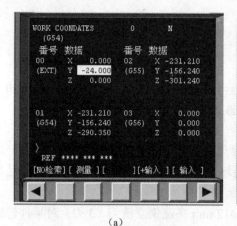

(a)

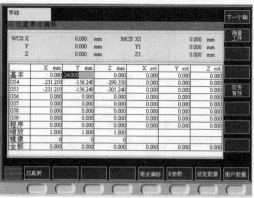

(b)

图5-46　加工下方凸台时系统坐标参数修改示意图

(a) FANUC0i 系统；(b) SINUMERIK-802D 系统

3）计划——制定加工过程文件

（1）加工工序卡。本次加工任务的工序卡内容见表5-14。

（2）NC 程序单。均布双凸台零件 NC 程序见表5-15～表5-17。

表5-15　均布双凸台零件粗铣主程序

段号	FANUC0i 系统程序	SINUMERIK-802D 系统程序	程序说明
	O0001%	TT1.MPF	程序名
N10		T1	调用1号刀及其相关参数
N20	G54G90G40G17G64G00 Z100	G54G90G40G17G64G00 Z100	程序初始化，调用 G54 原点
N30	M03S350	M03S350	主轴正转，速度为 350 r/min
N40	M08	M08	打开冷却液
N50	G00X-50Y0	G00X-50Y0	XY 快速定位
N60	Z-5	Z-5	刀具快速下移至 Z-5 mm
N70	D1F50	D1F50	调用1号刀补，并指定切削进给速度
N80	M98P100	L100	调用子程序，进行零件轮廓粗铣
N90	G00Z100	G00Z100	抬刀至 Z100 mm
N100	M30	M30	程序结束

表5-16　均布双凸台零件精铣主程序

段号	FANUC0i 系统程序	SINUMERIK-802D 系统程序	程序说明
	O0002%	TT2.MPF	程序名
N10		T2	调用1号刀及其相关参数

续表

段号	FANUC0i 系统程序	SINUMERIK – 802D 系统程序	程序说明
N20	G55G90G40G17G64G00Z100	G55G90G40G17G64G00Z100	程序初始化，调用 G55 原点
N30	M03S400	M03S400	主轴正转，速度为 400 r/min
N40	M08	M08	打开冷却液
N50	G00X – 50Y0	G00X – 50Y0	XY 快速定位
N60	Z – 5	Z – 5	刀具快速下移至 Z – 5 mm
N70	D2F80	D2F80	调用 2 号刀补，并指定切削进给速度
N80	M98P100	L100	调用子程序，进行零件轮廓半精铣
N90	D3	D3	调用 3 号刀补
N100	M98P100F30	L100	调用子程序，进行零件轮廓精铣
N110	G00Z100	G00Z100	快速返回安全高度
N120	M09	M09	关闭冷却液
N130	M30	M30	程序结束

表 5 – 17 均布双凸台零件轮廓铣削子程序

段号	FANUC0i 系统程序	SINUMERIK – 802D 系统程序	程序说明
	O0100%	L100.SPF	程序名
N10	G41G01X – 32Y – 15	G41G01X – 32Y – 15	建立半径左补偿
N20	G03X – 17Y0R15	G03X – 17Y0CR = 15	切向切入工件
N30	G01Y5	G01Y5	进行零件轮廓铣削
N40	X – 7	X – 7	
N50	G03X7R20	G03X7CR = 20	
N60	G01X17	G01X17	
N70	Y – 5	Y – 5	
N80	X7	X7	
N90	G03X – 7R20	G03X – 7CR = 20	
N100	G01X – 17	G01X – 17	
N110	Y0	Y0	
N120	G03X – 32Y15R15	G03X – 32Y15CR = 15	切向切出工件
N130	G40X – 50Y0	G40X – 50Y0	取消半径补偿，刀具返回下刀点
N140	M99	M17	子程序结束

4）实施——加工零件

（1）开机前的准备。

（2）加工前的准备。

（3）安装工件及刀具。

（4）对刀，建立工件坐标系。

本次加工使用了粗、精两把立铣刀，因而必须用两把刀进行两次对刀，为操作方便，决定先用 2 号刀（精铣刀）对刀，建立以 O_1 为原点的工件坐标系 G55，再换 1 号刀（粗铣刀）并对刀，建立以 O_1 为原点的工件坐标系 G54，此时当前刀具为 1 号刀（粗铣刀）。

（5）输入并检验程序。

● 在"编辑"模式下，将粗、精铣程序全部输入数控系统中，检查程序并确保程序正确无误。

● 打开粗铣主程序，将当前工件坐标系抬高至一安全高度，按表 5-14 设置好 D_1、D_2、D_3 等刀具参数，将机床状态调整为"空运行"状态空运行程序，检查零件轮廓铣削轨迹是否正确，是否与机床夹具等发生干涉，如有干涉则要调整程序。

（6）执行零件加工。

● 将当前工件坐标系恢复至原位，取消空运行，将机床状态调整为"自动运行"状态，粗铣零件上方凸台轮廓。修改系统坐标偏置参数（如图 5-46 所示），完成零件下方凸台轮廓铣削。

● 手动换 2 号刀（精铣刀），打开精铣程序，再次确认程序无误后，按"程序启动"键，半精、精铣零件下方凸台轮廓。

● 将系统坐标偏置参数归零（即将"Y-24"修改为"Y0"），再次运行精铣程序，半精、精铣零件上方凸台轮廓。

（7）加工后的处理。

5）检查——检验者验收零件

6）评估——加工者与检验者共同评价本次加工任务的完成情况

三、案例工作任务（五）——异形双凸台零件轮廓铣削

1. 任务描述

应用数控铣床/加工中心完成图 5-47 所示零件两个形状不同的凸台外形轮廓铣削加工，零件材料为 45 钢。生产规模：单件。

2. 应用"六步法"完成此工作任务

完成该项加工任务的工作过程如下。

1）资讯——分析零件图，明确加工内容

图 5-47 所示零件的两个凸台形状各异，因而其加工程序较均布双凸台零件复杂。本次加工重点保证的尺寸有圆弧凸台 $28_{-0.033}^{0}$ mm、$17_{-0.027}^{0}$ mm 尺寸，T 字形外轮廓 $42_{-0.039}^{0}$ mm、$6_{-0.022}^{0}$ mm、$14_{-0.027}^{0}$ mm 尺寸，两个深度尺寸 $5_{0}^{+0.036}$ mm。加工外形轮廓侧面要求表面粗糙度为 3.2 μm，加工平面表面粗糙度为 6.3 μm。

2）决策——确定加工方案

（1）机床及装夹方式选择：由于零件轮廓尺寸不大，并根据车间设备状况，决定选择 XK714

型数控铣床完成本次任务。零件毛坯为 $\phi50$ mm 圆形钢件，选择平口钳、V 形块、垫铁等附件配合装夹工件。

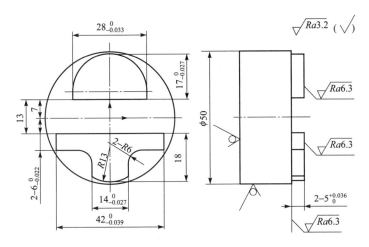

图 5－47　异形双凸台零件的外形轮廓

（2）刀具选择及刀路设计。在 T 形凸台中，最小凹圆弧轮廓半径为 6 mm，为确保顺利执行刀具补偿，拟选择一把直径为 $\phi10$ mm 高速钢立铣刀（3 刃）对零件轮廓进行粗铣，为提高表面质量，用另一把直径为 $\phi10$ mm 高速钢立铣刀（3 刃）进行轮廓半精铣、精铣。

刀路设计如图 5－48 所示。拟采用顺铣方式完成凸台轮廓粗、精铣削。

（3）切削用量选择，详见表 5－18，此处略。

（4）工件原点的选择。选取工件上表面中心 O 处作为工件原点，如图 5－48 所示。

3）计划——制定加工过程文件

（1）加工工序卡。本次加工任务的工序卡内容见表 5－18。

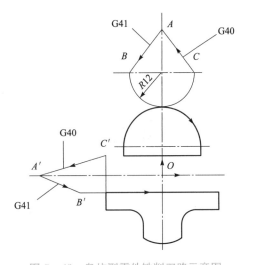

图 5－48　岛屿型零件铣削刀路示意图

表 5－18　异形双凸台零件铣削加工工序卡

序号	加工内容	刀具规格	刀号	刀具半径补偿/mm	主轴转速/(r · min⁻¹)	进给速度/(mm · min⁻¹)
1	粗铣轮廓	$\phi10$ mm 高速钢三刃立铣刀	1	$D_1 = 5.5$	400	50
2	半精铣轮廓	$\phi10$ mm 高速钢三刃立铣刀	2	$D_2 = 5.1$	450	80
3	精铣轮廓	$\phi10$ mm 高速钢三刃立铣刀	2	测量后计算得出 D_3	450	80

（2）NC 程序单。异形双凸台零件 NC 程序见表 5－19 和表 5－20。

表 5－19　圆弧凸台轮廓零件程序

段号	FANUC0i 系统程序	SINUMERIK－802D 系统程序	程序说明
	O0001%	TT1.MPF	程序名
N10		T1	调用 1 号刀及其相关参数
N20	G54G90G40G17G64G00 Z100	G54G90G40G17G64G00 Z100	程序初始化，调用 G54 原点
N30	M03S400 F50	M03S400 F50	主轴正转，指定主轴转速及进给速度
N40	M08	M08	打开冷却液
N50	G00X0Y50	G00X0Y50	XY 快速定位
N60	Z－5	Z－5	刀具快速下移至 Z－5 mm
N70	D1	D1	调用 1 号刀补
N80	G41G00X－12Y36	G41G00X－12Y36	执行刀具半径补偿
N90	G03X0Y24R12	G03X0Y24CR＝12	切向切入工件
N100	G02X14Y10R14	G02X14Y10CR＝14	进行零件轮廓铣削
N110	G01Y7	G01Y7	
N120	X－14	X－14	
N130	Y10	Y10	
N140	G02X0Y24R14	G02X0Y24CR＝14	
N150	G03X12Y36R12	G03X12Y36CR＝12	切向切出工件
N160	G40G00X0Y50	G40G00X0Y50	取消刀具半径补偿，刀具返回下刀点
N170	G00Z100	G00Z100	抬刀至 Z100 mm
N180	M30	M30	程序结束

注：① 将 N20 程序段中的"G54"修改为"G55"，N30 程序段修改为"M03 S450 F80"，N70 程序段修改为"D2"，即可进行轮廓半精铣（对于 SINUMERIK－802D 系统，还须将 N10 程序段修改为"T2"）。
② 在半精铣程序的基础上，将 N70 程序段修改为"D3"，即可进行轮廓精铣（表 5－20 程序修改方法相同）。

表 5－20　T 形凸台轮廓零件程序

段号	FANUC0i 系统程序	SINUMERIK－802D 系统程序	程序说明
	O0002%	TT2.MPF	程序名
N10		T1	调用 1 号刀及其相关参数
N20	G54G90G40G17G64G00 Z100	G54G90G40G17G64G00 Z100	程序初始化，调用 G54 原点
N30	M03S400 F50	M03S400 F50	主轴正转，指定主轴转速及进给速度

续表

段号	FANUC0i 系统程序	SINUMERIK - 802D 系统程序	程序说明
N40	M08	M08	打开冷却液
N50	G00X - 50Y0	G00X - 50Y0	XY 快速定位
N60	Z - 5	Z - 5	刀具快速下移至 Z - 5 mm
N70	D1	D1	调用 1 号刀补
N80	G41G01X - 31Y - 6	G41G01X - 31Y - 6	执行刀具半径补偿
N90	X21	X21	
N100	Y - 12	Y - 12	
N110	X7，R6	X7RND = 6	
N120	Y - 22	Y - 22	
N130	G02X - 7R13	G02X - 7CR = 13	进行零件轮廓铣削
N140	G01Y - 12，R6	G01Y - 12RND = R6	
N150	X - 21	X - 21	
N160	Y7	Y7	
N170	G40G00X - 50Y0	G40G00X - 50Y0	取消刀具半径补偿，刀具返回下刀点
N180	G00Z100	G00Z100	抬刀至 Z100 mm
N190	M30	M30	程序结束

4）实施——加工零件

（1）开机前的准备。

（2）加工前的准备。

（3）安装工件及刀具。

（4）对刀，建立工件坐标系。

由于本次加工使用了粗、精两把立铣刀，因而必须用两把刀进行两次对刀。为操作方便，决定先用 2 号刀（精铣刀）对刀，建立工件坐标系 G55，再换 1 号刀（粗铣刀）并对刀，建立工件坐标系 G54，此时当前刀具为 1 号刀（粗铣刀）。

（5）输入并检验程序（以 FANUC0i 系统为例）。

● 在"编辑"模式下，将所有程序输入数控系统中，检查程序并确保程序正确无误。

● 将当前工件坐标系抬高至一安全高度，设置好刀具等加工参数，将机床状态调整为"空运行"状态，分别空运行 O0001、O0002 号程序，检查零件轮廓铣削轨迹是否正确，是否与机床夹具等发生干涉，如有干涉则要调整程序。

（6）执行零件加工。

● 将当前工件坐标系恢复至原位，取消空运行，将机床状态调整为"自动运行"状态，分别运行 O0001、O0002 号程序，对零件两个凸台轮廓进行粗铣加工。

● 手动换 2 号刀（精铣刀），打开 O0001 号程序，按表 5 - 18 所列切削用量，修改程序中的 S、F 参数，将 G54 替换成 G55，同时修改系统的刀补参数，再次运行程序，进行零件轮廓半精加工。

● 对工件去毛刺，测量零件轮廓尺寸，根据测量结果计算新的 D_1 值，并修改系统刀补参数 D_1 值；测量零件深度尺寸，并根据测量结果修改工件坐标 G55 的 Z 值，通过坐标系参数控制零件的深度尺寸。完成刀补参数及坐标系参数修改后，按"程序启动"键，继续执行零件精铣加工程序。

● 用上述步骤运行 O0002 号程序，完成另一凸台轮廓的半精、精铣加工。

（7）加工后的处理。

5）检查——检验者验收零件

6）评估——加工者与检验者共同评价本次加工任务的完成情况

学生工作任务

1. 试完成如图 5-49 和图 5-50 所示单一外形轮廓的铣削加工，零件材料为 45 钢，毛坯尺寸为 $\phi 50\ mm \times 40\ mm$。生产规模：单件。试尝试 G41 半径左补偿加工方案，进、退刀方式采用"直线—直线"的方式。

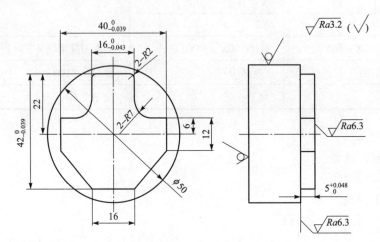

图 5-49 单一外形轮廓零件一

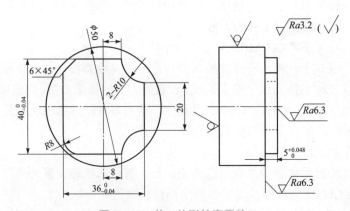

图 5-50 单一外形轮廓零件二

2. 试完成如图 5-51 和图 5-52 所示叠加外形轮廓的铣削加工，零件材料为 45 钢，毛坯尺寸为 $\phi50$ mm×40 mm。生产规模：单件。试尝试采用"圆弧—圆弧"的进、退刀加工方式。

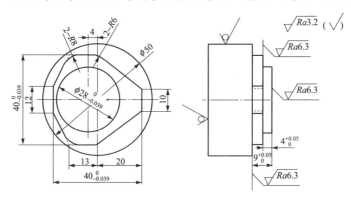

图 5-51　叠加外形轮廓零件一

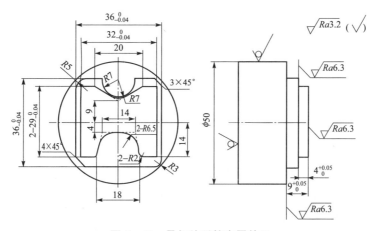

图 5-52　叠加外形轮廓零件二

3. 在数控铣床上完成图 5-53 和图 5-54 所示均布凸台零件轮廓铣削的加工，零件材料为 45 钢，毛坯尺寸为 $\phi50$ mm×40 mm。生产规模：单件。

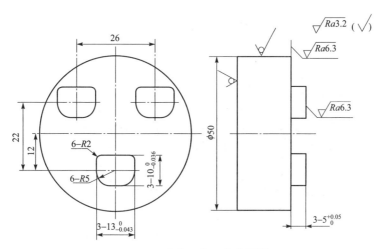

图 5-53　均布凸台形轮廓零件一

139

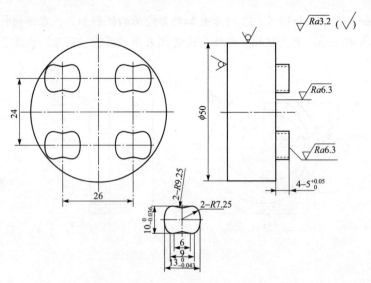

图5-54 均布凸台形轮廓零件二

4. 在数控铣床上完成如图5-55和图5-56所示双岛屿形轮廓铣削的加工，零件材料为45钢，毛坯尺寸为ϕ50 mm×40 mm。生产规模：单件。

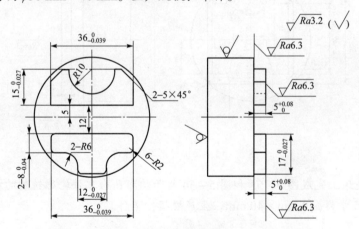

图5-55 双岛屿形轮廓零件一

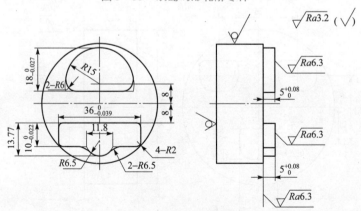

图5-56 双岛屿形轮廓零件二

型 腔 铣 削

一、型腔铣削概述

这里所说的型腔主要是指 2D 型腔，主要是由一系列直线、圆弧或曲线相连，并对实体挖切形成的凹形结构轮廓，其侧壁通常与底面垂直，如图 6–1 所示。

按照结构形式分类，2D 型腔可分为开放型腔、封闭型腔及复合型腔几种，如图 6–2 所示。与 2D 外形轮廓铣削相似，型腔铣削主要是控制轮廓的尺寸精度、表面粗糙度及部分结构的形位精度。

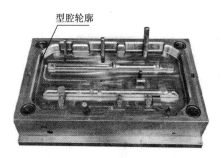

型腔轮廓

图 6–1 型腔零件

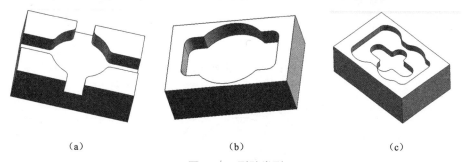

| (a) | (b) | (c) |

图 6–2 型腔类型

(a) 开放型腔；(b) 封闭型腔；(c) 复合型腔

二、学习目标

通过完成本单元的工作任务，促使学习者达到以下学习目标。

1. 知识目标

（1）掌握型腔铣削相关的工艺知识及方法。

（2）能根据零件特点正确选择刀具、合理选用切削参数及装夹方式。

（3）掌握型腔铣削相关的编程指令与方法。

（4）掌握型腔铣削的精度控制方法。

2. 技能目标

具有型腔铣削的基本工艺及编程能力；能根据型腔结构特点合理设计加工方案，编制加工程序；能控制机床完成型腔结构加工，并达到相应的尺寸公差、形位公差及表面粗糙度等方面要求。

6.1 开放型腔铣削

一、开放型腔铣削工艺知识准备

开放型腔最大的结构特点是轮廓曲线不封闭，留有一个或多个开口，如图6-3所示。铣削开放型腔时的工艺、刀具选择、切削用量确定、残料清除等方法与2D外形轮廓铣削基本相同，其进、退刀线通常设计在轮廓开口的延长线上（如图6-4所示）。由于加工过程中排屑较2D外形轮廓困难，因而铣削开放型腔时必须配备大流量的冷却液，以便在冷却刀具的同时，靠冷却液的压力吹走腔内切屑。

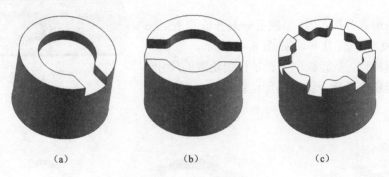

（a）　　　　　　　　（b）　　　　　　　　（c）

图6-3　开放型腔的结构类型
（a）单个开口；（b）两个开口；（c）多个开口

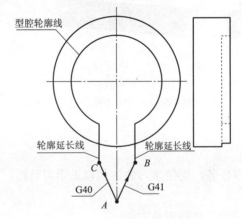

图6-4　开放型腔进、退刀线的设计

二、程序指令准备

数控加工中心适宜多工序加工，将换刀等动作编入 NC 程序中，能自动换刀，一次完成多个工序加工，自动化程度较数控铣床更高。因此，使用加工中心加工零件时，必须掌握换刀、刀具长度补偿等指令，同时还应学会应用子程序调用指令编程。

1. 加工中心换刀指令

1）刀具指令（T 指令）

指令格式：T □ □

　　　　　　　　　　　　　　　　　刀具号

2）M06——换刀指令

指令格式：M06　T□ □

加工中心换刀方式及刀库类型有两种，一种为无臂斗笠式刀库换刀［如图 6－5（a）所示］，另一种为有臂链式刀库换刀［如图 6－5（b）所示］。

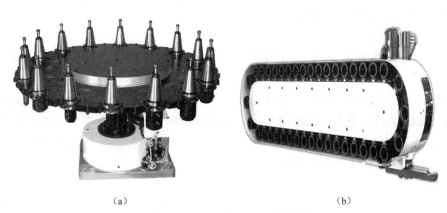

（a）　　　　　　　　　　　　　　　　（b）

图 6－5　加工中心刀库的类型

（a）斗笠式刀库；（b）链式刀库

无臂斗笠式换刀共有三个动作。

（1）动作一：主轴上升到换刀参考点，之后主轴准停。

（2）动作二：刀库靠向主轴，打开防护门；主轴松刀，并上升到第二换刀参考点，卸下刀具。

（3）动作三：刀库转动到要更换的刀位号，主轴下行并抓刀；刀库复位。

这种换刀属于固定刀号式（即 1 号刀必须插回 1 号刀具库内）换刀，其编程格式如下：

M06　T□ □

例如，执行 M06 T02，主轴上的刀具先装回刀库，再旋转至 2 号刀位，将 2 号刀装上主轴孔内。

有臂链式刀库换刀属于无固定刀号式（即 1 号刀不一定插回 1 号刀具库内，其刀具库上的刀号与设定的刀号由控制器的 PLC 管理）换刀，此种换刀方式的 T 指令后面所接数字代表预换刀具号码，当 T 指令被执行时，被呼叫的刀具会转至准备换刀位置，但无换刀动作，因此T指令可在换刀指令M06之前设定，以节省换刀时等待刀具的时间。有臂链式刀库换刀编程格式见表6-1。

表6-1 有臂式链式刀库换刀编程示例

程序指令	说　　明
T01	1号刀就换刀位置
……	
M06 T03	执行M06指令，将1号刀换到主轴孔内，3号刀就换刀位置
……	
M06 T04	执行M06指令，将3号刀换到主轴孔内，4号刀就换刀位置
……	
M06 T05	执行M06指令，将4号刀换到主轴孔内，5号刀就换刀位置

2. G27/G28/G29——自动返回参考点指令

1）G27——返回参考点校验指令

指令格式：G27 X___Y___Z___

X___Y___Z___为参考点在工件坐标系中的坐标值可以校验刀具是否能够定位到参考点上。

在该指令下，被指令的轴以快速移动方式返回到参考点，自动减速并在指定坐标值作定位检验，如定位到参考点，该轴参考点信号灯亮，如不一致，则信号灯不亮，需重新再作检查。

2）G28——自动返回参考点指令

指令格式：G28 X___Y___Z___

X___Y___Z___为中间点坐标值，可任意设置。机床先移动到这个中间点，而后返回参考点。

设置中间点是为了防止刀具返回参考点时与工件或夹具发生运动干涉。

例如：G90G00X100 Y200 Z300

　　　G28 X200 Y300　　　　　　　　（中间点是200,300）

　　　G28 Z350　　　　　　　　　　　（中间点是200,300,350）

3）G29——自动从参考点返回

指令格式：G29 X___Y___Z___

X___Y___Z___为返回的终点坐标值。

在返回过程中，刀具从任意点先移到G28所确定的中间点定位，然后再向终点移动。

如图6-6所示，加工后刀具已定位到A（100，170）点，取B（200，270）点为中间点，C（500，100）点为执行G29时应达到的点，编写的程序如下：

G91G28X100Y100　　　　　　（刀具轨迹为A→B→R）

M06

G29X300Y-170　　　　　　　（刀具轨迹为R→B→C）

执行刀具交换时，并非在任何位置均可交换，各制造厂商依其设计不同，设置在一安全位置实施刀具交换动作，以避免与工作台、工件发生碰撞。Z 轴的机械原点位置是远离工件最远的安全位置，故一般以 Z 轴先回归机械原点后，才能执行换刀指令。因此，换刀指令、刀具指令及自动返回参考点三指令组合，即形成完整的加工中心换刀程序，表 6－2 为 NC 程序，列出了只需在 Z 向回原点的无臂斗笠式刀库换刀过程。

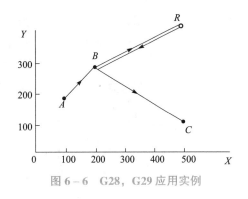

图 6－6　G28，G29 应用实例

表 6－2　无臂斗笠式刀库换刀编程示例

程序指令	说　明
G91G28Z0	Z 轴回原点
M06 T03	执行 M06 指令，将 3 号刀换到主轴孔内
……	
G91G28Z0	Z 轴回原点
M06 T04	执行 M06 指令，将 4 号刀换到主轴孔内
……	
G91G28Z0	Z 轴回原点
M06 T05	执行 M06 指令，将 5 号刀换到主轴孔内
……	

3. G43/G44/G49——FANUC 系统刀具长度补偿指令

应用加工中心切削零件时，所使用的刀具长度各不相同。必须找出各刀具相对于基准刀的长度差，并将这个差值输入至加工中心的刀具长度补偿参数中，加工时调用这个长度差，才能确保每一把刀加工出来的轮廓深度皆相等。

G43/G44/G49 是 FAUNC 数控系统的刀具长度补偿指令。

1）G43/G44——建立刀具长度补偿的指令

指令格式：G43/G44 G00(G01)Z___H___F___

其中，

Z__为补偿轴方向的终点坐标值；H__为刀具长度补偿代号地址。当前刀具相对于基准刀具（指建立工件坐标系的刀具）的长度 $\Delta = L_{当前刀具} - L_{基准刀具}$。

例如，当前刀具长度为 120 mm，建立工件坐标系的基准刀具长度为 100 mm，则当前刀具相对于基准刀具的长度补偿值 $\Delta=120-100=20$ mm，将该值输入至数控系统刀具长度补偿参数栏中［图 6－7（b）中的"形状 H01"处］，即建立起 H01=20 mm 的刀具长度补偿值。

G43 为刀具长度正补偿，即将 Z 坐标尺寸字与 H 代码中长度补偿的量 Δ 相加，按其结果进行 Z 轴运动；G44 为刀具长度负补偿，即将 Z 坐标尺寸字与 H 代码中长度补偿的量 Δ 相减，按其结果进行 Z 轴运动。

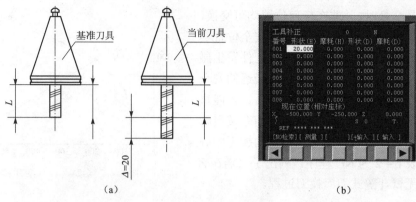

图6-7　刀具长度补偿的建立

（a）刀具长度补偿值的获取；（b）将刀具长度补偿值输入数控系统

2）G49——取消刀具长度补偿的指令

指令格式：G49 或 G49 G00(G01)Z___F___

3）刀具长度补偿指令编程应用格式

......

G43/G44 G00 Z___H___　　　（建立补偿程序段）

......　　　　　　　　　　　（切削加工程序段）

G49 G00 Z__　　　　　　　　（补偿撤销程序段）

......

M30

例如，当运行下列程序时，刀具T1和T3的运动情况如图6-8所示。

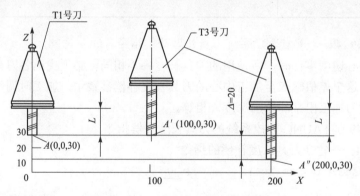

图6-8　刀具长度补偿应用实例

G91G28Z0

M06T1　　　　　　　　（换1号刀）

G54G90G00X0Y0

M03S500

G00Z30　　　　　　　　（T1刀尖运动至A(0,0,30)点处）

M05

G91G28Z0

M06T3	（换 3 号刀）
G54G90G00X100Y0	
M03S500	
G43G00Z30H03	（T3 刀尖运动至 A′(100,0,30)点处）
X200Y0	（T3 刀尖运动至 A″(200,0,30)点处）
G49	（取消刀具长度补偿,此时 T3 刀尖在 A″点下方 20 mm）

......

4）使用刀具长度补偿指令时的注意事项

（1）对于初学者，为避免产生混淆，强烈建议仅用 G43 执行刀具长度补偿。

（2）使用刀具长度补偿指令时，刀具只能有 Z 轴的移动量，若有其他轴向的移动，则会出现警示画面。即数控系统不能执行"G43/G44 G0 X__Y__"程序段。

（3）为防止撞刀，应先将刀具移至某一安全位置，再执行刀具长度补偿取消。

4. SINUMERIK – 802D 系统刀具长度补偿功能

与 FANUC 系统不同，SINUMERIK – 802D 系统没有专门的指令来实现刀具长度补偿功能，而是由刀具功能指令 T 及切削沿指令 D 共同确定。如图 6 – 9 所示，在 1 号刀具的当前切削沿 D1 中，"长度 1"栏中数值为 20 mm，"半径"栏中数值为 8 mm。当运行 T1D1 程序段时，系统调用 1 号刀具并执行 20 mm 的刀具长度正向补偿及 8 mm 的刀具半径补偿；同样，若执行 T3D1 程序段时，系统则调用 3 号刀具并执行 30 mm 的刀具长度负向补偿及 6 mm 的刀具半径补偿。

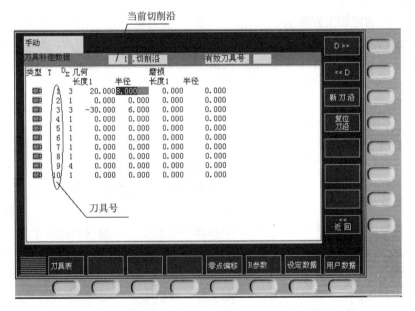

图 6 – 9　SINUMERIK – 802D 系统执行刀具长度补偿示例

三、案例工作任务（一）——开放型腔铣削

1. 任务描述

应用加工中心机床完成图 6 – 10 所示开放型腔的铣削，零件材料为 45 钢。生产规模：批

量生产。

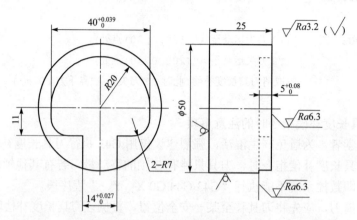

图 6－10　开放型腔零件图

2. 应用"六步法"完成此工作任务

完成该项加工任务的工作过程如下。

1）资讯——分析零件图，明确加工内容

图 6－10 所示零件的加工部位为零件的开放型腔轮廓，其中包括直线轮廓及圆弧轮廓，尺寸 $14_{0}^{+0.027}$、$5_{0}^{+0.08}$ 和 $40_{0}^{+0.039}$ 是本次加工重点保证的尺寸，同时轮廓侧面的表面粗糙度为 $Ra3.2$，要求比较高。

2）决策——确定加工方案

（1）机床及装夹方式选择。由于零件轮廓尺寸不大，且为批量生产，根据车间设备状况，决定选择 XH714 型加工中心完成本次任务。由于零件毛坯为 $\phi50$ mm 圆形钢件且为批量生产，故决定选择专用夹具装夹工件。

（2）刀具选择及刀路设计。选用一把直径为 $\phi12$ mm 三刃高速钢立铣刀对零件轮廓进行粗铣，为提高表面质量，降低刀具磨损，选用另一把直径为 $\phi12$ mm 的三刃整体硬质合金立铣刀进行轮廓半精铣、精铣。

为有效保护刀具，提高加工表面质量，采用顺铣方式铣削工件。XY 向刀路设计如图 6－11 所示（A→B→C→D→E→F→G→H→I→A），选取工件上表面中心作为工件原点，沿内腔轮廓走刀，同时延伸，如图 6－11 的虚线所示。因零件轮廓深度仅有 5 mm，故 Z 向刀路采用一次铣至轮廓底面的方式铣削工件。

（3）切削用量选择。

加工参数选择：详见表 6－3。

3）计划——制定加工过程文件

（1）加工工序卡。本次加工任务的工序卡内容见表 6－3。

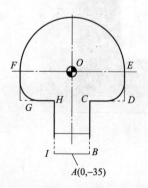

图 6－11　开放型腔轮廓铣削刀路设计

表 6-3　开放型腔零件铣削加工工序卡

序号	加工内容	刀具规格	刀号	刀具半径补偿/mm	主轴转速/(r·min⁻¹)	进给速度/(mm·min⁻¹)
1	工件上表面铣削	ϕ12 三刃高速钢立铣刀	1	无	400	70
2	粗铣开放型腔	ϕ12 三刃高速钢立铣刀	1	$D_1 = 6.4$	400	50
3	半精铣开放型腔	ϕ12 三刃硬质合金立铣刀	2	$D_2 = 6.2$	2 000	400
4	精铣开放型腔	ϕ12 三刃硬质合金立铣刀	2	计算得出 D_3	2 000	400

（2）NC 程序单。开放型腔零件 NC 程序见表 6-4 和表 6-5。

表 6-4　开放型腔零件铣削主程序

段号	FANUC0i 系统程序	SINUMERIK-802D系统程序	程序说明
	O1	FBC.MPF	主程序名
N10	T1M06	T1M06	换 1 号刀
N20	G54G90G40G17G64	G54G90G40G17G64	程序初始化
N30	M03S400	M03S400	主轴正转，400 r/min
N40	G00G43Z100H01D1	G00Z100D1	Z 轴快速定位，执行补偿 H1D1（T1D1）
N50	M08	M08	开冷却液
N60	X0Y-35	X0Y-35	下刀前定位（A 点）
N70	Z5	Z5	快速下刀
N80	G01Z0F50	G01Z0F50	下刀至 Z0 高度
N90	M98P2	L2	调用子程序 1 次
N100	G00G49Z150	G00Z150	抬刀并撤销高度补偿
N110	M05	M05	主轴停转
N120	T2M06	T2M06	换 2 号刀
N130	G54G90G40G17G64	G54G90G40G17G64	程序初始化
N140	M03S2000	M03S2000	主轴正转，速度为 2 000 r/min
N160	G00G43Z100H2D2	G00Z100D2	Z 轴快速定位，执行补偿 H2D2（T2D2）
N170	X0Y-35	X0Y-35	下刀前定位（A 点）
N180	Z5	Z5	快速下刀
N190	G01Z0F400	G01Z0F400	下刀至 Z0 高度

段号	FANUC0i 系统程序	SINUMERIK – 802D 系统程序	程序说明
N200	M98P2	L2	调用子程序 1 次
N210	G00Z100 D3	G00Z100D3	抬刀设置补偿（注意：SIMENS – 802D 中 T2D3 和 T2D2 的长度补偿值一致）
N220	M05	M05	主轴停转
N230	M01	M01	程序暂停
N240	M03S2000	M03S2000	主轴正转，速度为 2 000 r/min
N250	Z5	Z5	快速下刀
N260	G01Z0F400	G01Z0F400	下刀至 Z0 高度
N270	M98P2	L2	调用子程序 1 次
N280	G00G49Z150	G00Z150	抬刀并撤销高度补偿
N290	M05	M05	主轴停转
N300	M09	M09	关冷却液
N310	M30	M30	程序结束

表 6 – 5　开放型腔零件铣削子程序

段号	FANUC0i 系统程序	SINUMERIK – 802D 系统程序	程序说明
	O2	L2.SPF	子程序名
N10	G91G01Z – 5	G91G01Z – 5	Z 向下刀至铣深
N20	G90G41X7	G90G41X7	法线执行刀具半径补偿至 B 点
N30	Y – 11	Y – 11	直线插补铣削至 C 点
N40	X20，R7	X20RND = 7	采用倒圆角指令铣削至 D 点
N50	Y0	Y0	直线插补铣削至 E 点
N60	G03X – 20Y0R20	G03X – 20Y0CR = 20	圆弧插补铣削至 F 点
N70	G01Y – 11，R7	G01Y – 11RND = 7	采用倒圆角指令铣削至 G 点
N80	X – 7	X – 7	直线插补铣削至 H 点
N90	Y – 35	Y – 35	直线插补铣削至 I 点
N100	G40G01X0	G40G01X0	撤销刀具半径补偿回 A 点
N110	M99	M17	子程序结束

4）实施——加工零件

（1）开机前的准备。

（2）加工前的准备。

（3）安装工件及刀具。

（4）对刀，建立工件坐标系。

以1号刀为基准刀，建立以 O 点为原点的工件坐标系 G54，如图6-11所示。

（5）输入并检验程序（以 FANUC0i 系统为例）。

● 在"编辑"模式下，将所有程序输入数控系统中，检查程序并确保程序正确无误。

● 将当前工件坐标系抬高至一安全高度，设置好刀具等加工参数，将机床状态调整为"空运行"状态，运行 O0001 程序，检查零件轮廓铣削轨迹是否正确，是否与机床夹具等发生干涉，如有干涉则要调整程序。

（6）执行零件加工。

由于本次加工采用的是 XH714 型加工中心机床，因此操作过程与前述案例中的数控铣床操作有所区别，其操作过程如下。

● 进行零件首件加工时，当数控系统完成零件半精铣削程序段后，机床暂停，此时操作者应使用相应量具测量型腔的深度及轮廓尺寸，并根据测量的深度尺寸调整工件坐标系原点参数，并根据测量的轮廓尺寸调整刀具半径补偿 D_3 值，然后再按"程序启动"键，进行型腔精铣加工，保证相关尺寸误差在要求的公差范围内。

● 通过首件加工得到合理的切削参数及刀具参数后，后续的零件即进入了全自动连续加工过程，这时操作者控制机床进行连续自动加工，中途无须暂停。

（7）加工后处理。

5）检查——检验者验收零件

6）评估——加工者与检验者共同评价本次加工任务的完成情况

6.2 封闭型腔铣削

一、封闭型腔铣削工艺知识准备

封闭型腔的结构如图6-12所示，其轮廓曲线首尾相连，形成一个闭合的凹轮廓。与开放型腔相比，由于封闭型腔轮廓是闭合的，粗铣时切屑难以排出，散热条件差，故要求刀具应有较好的红硬性能，机床应有足够的功率及良好的冷却系统。同时，加工工艺的合理与否也直接影响型腔的加工质量，以下将重点介绍封闭型腔铣削工艺方法及常用刀具。

1. 封闭型腔铣削工艺方法

在进行封闭型腔粗铣时，通常有以下几种工艺方法。

1）经预钻孔下刀方式粗铣型腔

就是事先在下刀位置预钻一个孔,然后立铣刀从预钻孔

图6-12 封闭型腔的结构类型

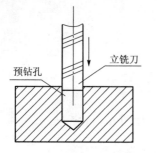

图6-13 通过预钻孔下刀铣型腔

处下刀，将余量去除，如图6-13所示。这种工艺方法能简化编程，但立铣刀在切削过程中，多次切入、切出工件，震动较大，对刃口的安全性有负面作用。对于深度较大的型腔，立铣刀通常为长刃玉米铣刀，此时要求机床功率较大，且工艺系统刚度好。

2）以啄钻下刀方式粗铣型腔

就是铣刀像钻头一样沿轴向垂直切入一定深度，然后使用周刃进行径向切削，如此反复，直至型腔加工完成，如图6-14所示。执行这种铣削方式时应注意三方面问题。

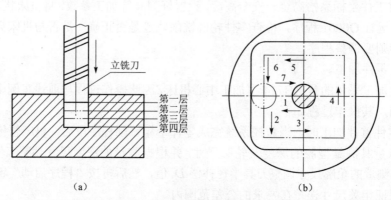

（a）　　　　　　　　　　　（b）

图6-14 通过啄铣方式铣型腔

（a）啄铣前的工件；（b）进行啄铣时的刀具轨迹

（1）每次啄铣深度由刀具中心刃可切削的深度决定，对于无中心刃立铣刀，每次啄铣深度不应超过刀具端面中心凹坑深度。

（2）由于立铣刀无定心功能，啄铣时刀具会发生剧烈晃动，因此不可贴着型腔侧壁下刀，否则会过切侧壁，从而影响尺寸精度及表面质量。

（3）采用啄铣排屑较为困难，因此要采取有效措施将切屑从型腔中及时排出。

3）以坡走下刀方式粗铣型腔

以坡走下刀方式粗铣型腔，就是刀具以斜线方式切入工件来达到Z向进刀的目的，也称斜线下刀方式。使用具有坡走功能的立铣刀或面铣刀，在X/Y或Z轴方向进行线性坡走，可以达到刀具在轴向的最大切深。坡走铣下刀的最大优点在于它有效地避免了啄铣时刀具端面中心处切削速度过低的缺点，极大改善了刀具切削条件，提高了刀具使用寿命及切削效率，广泛应用于大尺寸的型腔开粗。但执行坡走铣时坡走角度α必须根据刀具直径、刀片、刀体下面的间隙等刀片尺寸及背吃刀量a_p的情况来确定，如图6-15所示。

4）以螺旋下刀方式粗铣型腔

在主轴的轴向采用三轴联动螺旋圆弧插补开孔，如图6-16所示。以螺旋下刀铣削型腔时，可使切削过程稳定，能有效避免轴向垂直受力所造成的振动，且下刀时空间小，非常适合小功率机床和窄深型腔的加工。

采用螺旋下刀方式粗铣型腔，其螺旋角通常控制在5°～15°之间，同时螺旋半径R值（指刀心轨迹）也需根据刀具结构及相关尺寸确定，为保险起见，常取$R \geqslant D_c/2$（如图6-16所示）。

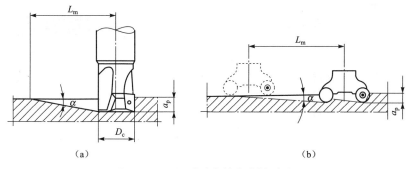

图 6 – 15　通过坡走铣方式铣型腔

（a）利用立铣刀坡走铣；（b）利用圆鼻刀坡走铣

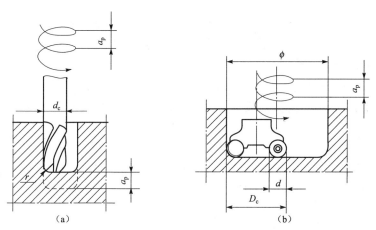

图 6 – 16　以螺旋下刀方式铣型腔

（a）利用立铣刀螺旋下刀；（b）利用圆鼻刀螺旋下刀

2. 型腔凹角的加工方法

封闭型腔凹角的加工主要有以下几种方法。

1）使用与凹角半径相等的立铣刀直接切入

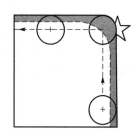

如图 6 – 17 所示，在凹角处粗加工时采用与圆角半径相等的立铣刀直接切入，刀具半径即为凹角半径。这种加工方案的优点是能简化编程；但缺点是刀具在圆角处受力突然增大而引起刀具震颤，从而影响加工质量及刀具寿命。

图 6 – 17　立铣刀刀具半径与凹角半径相等

2）采用比凹角半径更小的立铣刀切削

采用一个更小直径的立铣刀铣凹角，在圆角处铣刀的可编程半径应比刀具半径大 15%，例如加工半径为 10 mm 的凹角圆弧，使用刀具的半径为（10/2）× 0.85 = 4.25 mm，故选择直径为 8 mm（半径为 4 mm）的立铣刀，如图 6 – 18 所示。

3）采用比凹角半径大的立铣刀切削

采用大直径的铣刀加工型腔凹角可获得较高金属去除率，加工时刀具预留余量，再使用后续的刀具做插铣或摆线铣，如图 6 – 19 所示。

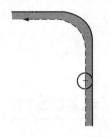

图 6-18　立铣刀刀具半径小于凹角半径

图 6-19　立铣刀刀具半径大于凹角半径

3. 封闭型腔铣削刀具

1）整体硬质合金立铣刀

可以取得较高的切削速度和较长的刀具使用寿命，刃口经过精磨的整体硬质合金立铣刀可以保证所加工的零件形位公差和较高的表面质量。适合高速铣削，刀具直径可以做得比较小，甚至可以小于 0.5 mm。但刀具的成本和其重磨与重涂层的成本比较高。

2）可转位硬质合金立铣刀

可以取得较高的切削速度、进给量和背吃刀量，所以金属去除率高，通常作为粗铣和半精铣刀具。刀片可以更换，刀具的成本低，但刀具的尺寸形状误差相对较大，直径一般大于 10 mm。

3）高速钢立铣刀

刀具的总成本比较低，易于制造较大尺寸和异形刀具，刀具的韧性较好，可以进行粗加工，但在精加工型面时会因为刀具弹性变形而产生尺寸误差，切削速度相对较低，刀具使用寿命相对较短。

二、程序指令准备

只有执行螺旋线插补指令加工封闭型腔时才能实现螺旋线下刀。这里仅介绍在 *XY* 平面内作圆弧插补运动，在 *Z* 向作直线移动的螺旋插补指令。

1. G02/G03——FANUC 系统螺旋插补指令

该指令控制刀具在 G17/G18/G19 指定的平面内作圆弧插补运动，同时还控制刀具在非圆弧插补轴上作直线运动。

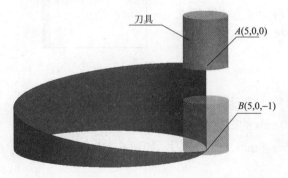

图 6-20　FANUC 系统螺旋线插补示例

指令格式：

G17 G02/G03 X___ Y___ R___ （I___ J___）Z___ F___

其中，X___ Y___ Z___ 为螺旋线终点坐标值，其余参数含义在此略写。

如图 6-20 所示，刀具从 *A* 点以螺旋插补方式到达 *B* 点，其加工程序段为：

……

G17 G03 X5 Y0 I-5 J0 Z-1 F40

……

2. G02/G03，TURN——SINUMERIK 系统螺旋插补指令

指令格式：

G02/G03 X___Y___Z___CR＝___(I___J___) TURN＝___F___

其中，X___Y___Z___为螺旋线终点坐标值；CR＝__为螺旋半径；I___J___分别为圆心相对于圆弧起点的 X，Y 向坐标增量值；TURN＝__为补充圆周个数，取值范围在 0～999；F 为刀具进给速度。

如图 6-21 所示，刀具从 A 点按螺旋线方式运动至 B 点，其程序段指令如下：

......

G00 X58.83 Y52.61 Z3

G01 Z-15 F50

G03 X35 Y5 Z-55 I-23.83 J-17.61 TURN＝2

......

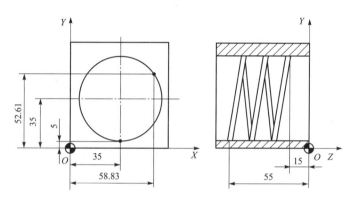

图 6-21   SINUMERIK-802D 系统螺旋线插补示例

三、案例工作任务（二）——键槽零件铣削

1. 任务描述

应用加工中心机床完成图 6-22 所示键槽零件的铣削加工，零件材料为 45 钢。生产规模：批量生产。

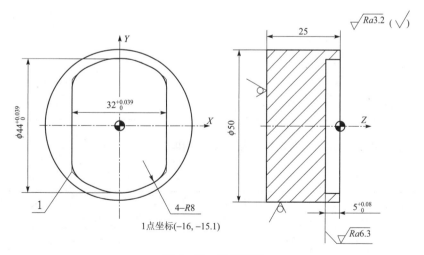

图 6-22   键槽零件

2. 应用"六步法"完成此工作任务

完成该项加工任务的工作过程如下。

1）资讯——分析零件图，明确加工内容

图 6-22 所示零件的加工部分为一封闭型腔，其中包括直线轮廓及圆弧轮廓，尺寸 $32^{+0.039}_{0}$，$44^{+0.039}_{0}$，$5^{+0.08}_{0}$ 是本次加工重点保证的尺寸，同时轮廓侧面的表面粗糙度为 $Ra3.2$，要求比较高。

2）决策——确定加工方案

（1）机床及装夹方式选择。由于零件轮廓尺寸不大，且为批量生产，根据车间设备状况，决定选择 XH714 型加工中心完成本次任务。由于零件毛坯为 $\phi50$ mm 圆形钢件，且为批量生产，故决定选择专用夹具装夹工件。

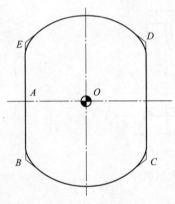

图 6-23 键槽铣削刀路示意图

（2）刀具选择及刀路设计。选用一把直径为 $\phi12$ mm 的三刃高速钢立铣刀对零件轮廓进行粗铣，为提高表面质量，降低刀具磨损，选用另一把直径为 $\phi12$ mm 的三刃整体硬质合金立铣刀进行轮廓半精铣和精铣。

为有效保护刀具，提高加工表面质量，采用顺铣方式铣削工件，XY 向刀路设计如图 6-23 所示（$O \rightarrow A \rightarrow B \rightarrow C \rightarrow D \rightarrow E \rightarrow A \rightarrow O$）。$Z$ 向刀路采用啄钻下刀方式铣削工件。

（3）切削用量选择。详见表 6-6。

（4）工件原点的选择。选取工件上表面中心 O 处作为工件原点，如图 6-23 所示。

3）计划——制定加工过程文件

（1）加工工序卡。本次加工任务的工序卡内容见表 6-6。

表 6-6　键槽零件铣削加工工序卡

序号	加工内容	刀具规格	刀号	刀具半径补偿/mm	主轴转速/(r·min⁻¹)	进给速度/(mm·min⁻¹)
1	工件上表面铣削	$\phi12$ 三刃高速钢立铣刀	T1	无	400	70
1	粗铣键槽	$\phi12$ 三刃高速钢立铣刀	T1	$D_1 = 6.4$	700	500
2	半精铣键槽	$\phi12$ 三刃硬质合金立铣刀	T2	$D_2 = 6.2$	2 000	400
3	精铣键槽	$\phi12$ 三刃硬质合金立铣刀	T2	计算得出 D_3	2 000	400

（2）NC 程序单。键槽零件 NC 程序见表 6-7 和表 6-8。

表 6-7　键槽零件主程序

段号	FANUC0i 系统程序	SINUMERIK-802D 系统程序	程序说明
	O1	FBC.MPF	主程序名
N10	T1M06	T1M06	换 1 号刀
N20	G54G90G40G17G64	G54G90G40G17G64	程序初始化

续表

段号	FANUC0i 系统程序	SINUMERIK – 802D 系统程序	程序说明
N30	M03S700	M03S700	主轴正转，速度为 700 r/min
N40	M08	M08	开冷却液
N50	G00G43Z100H1D01	G00Z100D1	Z 轴快速定位，执行补偿 H1D1（T1D1）
N60	X0Y0	X0Y0	下刀前定位（A 点）
N70	Z5	Z5	快速下刀
N80	G01Z0F500	G01Z0F500	下刀至 Z0 高度
N90	M98P100002	L2 P10	调用子程序 10 次
N100	G00G49Z150	G00Z150	抬刀并撤销高度补偿
N110	M05	M05	主轴停转
N120	T2M06	T2M06	换 2 号刀
N130	G54G90G40G17G64	G54G90G40G17G64	程序初始化
N140	M03S2000	M03S2000	主轴正转，速度为 2 000 r/min
N150	G00G43Z100H2D2	G00Z100D2	Z 轴快速定位，执行补偿 H2 D02（T2D2）
N160	X0Y0	X0Y0	下刀前定位（A 点）
N170	Z5	Z5	快速下刀
N180	G01Z – 4.5F400	G01Z – 4.5F400	下刀至铣深预留 0.5 mm 高度
N190	M98P2	L2	调用子程序 1 次
N200	G00Z100	G00Z100	抬刀设置补偿
N210	M05	M05	主轴停转
N220	M01	M01	选择性停止
N230	M03S2000	M03S2000	主轴正转，速度为 2 000 r/min
N240	Z5	Z5	快速下刀
N250	G01Z – 4.5F400 D3	G01Z – 4.5F400 D3	下刀并执行刀具半径补偿
N260	M98P2	L2	调用子程序 1 次
N270	G00G49Z150	G00Z150	抬刀并撤销高度补偿
N280	M05	M05	主轴停转
N290	M09	M09	关冷却液
N300	M30	M30	程序结束

表6-8　键槽零件子程序

段号	FANUC0i 系统程序	SINUMERIK - 802D 系统程序	程序说明
	O2	L2.SPF	子程序名
N10	G91G01Z - 0.5	G91G01Z - 0.5	增量下刀
N20	G90G41G01X - 16Y0	G90G41G01X - 16Y0	法线执行刀具半径补偿至 A 点
N30	Y - 15.1，R8	Y - 15RND = 8	进行型腔铣削
N40	G03X16Y - 15.1R22，R8	G03X16Y - 15.1CR = 22RND = 8	
N50	G01Y15.1，R8	G01Y15.1RND = 8	
N60	G03X - 16Y15.1R22，R8	G03X - 16Y15.1CR = 22RND = 8	
N70	G01Y0	G01Y0	
N80	G40G01X0	G40G01X0	撤销刀具半径补偿回 O 点
N90	M99	M17	子程序结束

4）实施——加工零件

（1）开机前的准备。

（2）加工前的准备。

（3）安装工件及刀具。

（4）对刀，建立工件坐标系。

（5）输入并检验程序。

（6）执行零件加工。

（7）加工后的处理。

5）检查——检验者验收零件

6）评估——加工者与检验者共同评价本次加工任务的完成情况

四、案例工作任务（三）——四方槽零件铣削

1. 任务描述

应用加工中心机床完成图6-24所示四方槽零件的铣削加工，零件材料为45钢。生产规模：批量生产。

2. 应用"六步法"完成此工作任务

完成该项加工任务的工作过程如下。

1）资讯——分析零件图，明确加工内容

如图6-24所示，尺寸$30_0^{+0.033}$，$32_0^{+0.039}$和$5_0^{+0.08}$是本次加工重点保证的尺寸，同时轮廓侧面的表面粗糙度为 Ra3.2，要求比较高。

2）决策——确定加工方案

（1）机床及装夹方式选择。由于零件轮廓尺寸不大，且为批量生产，根据车间设备状况，

决定选择 XH714 型加工中心完成本次任务。由于零件毛坯为 ϕ50 mm 圆形钢件，且为批量生产，故决定选择专用夹具装夹工件。

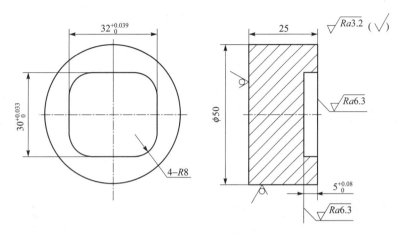

图 6-24　四方槽零件

（2）刀具选择及刀路设计。选用一把直径为 ϕ12 mm 三刃高速钢立铣刀对零件轮廓进行粗铣，为提高表面质量，降低刀具磨损，选用另一把直径为 ϕ12 mm 三刃整体硬质合金立铣刀进行轮廓半精铣和精铣。

为有效保护刀具，提高加工表面质量，采用顺铣方式铣削工件。XY 向刀路设计如图 6-25 所示（$O \rightarrow A \rightarrow B \rightarrow C \rightarrow D \rightarrow E \rightarrow A \rightarrow O$），选取工件上表面中心作为工件原点，沿内腔轮廓走刀，Z 向刀路采用螺旋下刀方式铣削工件。

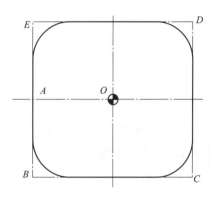

图 6-25　四方槽零件铣削刀路示意图

（3）切削用量选择详见表 6-9。

（4）工件原点的选择。选取工件上表面中心 O 处作为工件原点，如图 6-25 所示。

3）计划——制定加工过程文件

（1）加工工序卡。本次加工任务的工序卡内容见表 6-9。

表 6-9　四方槽零件铣削加工工序卡

工步	加工内容	刀具规格	刀号	刀具半径补偿/mm	主轴转速/(r·min^{-1})	进给速度/(mm·min^{-1})
1	工件上表面铣削	ϕ12 三刃高速钢立铣刀	T1	无	400	70
2	粗铣四方槽	ϕ12 三刃高速钢立铣刀	T1	$D_1 = 6.4$	400	50
3	半精铣四方槽	ϕ12 三刃硬质合金立铣刀	T2	$D_2 = 6.2$	2 000	400
4	精铣四方槽	ϕ12 三刃硬质合金立铣刀	T2	计算得出 D_3	2 000	400

（2）NC 程序单。四方槽零件 NC 程序见表 6-10 和表 6-11。

表 6-10　四方槽零件主程序

段号	FANUC0i 系统程序	SINUMERIK-802D 系统程序	程序说明
	O1	FBC..MPF	主程序名
N10	T1M06	T1M06	换 1 号刀
N20	G54G90G40G17G64	G54G90G40G17G64	程序初始化
N30	M03S400	M03S400	主轴正转，速度为 400 r/min
N40	M08	M08	开冷却液
N50	G00G43Z100H1D1	G00Z100D1	Z 轴快速定位，执行补偿 H1D1（T1D1）
N60	X-5Y0	X-5Y0	下刀前定位（A 点）
N70	Z5	Z5	快速下刀
N75	G01Z0F501	G01Z0F501	下刀至工件表面
N80	G03X-5Y0I5J0Z-2.5F50	G03X-5Y0I5J0Z-5TURN=2F50	螺旋下刀至铣削深度
N90	G03X-5Y0I5J0Z-5		
N100	M98P2	L2	调用子程序
N110	G00G49Z100	G00Z100	抬刀并撤销高度补偿
N120	M05	M05	主轴停转
N130	T2M06	T2M06	换 2 号刀
N140	G54G90G40G17G64	G54G90G40G17G64	程序初始化
N150	M03S2000	M03S2000	主轴正转，速度为 2 000 r/min
N160	G00G43Z100H2D2	G00Z100D2	Z 轴快速定位，执行补偿 H2D2（T2D2）
N170	X0Y0	X0Y0	下刀前定位（A 点）
N180	Z5	Z5	快速下刀
N190	G01Z-5F400	G01Z-5F400	下刀至铣深
N200	M98P2	L2	调用子程序 1 次
N210	G00Z100	G00Z100	抬刀
N220	M05	M05	主轴停转
N230	M01	M01	选择性停止
N240	M03S2000	M03S2000	主轴正转，速度为 2 000 r/min

段号	FANUC0i 系统程序	SINUMERIK－802D 系统程序	程序说明
N250	X0Y0	X0Y0	下刀前定位（A 点）
N260	Z5	Z5	快速下刀
N270	G01Z－5F400 D3	G01Z－5F400 D3	下刀并执行刀具半径补偿
N280	M98P2	L2	调用子程序 1 次
N290	G00G49Z150	G00Z150	抬刀并撤销高度补偿
N300	M05	M05	主轴停转
N310	M09	M09	关冷却液
N320	M30	M30	程序结束

表 6－11　四方槽零件子程序

段号	FANUC0i 系统程序	SINUMERIK－802D 系统程序	程序说明
	O2	L2.SPF	子程序名
N10	G41G01X－16Y0	G41G01X－16Y0	法线执行刀具半径补偿至 A 点
N20	Y－15，R8	Y－15RND＝8	进行型腔铣削
N30	X16，R8	X16 RND＝8	
N40	Y15，R8	Y15 RND＝8	
N50	X－16，R8	X－16 RND＝8	
N60	Y0	Y0	
N70	G40G01X0	G40G01X0	撤销刀具半径补偿回 O 点
N80	M99	M17	子程序结束

4）实施——加工零件

（1）开机前的准备。

（2）加工前的准备。

（3）安装工件及刀具。

（4）对刀，建立工件坐标系。

（5）输入并检验程序。

（6）执行零件加工。

（7）加工后的处理。

5）检查——检验者验收零件

6）评估——加工者与检验者共同评价本次加工任务的完成情况

6.3　复合型腔的铣削

一、复合型腔铣削工艺知识准备

复合型腔是指由多个型腔按一定形式组合而成的。按型腔的组合方式可分为串联分布、并联分布及带孤岛型，如图6-26所示。就单个型腔加工而言，其加工工艺方法、所用刀具等与前两节所述基本相同，但如何总体安排这些型腔加工工艺，是进行复合型腔加工必须考虑的一个问题。

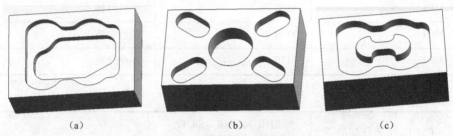

图6-26　复合型腔的结构类型
(a) 串联分布型；(b) 并联分布型；(c) 带孤岛型

1. 串联型复合型腔铣削工艺方案

对于串联分布的复合型腔［如图6-26（a）所示］，通常采用"从上到下"的工艺方案进行铣削，即先铣上层型腔，再铣下层型腔，如图6-27所示。

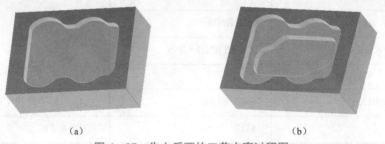

图6-27　先上后下的工艺方案过程图
(a) 加工上层型腔；(b) 加工下层型腔

在粗加工阶段，为了提高材料去除效率，常采用较大直径的刀具粗铣上层腔型，然后再用较小直径的刀具粗铣下层型腔；在半精、精加工阶段，为保证各型腔尺寸精度的一致性，常用一把耐磨性好的精铣刀（如整体式硬质合金立铣刀）完成零件所有型腔轮廓的精加工。

2. 并联型复合型腔铣削工艺方案

对于并联分布的复合型腔［如图6-26（b）所示］，通常采用"基准优先"的工艺原则决定各个型腔的加工顺序。即先铣具有基准功能的型腔，再铣其他型腔，如图6-28所示。

 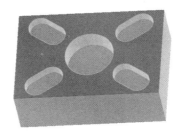

（a）　　　　　　　　　　　　　　（b）

图6-28　"基准优先"工艺方案过程图

（a）先铣中间基准型腔；（b）再铣四周型腔

3. 带孤岛的复合型腔铣削工艺方案

对于带孤岛的复合型腔［如图6-26（c）所示］，铣削时不仅要考虑型腔轮廓精度，还要兼顾孤岛轮廓精度，因而通常采用"先腔后岛"的工艺方案，即先加工型腔轮廓，再加工孤岛轮廓，如图6-29所示。

（a）　　　　　　　　　　　　　　（b）

图6-29　"先腔后岛"工艺方案过程图

（a）先铣型腔轮廓；（b）再铣孤岛轮廓

加工带孤岛的复合型腔时，要注意以下两方面问题。

（1）刀具直径确定要合理，以确保刀具在轮廓铣削时不与另一轮廓产生干涉，同时刀具刚性要足够。

（2）有时可能会在孤岛和型腔轮廓间出现残料，对于零件为单件生产且残料少时，可用手动方式去除；对于零件为批量生产或工件残料较多时，应编写专门的程序以自动方式去除残料。

二、程序指令准备

在加工复合型腔轮廓时，为了简化编程，有时需要对工件坐标系进行平移或旋转。

1. G52——FANUC系统坐标系平移指令

该指令将当前工件坐标系复制并平移到某一位置（25，30，40），形成一个新的子坐标系（如图6-30所示）。

指令格式：G52 X___Y___Z___

其中，X___Y___Z___为子坐标系原点相对于当前工件坐标系原点的坐标值。

执行"G52 X0 Y0 Z0"，系统则取消坐标系平移。

例如，加工图6-31所示的方形型腔，应用G52指令编写的加工程序如下。

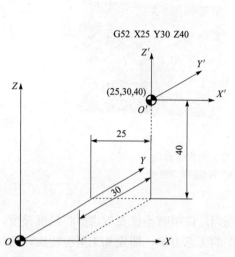

G52 X25 Y30 Z40

(25,30,40)

图 6-30 G52 指令功能示意图

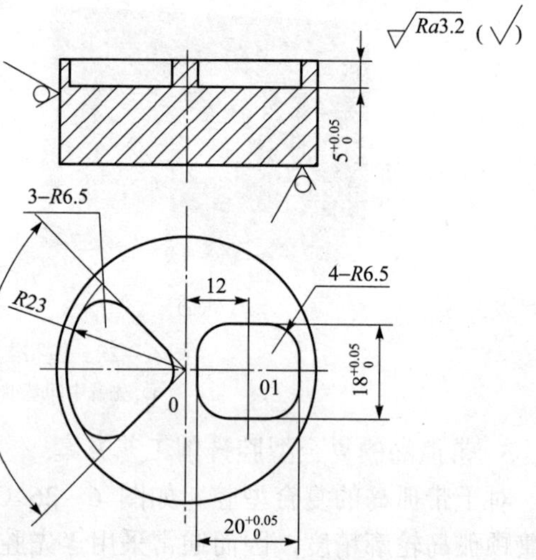

图 6-31 型腔加工应用举例

```
G54 G90 G40 G49 G0 Z100
……
G52 X12 Y0          (在 O1 点创建一子坐标系)
G00 X0 Y0           (刀具移动至新坐标系原点 O1 正上方,坐标系平移有效)
……                 (执行方形型腔加工)
G00 Z100
G52 X0 Y0           (取消坐标系平移)
G00 X100 Y100       (刀具移动至(100,100)正上方,坐标系取消有效)
……
```

2. TRANS/ATRANS——SINUMERIK-802D 系统坐标系平移指令

该指令的功能与 FANUC 系统中的 G52 指令相似。

指令格式：TRANS X___Y___Z___

ATRANS X___Y___Z___

其中，X___Y___Z___为子坐标系原点相对于当前工件坐标系原点的坐标值。

TRANS 为绝对坐标系平移，主要以 G54～G59 坐标系作为基准坐标系；而 ATRANS 为附加（增量）坐标系平移，主要以当前坐标系（即可以是 G54～G59 坐标系，也可以是经 TRANS 平移的坐标系）作为基准坐标系，如图 6-32 所示。

注意：TRANS 指令后面不带任何值。为取消所有的坐标系平移，系统恢复到 G54～G59 所确定的坐标系状态。

3. G68/G69——FANUC 系统坐标系旋转指令

该指令可将工件旋转某一指定的角度，以简化编程，如图 6-33 所示。下面介绍的旋转指令是基于 G17 所在的坐标平面。

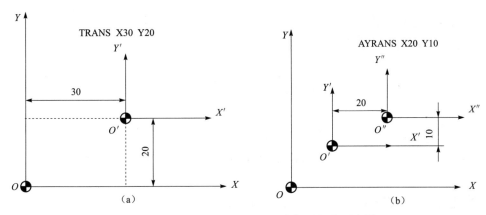

图 6-32 SINUMERIK-802D 坐标系平移示意图

（a）基准坐标系为 G54 指令所确定；（b）基准坐标系为 TRANS 指令所确定

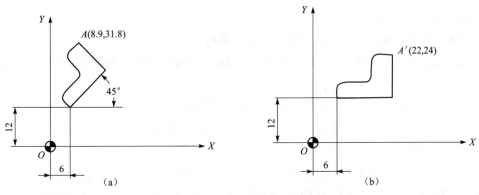

图 6-33 G68 将图形旋转的示意图

（a）旋转前；（b）旋转后

（1）建立坐标系旋转的指令格式：G68 X___ Y___ R___。

其中，X___ Y___ 为旋转中心坐标值；R___ 为旋转角度，取值范围为"-360°～360°"，逆时针旋转时，R 取正值，反之，R 取负值。

当执行"G68 X0 Y0 R__"程序段时，可认为将当前工件坐标系旋转某一角度，如图 6-34 所示。

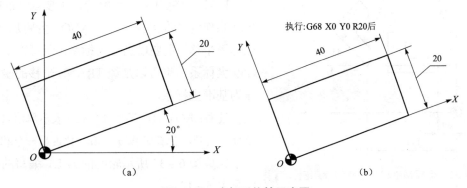

图 6-34 坐标系旋转示意图

（a）旋转前的工件坐标系；（b）旋转后的工件坐标系

（2）取消坐标系旋转的指令格式：G69。

（3）图形旋转指令的编程应用格式。

......

G68 X___ Y___ R___　　　　　　　（建立坐标系旋转）

......　　　　　　　　　　　　　　　（在旋转状态下加工零件）

G69　　　　　　　　　　　　　　　（取消坐标系旋转状态）

G00 X___ Y___　　　　　　　　　　（执行移动指令后，图形旋转取消有效）

......

（4）使用坐标系旋转指令时的几点注意事项。

① 旋转中心位置不同，旋转后图形各点坐标也不相同。因此，一般先将工件原点平移至旋转中心（用 G52 指令），然后执行"G68 X0 Y0 R__"程序段进行相当于工件坐标系旋转的操作，此时编程会变得非常简单。

② G68 和 G69 两指令必须成对使用，缺一不可。

③ 在 G69 程序段之后，必须有移动指令控制刀具在旋转的坐标平面移动，以确保取消旋转有效。

④ 如果有坐标系平移、坐标系旋转、半径补偿等指令共存的情况下，建立上述状态各指令的先后顺序是"先平移，后旋转，再刀补"，而取消上述状态各指令的先后顺序是"先刀补，后旋转，再平移"。

4. ROT/AROT——SINUMERIK–802D 系统坐标系旋转指令

ROT/AROT 两指令相当于 FANUC 系统的"G68 X0 Y0 R__"，即相当于控制当前坐标系以原点为旋转中心旋转某一角度，形成一个新的坐标系，如图 6–34 所示。以下仅介绍在 G17 平面内的坐标系旋转。

指令格式：ROT　RPL =__

　　　　　AROT　RPL =__

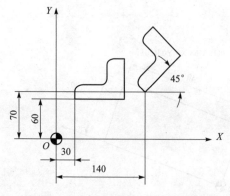

图 6–35　坐标系平移、旋转编程示例

其中，RPL =__为旋转角度，当旋转方向为逆时针时，RPL 取正值，反之，RPL 取负值。

ROT 为绝对坐标系旋转，主要以 G54～G59 坐标系作为基准坐标系；而 AROT 为附加（增量）坐标系平移，主要以当前坐标系（即可以是 G54～G59 坐标系，也可以是经 TRANS 平移的坐标系）作为基准坐标系。

注意：ROT 后面不带任何值，表示取消之前所有坐标系旋转，但在编程时必须单独占用一个程序段。

完成图 6–35 所示轮廓的加工，编写的 NC 程序见表 6–12。

表 6 – 12 编程示例

FANUC0i 系统	SINUMERIK – 802D 系统	程序说明
O10	L10.MPF	程序名
G54G90G00Z100	G54G90G00Z100	程序开始
……	……	……
G52 X30Y60	TRANS X30Y60	绝对值平移坐标系
M98 P100	L100	调用子程序
……	……	……
G52X140Y70	TRANS X140Y70	绝对值平移坐标系
G68X0Y0R45	AROT RPL = 45	增量值旋转坐标系
M98 P100	L100	调用子程序
……	……	……
G00Z100	G00Z100	抬刀
G69	ROT	取消坐标系旋转
G52X0Y0	TRANS	取消坐标系平移
G00X100Y100	G00X100Y100	刀具定位
……	……	……

三、案例工作任务（四）——均布矩形槽铣削

1. 任务描述

应用加工中心机床完成图 6–36 所示的均布矩形槽零件的铣削加工，零件材料为 45 钢。
生产规模：批量生产。

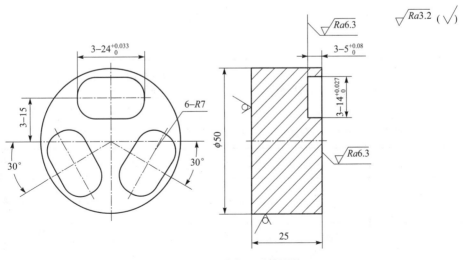

图 6–36 均布矩形槽零件

2. 应用"六步法"完成此工作任务

完成该项加工任务的工作过程如下。

1）资讯——分析零件图，明确加工内容

图6-36所示零件的加工部位为矩形槽轮廓，其中包括直线轮廓及圆弧轮廓，尺寸 $24_{0}^{+0.033}$，$14_{0}^{+0.027}$，$5_{0}^{+0.08}$ 是本次加工重点保证的尺寸，同时轮廓侧面的表面粗糙度为 $Ra3.2$，要求比较高。

2）决策——确定加工方案

（1）机床及装夹方式选择。由于零件轮廓尺寸不大，且为批量生产，根据车间设备状况，决定选择 XH714 型加工中心完成本次任务。由于零件毛坯为 $\phi50$ mm 圆形钢件，且为批量生产，故决定选择专用夹具装夹工件。

（2）刀具选择及刀路设计。选用一把直径为 $\phi12$ mm 的三刃高速钢立铣刀对零件轮廓进行粗铣，为提高表面质量，降低刀具磨损，选用另一把直径为 $\phi12$ mm 的三刃整体硬质合金立铣刀进行轮廓的半精铣和精铣。

为有效保护刀具，提高加工表面质量，采用顺铣方式铣削工件。由于型腔空间较小，故采用法向进刀和法向退刀方式切削型腔，XY 向刀路设计如图6-37所示（$A \rightarrow B \rightarrow C \rightarrow D \rightarrow E \rightarrow F \rightarrow B \rightarrow A$），选取工件上表面中心作为工件原点，沿内腔轮廓走刀，Z 向刀路采用啄钻下刀方式铣削工件。

（3）切削用量选择。详见表6-13。

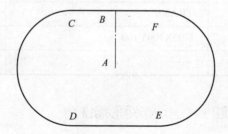

图6-37　矩形槽轮廓铣削刀路示意图

（4）工件原点的选择。工件坐标系原点设定在工件上表面中心处。

3）计划——制定加工过程文件

（1）加工工序卡。本次加工任务的加工工序卡内容见表6-13。

表6-13　均布矩形槽零件铣削加工工序卡

工步	加工内容	刀具规格	刀号	刀具半径补偿/mm	主轴转速/(r·min⁻¹)	进给速度/(mm·min⁻¹)
1	工件上表面铣削	$\phi12$ 三刃高速钢立铣刀	T1	无	400	70
2	粗铣矩形槽	$\phi12$ 三刃高速钢立铣刀	T1	$D_1 = 6.4$	700	500
3	半精铣矩形槽	$\phi12$ 三刃硬质合金立铣刀	T2	$D_2 = 6.2$	2 000	400
4	精铣矩形槽	$\phi12$ 三刃硬质合金立铣刀	T2	计算得出 D_2	2 000	400

（2）NC 程序单。均布矩形槽 NC 程序见表 6-14～表 6-15。

表 6-14　均布矩形槽主程序

段号	FANUC0i 系统程序	SINUMERIK-802D 系统程序	程序说明
	O1	FBC.MPF	主程序名
N10	T1M06	T1M06	换 1 号刀
N20	G54G90G40G17G64	G54G90G40G17G64	程序初始化
N30	M03S700	M03S700	主轴正转，700 r/min
N40	G00G43Z100H01D1	G00Z100D1	Z 轴快速定位，执行补偿 H1D1（T1D1）
N50	M08	M08	开冷却液
N60	G00X0Y15	G00X0Y15	定点
N70	Z5	Z5	快速下刀
N80	G01Z0F500	G01Z0F500	下刀至 Z0 高度
N90	M98P100002	L2 P10	调用子程序 10 次
N100	G00Z5	G00Z5	抬刀至 Z5 高度
N110	G68X0Y0R120	ROT RPL=120	旋转工件坐标系 120°
N120	G00X0Y15	G00X0Y15	定点
N130	Z5	Z5	快速下刀
N140	G01Z0F500	G01Z0F500	下刀至 Z0 高度
N150	M98P100002	L2 P10	调用子程序 10 次
N160	G00Z5	G00Z5	抬刀至 Z5 高度
N170	G69	ROT	撤销旋转指令
N180	G68X0Y0R240	ROT RPL=240	旋转工件坐标系 240°
N190	G00X0Y15	G00X0Y15	定点
N200	G01Z0F500	G01Z0F500	下刀至 Z0 高度
N310	M98P100002	L2 P10	调用子程序 10 次
N320	G00G49Z150	G00Z150	抬刀至 Z150 高度
N330	G69	ROT	撤销旋转指令
N340	M05	M05	主轴停转
N350	T2M06	T2M06	换 2 号刀
N360	G54G90G40G17G64	G54G90G40G17G64	程序初始化
N370	M03S2000	M03S2000	主轴正转，速度为 2 000 r/min
N380	G00G43Z100H2D2	G00Z100D2	Z 轴快速定位，执行补偿 H2D2（T2D2）
N390	G00X0Y15	G00X0Y15	定点

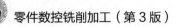

段号	FANUC0i 系统程序	SINUMERIK－802D 系统程序	程序说明
N400	Z5	Z5	快速下刀
N410	G01Z－4.5F400	G01Z－4.5F400	下刀至铣深预留 0.5 mm 高度
N420	M98P2	L2	调用子程序 1 次
N430	G00Z5	G00Z5	抬刀至 Z5 高度
N440	G68X0Y0R120	ROT RPL＝120	旋转工件坐标系 120°
N450	G00X0Y15	G00X0Y15	定点
N460	G01Z－4.5F400	G01Z－4.5F400	下刀至铣深预留 0.5 mm 高度
N470	M98P2	L2	调用子程序 1 次
N480	G00Z5	G00Z5	抬刀至 Z5 高度
N490	G69	ROT	撤销旋转指令
N500	G68X0Y0R240	ROT RPL＝240	旋转工件坐标系 240°
N510	G00X0Y15	G00X0Y15	定点
N520	G01Z－4.5F400	G01Z－4.5F400	下刀至铣深预留 0.5 mm 高度
N530	M98P2	L2	调用子程序 1 次
N540	G00G49Z150	G00Z150	抬刀至 Z150 高度
N550	G69	ROT	撤销旋转指令
N560	M05	M05	主轴停转
N570	M01	M01	选择性停止
N580	G00Z100D3	G00Z100D3	抬刀设置补偿（注意：SINUMERIK-802D 中 T2 D3 和 T2 D2 的长度补偿值一致）
N590	M03S2000	M03S2000	主轴正转，速度为 2 000 r/min
N600	G00X0Y15	G00X0Y15	定点
N610	Z5	Z5	快速下刀
N620	G01Z－4.5F400	G01Z－4.5F400	下刀至铣深预留 0.5 mm 高度
N630	M98P2	L2	调用子程序 1 次
N640	G00Z5	G00Z5	抬刀至 Z5 高度
N650	G69	ROT	撤销旋转指令
N660	G68X0Y0R120	ROT RPL＝120	旋转工件坐标系 120°
N670	G00X0Y15	G00X0Y15	定点
N680	G01Z－4.5F400	G01Z－4.5F400	下刀至铣深预留 0.5 mm 高度
N690	M98P2	L2	调用子程序 1 次

续表

段号	FANUC0i 系统程序	SINUMERIK - 802D 系统程序	程序说明
N700	G00Z5	G00Z5	抬刀至 Z5 高度
N710	G69	ROT	撤销旋转指令
N720	G68X0Y0R240	ROT RPL = 240	旋转工件坐标系 240°
N730	G00X0Y15	G00X0Y15	定点
N740	G01Z - 4.5F400	G01Z - 4.5F400	下刀至铣深预留 0.5 mm 高度
N750	M98P2	L2	调用子程序 1 次
N760	G69	ROT	撤销旋转指令
N770	G00G49Z150	G00Z150	抬刀并撤销高度补偿
N780	M05	M05	主轴停转
N790	M09	M09	关冷却液
N800	M30	M30	程序结束

表 6 - 15 均布矩形槽子程序

段号	FANUC0i 系统程序	SINUMERIK - 802D 系统程序	程序说明
	O2	L2.SPF	子程序名
N10	G91G01Z - 0.5	G91G01Z - 0.5	增量下刀
N20	G90G41Y22	G90G41Y22	法线执行刀具半径补偿至 A 点
N30	X - 5	X - 5	
N40	G03Y8X - 5R7	G03Y8X - 5CR = 7	
N50	G01X5	G01X5	进行型腔铣削
N60	G03X5Y22R7	G03X5Y22CR = 7	
N70	G01X0	G01X0	
N80	G40G01Y15	G40G01Y15	撤销刀具半径补偿回 O 点
N90	M99	M17	子程序结束

4）实施——加工零件

（1）开机前的准备。

（2）加工前的准备。

（3）安装工件及刀具。

（4）对刀，建立工件坐标系。

（5）输入并检验程序。

（6）执行零件加工。

（7）加工后的处理。

5）检查——检验者验收零件

6）评估——加工者与检验者共同评价本次加工任务的完成情况

四、案例工作任务（五）——复合型腔零件铣削

1. 任务描述

应用加工中心机床完成图6-38所示复合型腔零件的铣削加工，零件材料为45钢。生产规模：批量生产。

2. 应用"六步法"完成此工作任务

完成该项加工任务的工作过程如下。

1）资讯——分析零件图，明确加工内容

图6-38所示零件的主要加工部位为腰形槽和开放槽，其中包括直线轮廓及圆弧轮廓，尺寸 $13^{+0.027}_{0}$、$14^{+0.027}_{0}$、$46^{0}_{-0.039}$ 和 $5^{+0.08}_{0}$ 是本次加工重点保证的尺寸，同时轮廓侧面的表面粗糙度为 $Ra3.2$，要求比较高。

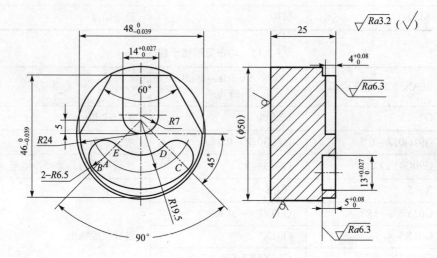

图6-38 复合型腔零件

2）决策——确定加工方案

（1）机床及装夹方式选择。由于零件轮廓尺寸不大，且为批量生产，根据车间设备状况，决定选择XH714型加工中心完成本次任务。由于零件毛坯为 $\phi50$ mm圆形钢件，且为批量生产，故决定选择专用夹具装夹工件。

（2）刀具选择及刀路设计。选用一把直径为 $\phi12$ mm的三刃高速钢立铣刀对零件轮廓进行粗铣，为提高表面质量，降低刀具磨损，选用另一把直径为 $\phi12$ mm的三刃整体硬质合金立铣刀进行轮廓半精铣和精铣。

为有效保护刀具，提高加工表面质量，采用顺铣方式铣削工件。

零件的外轮廓和开口槽的 XY 向铣削刀路设计参见前面任务所述，为保证铣削轮廓的垂直度，Z 向刀路采用啄钻下刀方式铣削工件，每层深度为0.5 mm，同时下刀点设置在工件毛坯外部。

腰型槽 XY 向刀路设计如图 6–39 所示（$A \to B \to C \to D \to E \to B \to A$），$A$ 点为下刀点，选取工件上表面中心作为工件原点，沿内腔轮廓走刀，Z 向刀路采用啄钻下刀方式铣削工件。

（3）切削用量选择详见表 6–16，此处略。

（4）工件原点的选择。零件三个轮廓的工件坐标系原点都选取在工件上表面中心处。

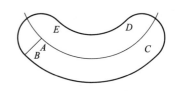

图 6–39 腰形槽轮廓铣削刀路示意图

3）计划——制定加工过程文件

（1）加工工序卡。本次加工任务的加工工序卡内容见表 6–16。

表 6–16 复合型腔零件铣削加工工序卡

序号	加工内容	刀具规格	刀号	刀具半径补偿 /mm	主轴转速 /(r·min⁻¹)	进给速度 /(mm·min⁻¹)
1	轮廓粗铣	ϕ12 三刃高速钢立铣刀	T1	$D_1 = 6.4$	700	500
2	轮廓半精铣	ϕ12 三刃硬质合金立铣刀	T2	$D_2 = 6.2$	2 000	400
3	轮廓精铣	ϕ12 三刃硬质合金立铣刀	T2	计算得出 D_3	2 000	400

（2）NC 程序单。复合型腔零件 NC 程序见表 6–17～表 6–18。

表 6–17 复合型腔零件主程序

段号	FANUC0i 系统程序	SINUMERIK – 802D 系统程序	程序说明
	O1	FBC.MPF	主程序名
N10	T1M06	T1M06	换 1 号刀
N20	G54G90G40G17G64	G54G90G40G17G64	程序初始化
N30	M03S700	M03S700	主轴正转，速度为 700 r/min
N40	M08	M08	开冷却液
N50	G00G43Z100H1D1	G00Z100D1	Z 轴快速定位，执行补偿 H1D1（T1D1）
N60	X0Y35	X0Y35	定点
N70	Z5	Z5	快速下刀
N80	G01Z0F500	G01Z0F500	下刀至 Z0 高度
N90	M98P100002	L2P10	调用外轮廓子程序 10 次
N100	G01Z0F500	G01Z0F500	下刀至 Z0 高度
N110	M98P80003	L3P8	调用开放槽子程序 8 次
N120	G00Z5	G00Z5	抬刀至 Z5 高度
N130	G52X0Y5	TRANS X0Y5	偏移工件坐标系
N140	G68X0Y0R – 45	AROT RPL = – 45	旋转工件坐标系 –45º
N150	G00X0Y – 19.5	G00X0Y – 19.5	定点

续表

段号	FANUC0i 系统程序	SINUMERIK – 802D 系统程序	程序说明
N160	G01Z0F500	G01Z0F500	下刀至 Z0 高度
N170	M98P100004	L4 P10	调用子程序 10 次
N180	G00G49Z150	G00Z150	抬刀并撤销高度补偿
N190	G69	ROT	撤销旋转指令
N200	G52X0Y0	TRANS	撤销偏移指令
N210	M05	M05	主轴停转
N220	T2M06	T2M06	换 2 号刀
N230	G54G90G40G17G64	G54G90G40G17G64	程序初始化
N240	M03S2000	M03S2000	主轴正转，速度为 2 000 r/min
N250	G00G43Z100H2D2	G00Z100D2	Z 轴快速定位，执行补偿 H2D2（T2D2）
N260	X0Y35	X0Y35	定点
N270	Z5	Z5	快速下刀
N280	G01Z – 4.5F400	G01Z – 4.5F400	下刀至 Z0 高度
N290	M98P2	L2	调用外轮廓子程序 1 次
N300	G01Z – 3.5F400	G01Z – 3.5F400	下刀至 Z – 3.5 高度
N310	M98P3	L3	调用开放槽子程序 1 次
N320	G00Z5	G00Z5	抬刀至 Z5 高度
N330	G52X0Y5	TRANS X0Y5	偏移工件坐标系
N340	G68X0Y0R – 45	AROT RPL = – 45	旋转工件坐标系 – 45°
N350	X0Y – 19.5	X0Y – 19.5	定点
N360	G01Z – 4.5F400	G01Z – 4.5F400	下刀至铣深预留 0.5 mm 高度
N370	M98P4	L4	调用子程序 1 次
N380	M05	M05	主轴停转
N390	M01	M01	
N400	G00Z100D03	G00Z100D03	抬刀设置补偿（注意：SINUMERIK-802D 中 T2 D3 和 T2 D2 的长度补偿值一致）
N410	G69	ROT	撤销旋转指令
N420	G52X0Y0	TRANS	撤销偏移指令
N430	X0Y35	X0Y35	定点
N440	Z5	Z5	快速下刀

续表

段号	FANUC0i 系统程序	SINUMERIK – 802D 系统程序	程序说明
N450	G01Z – 4.5F400	G01Z – 4.5F400	下刀至外轮廓铣深预留 0.5 mm 高度
N460	M98P2	L2	调用外轮廓子程序 1 次
N470	G01Z – 3.5F400	G01Z – 3.5F400	下刀至开放槽铣深预留 0.5 mm 高度
N480	M98P3	L3	调用开放槽子程序 1 次
N490	G00Z5	G00Z5	抬刀至 Z5 高度
N500	G52X0Y5	TRANS X0Y5	偏移工件坐标系
N510	G68X0Y0R – 45	AROT RPL = – 45	旋转工件坐标系 – 45°
N520	X0Y – 19.5	X0Y – 19.5	定点
N530	G01Z – 4.5F400	G01Z – 4.5F400	下刀至铣深预留 0.5 mm 高度
N540	M98P4	L4	调用子程序 1 次
N550	G00G49Z150	G00Z150	抬刀并撤销高度补偿
N560	G69	ROT	撤销旋转指令
N570	G52X0Y0	TRANS	撤销偏移指令
N580	M05	M05	主轴停转
N590	M09	M09	关冷却液
N600	M30	M30	程序结束

表 6 – 18　腰形槽子程序

段号	FANUC0i 系统程序	SINUMERIK – 802D 系统程序	程序说明
	O4	L4.SPF	子程序名
N10	G91G01Z – 0.5	G91G01Z – 0.5	增量编程 Z 向下刀 – 0.5
N20	G90G41X0Y – 26	G90G41X0Y – 26	法线执行刀具半径补偿至 B 点
N30	G03X26Y0R26	G03X26Y0CR = 26	进行型腔铣削
N40	G03X13Y0R6.5	G03X13Y0CR = 6.5	进行型腔铣削
N50	G02X0Y – 13R13	G02X0Y – 13CR = 13	进行型腔铣削
N60	G03X0Y – 26R6.5	G03X0Y – 26CR = 6.5	进行型腔铣削
N70	G40G01Y – 19.5	G40G01Y – 19.5	法线撤销刀具半径补偿至 A 点
N80	M99	M17	子程序结束

4）实施——加工零件

（1）开机前的准备。

（2）加工前的准备。

（3）安装工件及刀具。

（4）对刀，建立工件坐标系。

（5）输入并检验程序。

（6）执行零件加工。

（7）加工后的处理。

5）检查——检验者验收零件

6）评估——加工者与检验者共同评价本次加工任务的完成情况

学生工作任务

1. 试述数控加工中心两种对刀方式（设置基准刀方式和不设基准刀方式）的操作过程及注意事项。

2. 试完成图6-40和图6-41所示开放型腔零件的加工，零件材料为45钢。生产规模：批量生产。

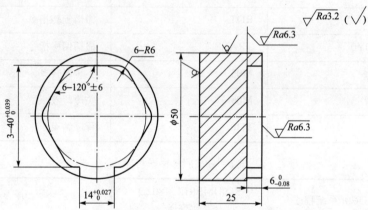

图6-40　开放型腔零件（一）

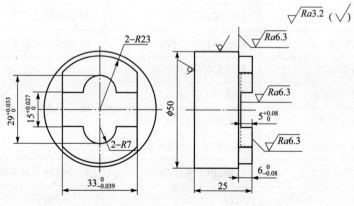

图6-41　开放型腔零件（二）

3. 试完成图 6-42 和图 6-43 所示单一封闭槽零件的加工，零件材料为 45 钢。生产规模：批量生产。试尝试不同加工方案。

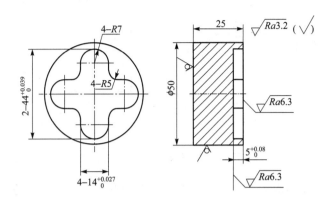

图 6-42 单一封闭型腔零件（一）

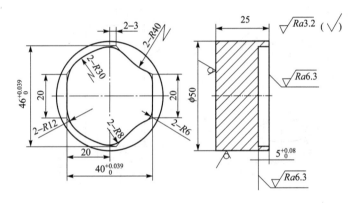

图 6-43 单一封闭型腔零件（二）

4. 试完成图 6-44 和图 6-45 所示偏移槽零件的加工，零件材料为 45 钢。生产规模：批量生产。试尝试不同加工方案。

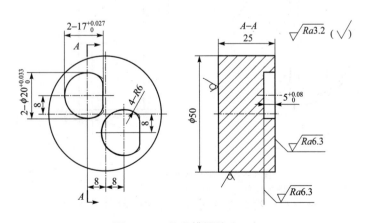

图 6-44 偏移槽零件（一）

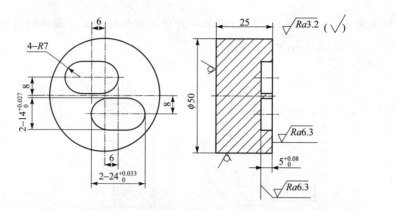

图6-45 偏移槽零件（二）

5. 试完成图6-46和图6-47所示腰形槽零件的加工，零件材料为45钢。生产规模：批量生产。试尝试不同加工方案。

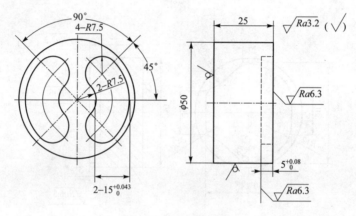

图6-46 旋转腰形槽零件（一）

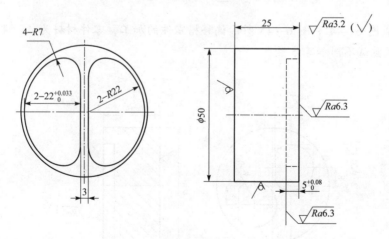

图6-47 旋转腰形槽零件（二）

6. 试完成图6-48所示型腔综合零件的加工，零件材料为45钢。生产规模：批量生产。试尝试不同加工方案。

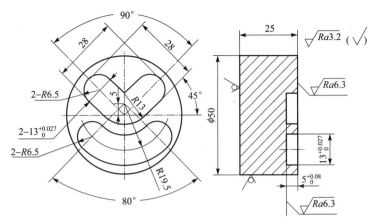

图 6 – 48　型腔综合零件

孔结构加工

一、孔结构加工概述

1. 孔的作用与类型

孔结构是零件的重要组成要素之一，它在机器的运行中起着不可替代的作用。概括起来，孔大致有以下几个作用：① 连接作用；② 导向作用；③ 定位作用；④ 配合作用，如图 7 – 1 所示。

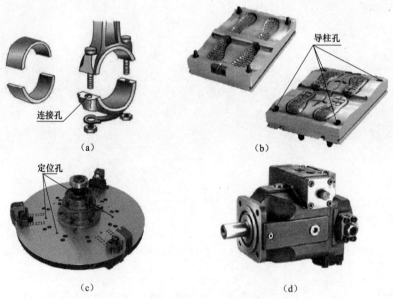

图 7 – 1　孔的作用

(a) 连接作用；(b) 导向作用；(c) 定位作用；(d) 配合作用

孔的类型很多，按是否穿通零件可分为通孔、盲孔；按组合形式可分为单一孔及复杂孔（如沉头孔、埋头孔等）；按几何形状可分为圆孔、锥孔、螺纹孔等，如图 7 – 2 所示。

2. 孔加工方法及特点

1）常用的孔加工方法

加工孔时通常根据孔的结构和技术要求，选择不同的加工方法。常用的孔加工方法主要有钻孔、扩孔、铰孔、镗孔、攻丝、铣孔等，如图 7 – 3 所示。表 7 – 1 列出了常用的孔加工方法及其精度等级。

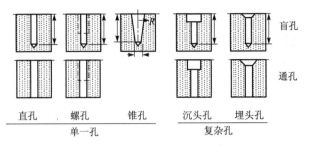

图 7-2 孔的类型

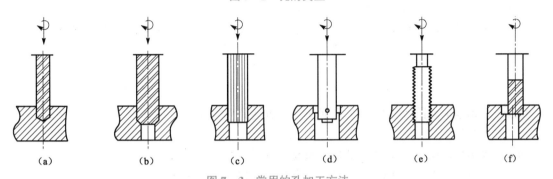

图 7-3 常用的孔加工方法

（a）钻孔；（b）扩孔；（c）铰孔；（d）镗孔；（e）攻丝；（f）铣孔

表 7-1 常用的孔加工方法及其精度等级

序号	加工方案	精度等级	表面粗糙度 Ra	适用范围
1	钻	11～13	50～12.5	加工未淬火钢及铸铁的实心毛坯，也可用于加工有色金属（但粗糙度较差）
2	钻—铰	9	3.2～1.6	
3	钻—粗铰—精铰	7～8	1.6～0.8	
4	钻—扩	11	6.3～3.2	
5	钻—扩—铰	8～9	1.6～0.8	
6	钻—扩—粗铰—精铰	7	0.8～0.47	
7	粗镗（扩孔）	11～13	6.3～3.2	除淬火钢外的各种材料，毛坯有铸出孔或锻出孔
8	粗镗（扩孔）—半精镗（精扩）	8～9	3.2～1.6	
9	粗镗（扩孔）—半精镗（精扩）—精镗	6～7	1.6～0.8	

2）孔的加工特点

由于孔加工是对零件内表面进行加工，加工过程不便观察、控制较困难，因而其加工难度要比外轮廓等开放表面的加工大得多。概括起来，孔加工主要有以下几方面的特点。

（1）孔加工刀具多为定尺寸刀具，如钻头、铰刀等，在加工过程中，刀具磨损造成的形状和尺寸的变化会直接影响被加工孔的精度。

（2）由于受被加工孔直径大小的限制，切削速度很难提高，从而影响了加工效率和加工表面质量，尤其是在对小尺寸孔进行精密加工时，为达到所需的速度，必须使用专门的装置，因此对机床的性能也提出了很高的要求。

（3）刀具的结构受孔直径和长度的限制，加工时，由于轴向力的影响，刀具容易产生弯曲变形和振动，从而影响孔的加工精度。孔的长径比（孔深度与直径之比）越大，其加工难度越高。

（4）孔加工时，刀具一般在半封闭的空间工作，由于切屑排除困难，冷却液难以进入加工区域，导致切削区域热量集中，温度较高，散热条件不好，从而影响刀具的耐用度和钻削加工质量。

因此，在孔加工过程中，必须解决好上述特点带来的问题，即：冷却问题、排屑问题、刚性导向问题和速度问题，这是确保加工质量的关键。

为了便于学习，本单元将以连接孔、配合孔及螺纹孔为加工对象，重点介绍孔结构加工的相关工艺及编程方法。

二、学习目标

通过完成本单元的工作任务，拟促使学习者达到以下学习目标。

1. 知识目标

（1）掌握孔结构加工相关的工艺知识及方法。

（2）能根据零件特点正确选择刀具，合理选用切削参数及装夹方式。

（3）掌握孔结构加工相关的编程指令与方法。

（4）掌握孔结构加工的精度控制方法。

2. 技能目标

具有孔结构加工基本的工艺及编程能力；能根据零件的孔结构特点合理设计加工方案，编制加工程序；能控制机床完成孔结构加工，并达到相应的尺寸公差、形位公差及表面粗糙度等方面的要求。

7.1　连接孔的加工

一、孔加工工艺知识准备

1. 连接孔的加工工艺设计

这里所说的连接孔一般指加工精度不高（孔的精度为 H11～H13），没有配合要求仅起连接作用的孔，如图 7-1（a）所示即为连接孔。在设计孔的加工工艺时，必须考虑孔的精度、孔径及机床功率等因素的影响。表 7-2 列出了不同加工精度、不同毛坯时孔的加工方法及步骤。

表 7-2　孔的加工方法与步骤选择（一）

孔的精度	孔的毛坯性质	
	在毛坯实体上加工孔	预先铸出或热冲出孔
H13、H12	一次钻孔	用扩孔钻钻孔或用镗刀镗孔
H11	孔径≤10 mm：一次钻孔	孔径≤80 mm：粗扩、精扩，或用镗刀粗镗、精镗，或根据余量一次镗孔或扩孔
	孔径>10～30 mm：钻孔及扩孔	
	孔径>30～80 mm：钻孔、扩孔或钻、扩、镗	

同时，孔加工刀路的选择与孔的深度也有直接关系，当孔的深度不大时（深径比 $L/D \leqslant 3$），可采用连续钻削完成孔的加工，如图7-4（a）所示；当孔的深度较大时（深径比 $L/D > 3$），为了改善散热及排屑状况，可采用间歇钻削方式完成孔的加工，如图7-4（b）所示。

此外，为了保证孔的位置精度，钻孔前通常用中心钻作点孔加工。

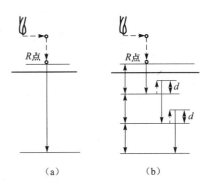

图7-4 孔加工刀路的设计
（a）连续钻削刀路；（b）间歇钻削刀路

2. 常用的钻孔加工刀具

1）普通麻花钻

普通麻花钻头是钻孔最常用的刀具，通常用高速钢制造，其外形结构如图7-5所示。普通麻花钻有直柄和锥柄之分，钻头直径在13 mm以下的一般为直柄，当钻头直径超过13 mm时，则通常做成锥柄。普通麻花钻头的加工精度一般为IT10～IT11级，所加工孔的表面粗糙度 Ra 的范围为50～12.5，钻孔直径范围为0.1～100 mm。钻孔深度变化范围也很大，广泛应用于孔的粗加工，也可作为不重要孔的最终加工。

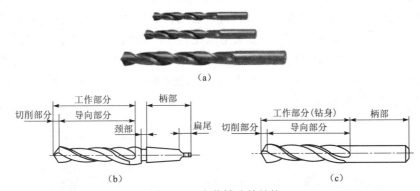

图7-5 麻花钻头的结构
（a）麻花钻实体图；（b）锥柄麻花钻结构图；（c）直柄麻花钻结构图

2）扩孔钻

与麻花钻头相比，扩孔钻有3～4个主切削刃，没有横刃，其结构如图7-6所示。扩孔钻的加工精度比麻花钻头要高一些，一般可达到IT9～IT10级，所加工孔的表面粗糙度 Ra 的范围为6.3～3.2，而且其刚性及导向性也好于麻花钻头，因而常用于已铸出、锻出或钻出孔的扩大，可作为精度要求不高孔的最终加工或铰孔、磨孔前的预加工。扩孔钻的直径范围为10～100 mm，扩孔时的加工余量一般为0.4～0.5 mm。

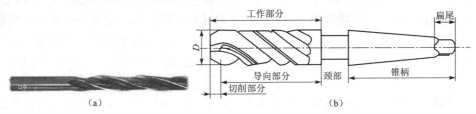

图7-6 扩孔钻的结构
（a）直柄扩孔钻实体图；（b）锥柄扩孔钻结构图

3）中心钻头

由于麻花钻头的横刃具有一定的长度，钻孔时不易定心，会影响孔的定心精度，因此通常用中心钻在平面上先预钻一个凹坑。中心钻的结构如图7-7所示，其标准刃径 d 有 1.0 mm、1.25 mm、1.6 mm、2.0 mm、2.5 mm、3.0 mm、3.15 mm、4.0 mm、5.0 mm 等规格。由于中心钻的直径较小，加工时机床主轴转速不得低于 1 000 r/min。

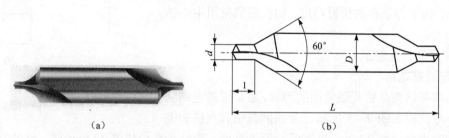

（a）　　　　　　　　　　　　　　　　（b）

图7-7　中心钻的结构

（a）中心钻实体图；（b）中心钻结构图

4）可转位浅孔钻

对于钻削直径在 20～60 mm 范围内、孔的深径比 $L/D \leqslant 2$ 的中等浅孔，可选用图7-8所示的可转位浅孔钻完成钻孔。这种可转位浅孔钻在带排屑槽及内冷通道钻体的头部装有一组刀片（多为凸多边形、菱形或四边形），多采用深孔刀片。靠近钻心的刀片用韧性较好的材料，靠近钻头外径的刀片选用较耐磨的材料。这种钻头具有切削效率高、加工质量好的特点，最适宜箱体零件的钻孔加工，其工作效率是普通麻花钻的4～6倍。此外，为了提高刀具的使用寿命，可以在刀片上涂镀碳化钛涂层。

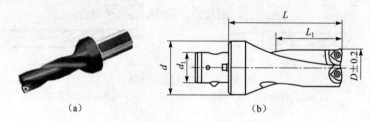

（a）　　　　　　　　　　　　　　　　（b）

图7-8　可转位浅孔钻

（a）可转位浅孔钻实体图；（b）可转位浅孔钻结构图

5）喷吸钻

对于深径比 $5 \leqslant L/D \leqslant 100$ 的深孔，因其加工中散热差、排屑困难、钻杆刚度差、易使刀具损坏和引起孔的轴线偏斜，影响加工精度和生产效率，故应选用深孔刀具加工。

用于深孔加工的喷吸钻（如图7-9所示）工作时，带压力的切削液从进液口流入连接套，其中 1/3 从内管四周月牙形喷嘴喷入内管。由于月牙槽缝隙很窄，切削液喷入时产生喷射效应，能使内管里形成负压区，同时，约 2/3 切削液流入内、外管壁间隙到切削区，汇同切屑被吸入内管，并迅速向后排出，压力切削液流速快，到达切削区时呈雾状喷出，有利于冷却，经喷口流入内管的切削液流速大，加强"吸"的作用，提高排屑的效果。

喷吸钻是广泛应用的一种新型深孔加工刀具，适用于 $\phi16$～65 mm 范围内的深孔加工，所加工的孔具有加工精度高、表面质量好等特点。

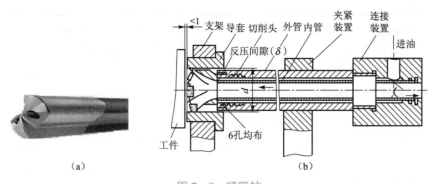

（a）　　　　　　　　　　　　　　　　　　　（b）

图 7-9　喷吸钻

（a）喷吸钻实体图；（b）喷吸钻工作原理图

3. 钻孔刀具直径的确定

孔尺寸（孔径、孔深）、加工精度、机床功率、刀具规格是影响钻削刀具直径选择的重要因素。一般情况下，常根据孔尺寸、加工精度及刀具厂商提供的刀具规格来选择刀具直径，同时兼顾机床功率。

4. 钻孔切削用量的选择

当确定钻削刀具类型及直径后，钻孔刀具切削用量最好使用刀具厂商推荐的切削用量，这样才能在保证加工精度及刀具寿命的前提下，最大限度地发挥刀具潜能，提高生产效率。表 7-3 列出了高速钢钻头钻孔切削用量的推荐值。

表 7-3　高速钢钻孔切削用量推荐值

工件材料	工件材料牌号或硬度	切削用量	钻头直径 d/mm			
			1～6	6～12	12～22	22～50
铸铁	160～200 /HBS	v/(m · min^{-1})	16～24			
		F/(mm · r^{-1})	0.07～0.12	0.12～0.2	0.2～0.4	0.4～0.8
	200～240 /HBS	v/(m · min^{-1})	10～18			
		F/(mm · r^{-1})	0.05～0.1	0.1～0.18	0.18～0.25	0.25～0.4
	240～400 /HBS	v/(m · min^{-1})	5～12			
		F/(mm · r^{-1})	0.03～0.08	0.08～0.15	0.15～0.2	0.2～0.3
钢	35 号、45 号	v/(m · min^{-1})	8～25			
		F/(mm · r^{-1})	0.05～0.1	0.1～0.2	0.2～0.3	0.3～0.45
	15Cr、20 Cr	v/(m · min^{-1})	12～30			
		F/(mm · r^{-1})	0.05～0.1	0.1～0.2	0.2～0.3	0.3～0.45
	合金钢	v/(m · min^{-1})	8～15			
		F/(mm · r^{-1})	0.03～0.08	0.05～0.15	0.15～0.25	0.25～0.35

工件材料	工件材料牌号或硬度	切削用量	钻头直径 d/mm		
			3～8	8～28	25～50
铝	纯铝	v/(m·min^{-1})	20～50		
		F/(mm·r^{-1})	0.03～0.2	0.06～0.5	0.15～0.8
	铝合金（长切屑）	v/(m·min^{-1})	20～50		
		F/(mm·r^{-1})	0.05～0.25	0.1～0.6	0.2～1.0
	铝合金（短切屑）	v/(m·min^{-1})	20～50		
		F/(mm·r^{-1})	0.03～0.1	0.05～0.15	0.08～0.36
铜	黄铜、青铜	v/(m·min^{-1})	60～90		
		F/(mm·r^{-1})	0.06～0.15	0.15～0.3	0.3～0.75
	硬青铜	v/(m·min^{-1})	25～45		
		F/(mm·r^{-1})	0.05～0.15	0.12～0.25	0.25～0.5

二、程序指令准备

为了简化孔加工程序，数控系统均自带了相应的孔加工固定循环指令。

1. FANUC 系统钻孔加工固定循环指令

1）FANUC 系统孔加工固定循环指令的基本动作与几个平面

（1）FANUC 系统孔加工固定循环指令运动过程包含以下 6 个动作，如图 7－10 所示。

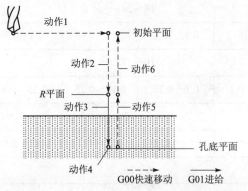

图 7－10　FANUC 系统孔加工固定循环指令 6 个动作

- 动作 1：刀具在 XY 平面内快速定位；
- 动作 2：刀具沿 Z 向快速定位到 R 平面；
- 动作 3：执行孔加工；
- 动作 4：孔底动作（如主轴反转、进给暂停等）；
- 动作 5：刀具沿 Z 向返回 R 平面；
- 动作 6：刀具沿 Z 向快速返回初始平面。

（2）FANUC 系统孔加工固定循环指令运动过程包含以下几个平面。

- 初始平面：为了安全操作而设定的定位刀具的平面。初始平面到零件表面的距离可以任意设定。若使用同一把刀具加工若干个孔，当孔间存在障碍需要跳跃或全部孔加工完成时，用 G98 指令使刀具返回到初始平面，否则，在中间加工过程中可用 G99 指令使刀具返回到 R 点平面，这样可缩短加工辅助时间。

● R 平面：也称参考平面，是刀具从快进转为工进的转折平面，R 平面到工件表面的距离主要考虑工件表面形状的变化，一般取 2～5 mm。

● 孔底平面：用以表示孔底位置的平面。加工通孔时刀具伸出工件孔底平面一段距离，保证通孔全部加工到位，钻削盲孔时应考虑钻头钻尖对孔深的影响。

2）FANUC 系统钻孔加工指令

采用立式数控铣床及加工中心进行钻孔加工，主要使用固定循环指令（见表 7−4）。

表 7−4　FANUC 系统钻孔加工固定循环指令

G 代码	格　式	加工动作（Z 方向）	孔底部动作	退刀动作（Z 方向）	功能
G73	G73 X_Y_Z_R_Q_F_K_	间歇进给	—	快速进给	深孔钻削固定循环
G80	G80	—	—	—	取消固定循环
G81	G81 X_Y_Z_R_F_K_	切削进给	—	快速进给	钻削固定循环
G82	G82 X_Y_Z_P_R_F_K_	切削进给	暂停	快速进给	钻削固定循环
G83	G83 X_Y_Z_R_Q_F_K_	间歇进给	—	快速进给	深孔钻削固定循环

（1）G81——钻削固定循环指令（连续钻削，孔底不暂停）。该指令以连续钻削方式执行孔加工，主要适用于浅孔加工，指令动作如图 7−11 所示。

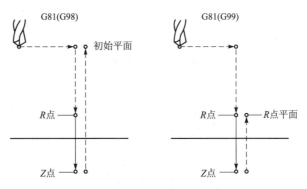

图 7−11　G81 指令运动示意图

指令格式：G90/G91 G98/G99 G81 X_Y_Z_R_F_K_

其中，各参数的意义如下。

● G90/G91：G90 是绝对值编程指令，在 G90 模式下，孔加工指令后面的 XY 坐标、R 平面位置、孔底平面位置均以绝对值编程方式确定；G91 是增量值编程指令，在 G91 模式下，孔加工指令后面的 XY 坐标、R 平面位置、孔底平面位置均以刀具当前位置为参考，如图 7−12 所示。

● G98/G99：决定刀具的返回位置，在 G98 模式下，刀具完成孔加工后沿 Z 向返回初始平面；在 G99 模式下，刀具完成孔加工后沿 Z 向返回 R 平面，如图 7−13 所示。

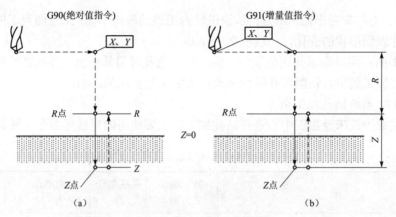

图 7 – 12　G90/G91 在孔加工循环中的作用

（a）G90 在孔加工循环中的作用；（b）G91 在孔加工循环中的作用

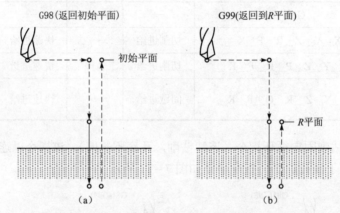

图 7 – 13　G90/G91 在孔加工循环中的作用

（a）G98 在孔加工循环中的作用；（b）G99 在孔加工循环中的作用

- $X\_\_Y\_\_$ 为孔位坐标。
- $Z\_\_$ 为孔深坐标，用于确定孔的深度。
- $R\_\_$ 为参考平面坐标，用于确定参考平面位置，其值通常取距离工件上表面 2～5 mm。
- $F\_\_$ 为钻削进给速度。
- $K\_\_$ 为重复钻削次数，当 $K=1$ 时，可以省略不写。

（2）G82——钻削固定循环指令（连续钻削，孔底有暂停）。该指令与 G81 指令相似，也以连续钻削方式执行孔加工，但当刀具运动至孔底时进给暂停，以达到光整孔的目的，主要适用于浅孔加工。指令动作如图 7–14 所示。

指令格式：G90/G91 G98/G99 G82 X__Y__Z__R__P__F__K__

其中：$P\_\_$ 为刀具在孔底进给暂停时间，单位为毫秒（ms）。如刀具进给暂停为 5 s，则为 "P5"。

其余各参数含义与 G81 指令完全相同，在此略写。

（3）G73——深孔钻固定循环指令（断屑不排屑）。该指令以间歇进给方式钻削工件，当加工至一定深度时，钻头上抬一定距离 d，因而钻孔时具有断屑不排屑之特点，主要适用于深孔加工。指令动作如图 7–15 所示。

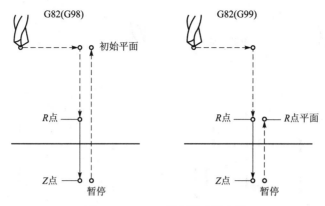

图 7−14　G82 指令运动示意图

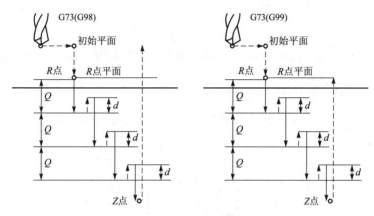

图 7−15　G73 指令运动示意图

指令格式：G90/G91 G98/G99 G73 X__Y__Z__R__Q__F__K__

其中：**Q__** 为每次钻深，图 7–15 中的 *d* 表示刀具每次向上抬起的距离，由数控系统 #531 参数确定，一般取默认值。

其余各参数含义与 G81 指令完全相同，在此略写。

（4）G83——深孔钻固定循环指令（断屑并排屑）。与 G73 指令相比，该指令也是以间歇进给方式钻削工件的，当加工至一定深度后，钻头上抬至参考平面，因而钻孔时具有断屑、排屑之特点，主要适用于深孔加工。指令动作如图 7–16 所示。

指令格式：G90/G91 G98/G99 G83 X__Y__Z__R__Q__F__K__

该指令各参数含义与 G73 指令完全相同，在此略写。

（5）G80——固定循环指令取消指令。该指令为取消孔加工固定循环指令，要求独占一行。

数控系统执行 G80 指令后，所有固定循环指令（G73、G74、G76、G81～G89）及除 F 参数外的所有孔加工参数都被该指令取消。

3）FANUC 系统孔加工固定循环指令应用注意的几个问题

（1）各固定循环指令中的 X、Y、Z、R、Q、P 等指令都是模态指令，因此只要指定了这些指令，在后续的加工中就不必重新设定。如果仅仅是某一加工数据发生变化，仅修改需要变化的数据即可。

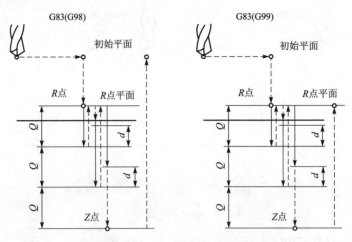

图 7 – 16　G83 指令运动示意图

（2）01 组的 G（G00、G01、G02、G03）指令也有取消固定循环指令的功能，其效果与用 G80 指令是完全相同的。

4）孔加工固定循环指令应用举例

加工如图 7–17 所示的零件孔，其编写的 NC 程序见表 7–5 所示。

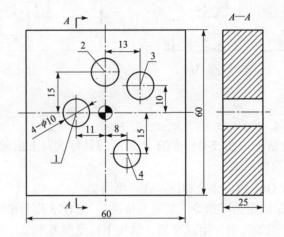

图 7 – 17　FANUC 系统孔加工固定循环指令应用示例

表 7 – 5　FANUC 系统钻孔加工固定循环应用示例程序

程　　　序	说　　　明
……	
G0 Z100	确定固定循环的初始平面在 Z100 处
G90 G99 G73 X – 11 Y0 Z – 28 R3 Q5 F40	绝对方式设定初始平面、孔位 X11 Y0 处、加工孔深到 Z – 28 处、R 平面确定在 Z3 处、每次进刀量 5 mm、主轴进给量 40 mm/min（图 7 – 17 中 1 孔）
X0 Y15	默认上段指令、孔加工参数加工（图 7 – 17 中 2 孔）
X13 Y10	默认上段指令、孔加工参数加工（图 7 – 17 中 3 孔）

续表

程　序	说　明
G98 X8 Y－15	返回初始平面，默认上段指令、孔加工参数加工（图7－17中4孔），主轴提到Z100 mm处
G80	取消固定循环
……	

2. SINUMERIK－802D 系统钻孔加工固定循环指令

1）孔加工固定循环时的几个平面

SINMERIK－802D系统孔加工固定循环运动过程与FANUC系统相似，只是无"动作1"（即刀具在XY平面内的定位）。图7－18所示为该系统孔加工固定循环指令中的几个平面。

（1）返回平面：返回平面是为刀具的安全返回而设定的平面，相当于FANUC系统中的初始平面，该平面通常位于工件最高点正上方30～50 mm。

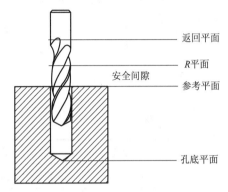

图7－18　SINUMERIK－802D系统孔加工时的几个平面

（2）R 平面：是刀具从快进转为工进的转折平面，R 平面到工件表面的距离主要考虑工件表面形状的变化，一般取2～5 mm。

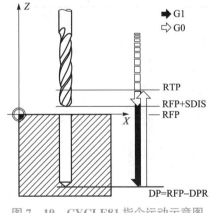

图7－19　CYCLE81指令运动示意图

（3）参考平面：参考平面一般是指孔口所在的平面，通常设计在工件的上表面。

（4）孔底平面：用来确定孔的最后加工深度。

2）SINUMERIK－802D 系统钻孔加工固定循环指令

（1）CYCLE81——钻孔循环指令。该指令相当于FANUC系统中的G81指令，刀具按照编程的进给速度连续钻孔直至到达输入的最后钻孔深度，常用于浅孔钻削，指令动作如图7－19所示。

指令格式：CYCLE81(RTP, RFP, SDIS, DP, DPR)
各参数含义见表7－6。

表7－6　CYCLE81参数说明

RTP	实数	该参数用于确定返回平面位置，以绝对值方式编程
RFP	实数	该参数用于确定参考平面位置，以绝对值方式编程
SDIS	实数	该参数与RFP共同确定R平面位置，输入时不带正负号
DP	实数	该参数用于确定孔底平面位置，以绝对值方式编程
DPR	实数	相对于参考平面的最后钻孔深度（输入时不带正负号）

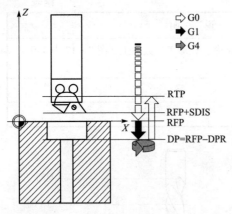

图 7-20　CYCLE82 指令运动示意图

注意：由于参数 DP 与 DPR 都可以定义最后钻孔深度，因而在使用 CYCLE81 指令时，应尽量避免同时使用这两个参数，通常使用参数 DP 确定最后钻孔深度较为简单。

（2）CYCLE82——钻孔循环指令。该指令相当于 FANUC 系统中的 G82 指令，刀具按照编程的进给速度连续钻孔至孔底后进给暂停一段时间，实现孔的光整加工，最后刀具快速退回至返回平面。常用于浅孔钻削，指令动作如图 7-20 所示。

指令格式：CYCLE82(RTP, RFP, SDIS, DP, DPR,DTB)

各参数含义见表 7-7。

表 7-7　CYCLE82 参数说明

RTP	实数	该参数用于确定返回平面位置，以绝对值方式编程
RFP	实数	该参数用于确定参考平面位置，以绝对值方式编程
SDIS	实数	该参数与 RFP 共同确定 R 平面位置，输入时不带正负号
DP	实数	该参数用于确定孔底平面位置，以绝对值方式编程
DPR	实数	相对于参考平面的最后钻孔深度（输入时不带正负号）
DTB	实数	该参数用于确定刀具在孔底进给暂停时间，单位：秒（s）

（3）CYCLE83——深孔钻削循环指令。该指令相当于 FANUC 系统中的 G73/G83 指令，它以间歇进给方式钻削工件，当加工至一定深度时，钻头上抬一定距离，从而使钻孔时具有断屑并排屑的特点，主要适用于深孔加工。指令动作如图 7-21 所示。

指令格式：CYCLE83(RTP, RFP, SDIS, DP, DPR, FDEP, FDPR, DAM, DTB, DTS, FRF, VARI)

各参数含义见表 7-8。

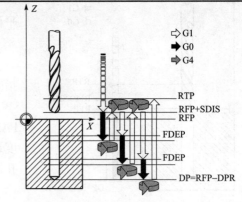

图 7-21　CYCLE83 指令运动示意图

表 7-8　CYCLE83 参数说明

RTP	实数	该参数用于确定返回平面位置，以绝对值方式编程
RFP	实数	该参数用于确定参考平面位置，以绝对值方式编程
SDIS	实数	该参数与 RFP 共同确定 R 平面位置，输入时不带正负号
DP	实数	该参数用于确定孔底平面位置，以绝对值方式编程
DPR	实数	相对于参考平面的最后钻孔深度，输入时不带正负号

续表

FDEP	实数	首次钻孔深度，以绝对值方式编程
FDPR	实数	相当于从参考平面确定首次钻孔深度，输入时不带正负号
DAM	实数	递减量（输入时不带正负号）
DTB	实数	该参数用于确定刀具在孔底进给暂停时间，单位：秒（s）
DTS	实数	在 R 平面处和用于排屑的停留时间，单位：秒（s）
FRF	实数	钻削进给系数，输入时不带正负号，取值范围为 0.001～1
VARI	整数	加工类型： 当取值为"0"时为断屑不排屑，相当于 FANUC 系统中的 G73； 当取值为"1"时为断屑并排屑，相当于 FANUC 系统中的 G83

3）SINUMERIK – 802D 系统孔加工固定循环指令应用注意的几个问题

（1）孔加工固定循环指令的输入。在程序编辑界面下，按 CRT 右侧的功能软键，即可进入孔加工固定循环指令的对话框中，填写相关框内参数后按"确认"软键即可完成指令的输入，如图 7 – 22 所示。

图 7 – 22 SINUMERIK – 802D 系统孔加工指令的输入

（2）非模态的调用。在非模态孔加工固定循环状态下，钻孔只对固定循环指令前一个位置加工。例如：

……
N10 X20Y30;   （该点不加工）
N15 X40Y50;   （该点加工）
N20 CYCLE81 (RTP,REP,SDIS,DP,DPR);
N25 X0Y20;   （该点不加工）
……

（3）模态调用。在模态孔加工固定循环状态下，钻孔对模态范围内的每一个点都加工。例如：

……

```
N10 MCALL [模态启用] CYCLE81 (RTP,REP,SDIS,DP,DPR);
N15 G00 X0 Y0                        (该点加工)
N20 X20 Y20                          (该点加工)
N25 ……                              (该点加工)
N30 MCALL [取消模态调用]
N35 ……
```

4）孔加工固定循环指令应用举例

加工如图7－23所示零件孔，其编写的NC程序见表7－9所示。

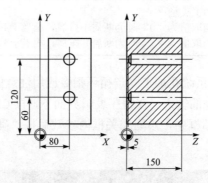

图7－23　SINUMERIK－802D系统孔加工固定循环指令应用示例

表7－9　FANUC系统钻孔加工固定循环应用示例程序

……	
N40 MCALL CYCLE83(155,150,1,5,0,100, ,20,0,0,1,0)	模态调用循环，深度参数的值为绝对值
N50 X80 Y120	钻孔位置
N60 X80 Y60	钻孔位置
N70 MCALL	取消模态
N80 M02	程序结束

三、案例工作任务（一）——柴油机调速器壳体连接面螺栓孔的加工

1. 任务描述

应用数控铣床完成如图7－24所示的柴油机调速器壳体连接面螺栓孔的加工。零件材料为45钢。生产规模为单件。

2. 应用"六步法"完成此工作任务

完成该项加工任务的工作过程如下。

1）资讯——分析零件图，明确加工内容

图7－25所示零件的加工部分为ϕ7 mm的孔，螺栓孔一般作连接使用，孔位要求不高，可选用加工中心机床进行钻削加工；其中孔径ϕ7 mm及孔位置46± 0.1、20±0.1、ϕ48 mm为主要保证的尺寸，同时孔的表面粗糙度为Ra12.5。

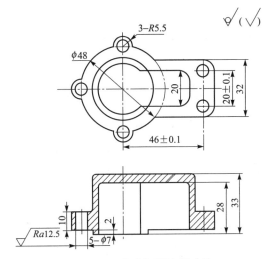

图 7 – 24　柴油机调速器壳体

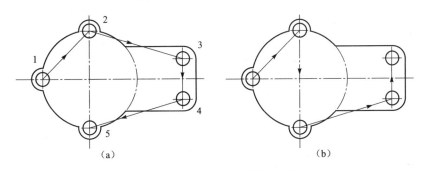

图 7 – 25　*XY* 向刀路设计示意图

（a）圆周式；（b）单一轴渐进式

2）决策——确定加工方案

（1）机床及装夹方式选择：由于零件轮廓尺寸不大，根据车间设备状况，决定选择 XH714 型立式加工中心完成本次任务。装夹零件可用组合夹具或压板，考虑到加工任务为单件，为节约时间，故选用压板直接压紧工件。

（2）刀具选择及刀路设计：选择一把 $\phi 7$ mm 高速钢直柄麻花钻头对零件孔进行加工，为提高表面质量及孔径精度，麻花钻头刃磨时要确保两刃肩等高。

为了减少空行程走刀，有效提高生产效率，*XY* 向刀路设计为图 7 – 25（a）所示的圆周式，路径相对简单；为了更好地消除机床某一轴的反向间隙，*XY* 向刀路设计为图 7 – 25（b）所示的单一轴渐进式；这里 *XY* 向刀路采用圆周式。又因零件加工部位深度仅有 10 mm，故 *Z* 向刀路采用一次连续钻削至钻穿零件的方式钻孔。

零件的孔位要求不高，使用麻花钻头钻削前不用预钻中心孔，而是直接钻削。

（3）切削用量选择：$\phi 7$ mm 高速钢直柄麻花钻。

根据转数有　　　　$S=1\,000v/\pi d$　　（查表 7 – 3）

　　　　　　　　　　$=1\,000 \times 10/3.14 \times 7 \approx 450$（r/min）

钻孔进给量为 $F=f_z \times S=0.1 \times 450=45$（mm/min）

（4）工件原点的选择：选取在工件上表面 $\phi 48$ mm 圆心点作为工件原点。

3）计划——制定加工过程文件

（1）加工工序卡。本次加工任务的工序卡内容见表 7 – 10。

表 7 – 10　壳体连接孔钻削加工工序卡

序号	加工内容	刀具规格	刀号	刀具半径补偿 /mm	主轴转速 /(r·min⁻¹)	进给速度 /(mm·min⁻¹)
1	钻 ϕ7 孔	ϕ7 麻花钻	1	0	450	45

（2）NC 程序单。柴油机调速器壳体连接面螺栓孔加工 NC 程序见表 7 – 11 和表 7 – 12。

表 7 – 11　柴油机调速器壳体连接面螺栓孔加工主程序

段号	FANUC0i 系统程序	SINUMERIK – 802D 系统程序	程序说明
	O0001	KK.MPF	主程序名
N10	T1M06	T1M06	换 1 号刀
N20	G54G90G40G17G64G0 Z150	G54G90G40G17G64G0 Z150	程序初始化
N30	M03S450	M03S450	450 r/min 钻孔
N40	M08	M08	开冷却液
N50	G00G43 Z100H1	G00Z100D1	Z 轴快速定位，执行 1 号长度补偿
N60	M98P0011	L11	调用子程序 1 次，加工中心孔
N70	M30	M30	程序结束

表 7 – 12　柴油机调速器壳体连接面螺栓孔钻孔加工子程序

段号	FANUC0i 系统程序	SINUMERIK – 802D 系统程序	程序说明
	O0011	L11.SPF	子程序名
N10	X – 24 Y0	F100	加工 1 位孔/指定进给量
N20	G98 G82 Z – 13 R5 F100	MCALL CYCLE82（100, 0, 5, – 13, 0, 0）	模态，孔加工参数
N30		X – 24 Y0	加工 1 位孔
N40	X0Y24	X0Y24	加工 2 位孔
N50	X46Y10	X46Y10	加工 3 位孔
N60	X46Y – 10	X46Y – 10	加工 4 位孔
N70	X0Y – 24	X0Y – 24	加工 5 位孔
N80	G80	MCALL	取消孔循环/取消模态
N90	G49G00 Z150	G00Z150	抬刀并撤销高度补偿
N100	M09	M09	关冷却液
N110	M99	M17	子程序结束

4）实施——加工零件

（1）开机前的准备。

（2）加工前的准备。

（3）安装工件及刀具。

（4）对刀，建立工件坐标系。

如果零件为半成品，对刀时应用校表方法建立工件坐标系，或采用寻边器对 X，Y 向坐标。

（5）输入并检验程序。

（6）执行零件加工。

（7）加工后处理。

5）检查——检验者验收零件

6）评估——加工者与检验者共同评价本次加工任务的完成情况

四、案例工作任务（二）——汽车法兰盘连接孔的加工

1. 任务描述

应用数控加工中心完成如图 7-26 所示的汽车法兰盘连接孔 8-ϕ28H11 通孔加工。工件材料为 45 钢，生产规模为单件。

2. 应用"六步法"完成此工作任务

完成该项加工任务的工作过程如下。

1）资讯——分析零件图，明确加工内容

图 7-26 所示零件的加工部位为法兰盘的 8 个连接孔，重点保证尺寸 ϕ28H11，表面粗糙度为 Ra6.3；同时要保证 8 个孔的孔位置度与其他轮廓的同轴度及与底面的垂直度。

2）决策——确定加工方案

（1）机床及装夹方式选择：作为单件生产，为了更好地保证零件合格，提高加工效率，根据零件

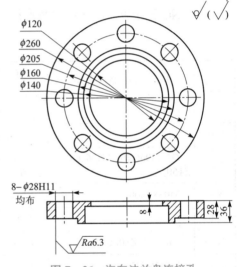

图 7-26 汽车法兰盘连接孔

轮廓尺寸、结构特点，并根据车间设备状况，决定选择 XH714 型数控加工中心机床完成本次任务。由于零件毛坯为 ϕ260 mm 圆形钢件。考虑到用选择平口钳 V 形块配合装夹工件不稳定，工件尺寸较大，故选用压板方式装夹工件。

（2）刀具选择及刀路设计：由于加工的孔径较大，考虑到机床刚性及孔尺寸精度因素。为了保证孔位先选用中心钻点钻中心孔，再选取 ϕ10 mm～ϕ14 mm 麻花钻头预钻通孔，最后选用 ϕ28 mm 精度等级 IT11 的扩孔钻进行扩钻到合格。

为了有效提高生产效率，减少空走刀路程，XY 向刀路设计为图 7-27 所示的圆周式。因零件加工部位深度有 28 mm，为了较好地断屑及冷却孔头，Z 向刀

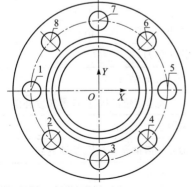

图 7-27 汽车法兰盘连接孔刀路示意图

路采用间歇进给方式至钻穿零件的方式钻孔。

（3）切削用量选择见表7-3，根据上节的用量公式代入计算。

（4）工件原点的选择：选取工件上表面中心 O 处作为工件原点，如图7-27所示。

3）计划——制定加工过程文件

（1）加工工序卡。本次加工任务的工序卡内容见表7-13。

表7-13 汽车法兰盘连接孔加工工序卡

序号	加工内容	刀具规格	刀号	刀具半径补偿/mm	主轴转速/(r·min⁻¹)	进给速度/(mm·min⁻¹)
1	钻中心孔	A4 中心钻	1	—	1 000	30
2	钻底孔	φ12 麻花钻	2		350	40
3	扩孔	φ28H11 级麻花扩孔钻	3	—	200	50

（2）NC 程序单。汽车法兰盘连接孔加工 NC 程序见表7-14～表7-17。

表7-14 汽车法兰盘连接孔加工主程序

段号	FANUC0i 系统程序	SINUMERIK - 802D 系统程序	程序说明
	O0001	KK.MPF	主程序名
N10	T1M06	T1M06	换 1 号刀
N20	G54G90G40G17G64G0Z150	G54G90G40G17G64G0Z150	程序初始化
N30	M03S1000	M03S1000	1 000 r/min 中心钻
N40	M08	M08	开冷却液
N50	G00 G43Z100H01	G00Z100	Z 轴快速定位，执行 01 号长度补偿
N60	M98P0011	L11	调用子程序 1 次，加工中心孔
N70	T2M06	T2M06	换 2 号刀
N80	M03S350	M03S350	350 r/min 钻头
N90	G00 G43Z100H02	G00Z100D2	Z 轴快速定位，执行 02 号长度补偿
N100	M98P0012	L12	调用子程序 1 次，钻底孔
N110	T3M06	T3M06	换 3 号刀
N120	M03S200	M03S200	200 r/min 钻头
N130	G00 G43Z100H03	G00Z100D3	Z 轴快速定位，执行 03 号长度补偿
N140	M98P0013	L13	调用子程序 1 次，扩孔
N150	G00Z150 G49	G00Z150	抬刀并撤销高度补偿/快速返回
N160	M09	M09	关冷却液
N170	M30	M30	程序结束

表 7-15 汽车法兰盘连接孔钻中心孔子程序

段号	FANUC0i 系统程序	SINUMERIK - 802D 系统程序	程序说明
	O0011	L11.SPF	子程序名
N10	X - 102.5 Y0	F100	加工 1 位孔/指定进给量
N20	G98 G82 Z - 13 R - 5 P2000 F100	MCALL CYCLE82（100, -5, 5, -13, 0,2）	模态，孔加工参数
N30		X - 102.5 Y0	加工 1 位孔
N40	X - 72.478 Y - 72.478	X - 72.478 Y - 72.478	加工 2 位孔
N50	X0Y - 102.5	X0Y - 102.5	加工 3 位孔
N60	X72.478 Y - 72.478	X72.478 Y - 72.478	加工 4 位孔
N70	X102.5 Y0	X102.5 Y0	加工 5 位孔
N80	X72.478 Y72.478	X72.478 Y72.478	加工 6 位孔
N90	X0 Y102.5	X0 Y102.5	加工 7 位孔
N100	X - 72.478 Y72.478	X - 72.478 Y72.478	加工 8 位孔
N110	G80	MCALL	取消孔循环/取消模态
N120	G00Z150 G49	G00Z150	抬刀并撤销高度补偿/快速返回
N130	M09	M09	关冷却液
N140	M05	M05	主轴停止转动
N150	M99	M17	子程序结束

表 7-16 汽车法兰盘连接孔钻底孔子程序

段号	FANUC0i 系统程序	SINUMERIK - 802D 系统程序	程序说明
	O0012	L12.SPF	子程序名
N10	X - 102.5 Y0	F100	加工 1 位孔/指定进给量
N20	G98 G83 Z - 40Q3 R - 5 F100	MCALL CYCLE83（50, -5, 5, -40, 0, , ,3, , ,1,0）	模态，孔加工参数
N30		X - 102.5 Y0	加工 1 位孔
N40	X - 72.478 Y - 72.478	X - 72.478 Y - 72.478	加工 2 位孔
N50	X0Y - 102.5	X0Y - 102.5	加工 3 位孔
N60	X72.478 Y - 72.478	X72.478 Y - 72.478	加工 4 位孔
N70	X102.5 Y0	X102.5 Y0	加工 5 位孔
N80	X72.478 Y72.478	X72.478 Y72.478	加工 6 位孔
N90	X0 Y102.5	X0 Y102.5	加工 7 位孔

段号	FANUC0i 系统程序	SINUMERIK - 802D 系统程序	程序说明
N100	X - 72.478 Y72.478	X - 72.478 Y72.478	加工 8 位孔
N110	G80	MCALL	取消孔循环/取消模态
N120	G00Z150 G49	G00Z150	抬刀并撤销高度补偿/快速返回
N130	M09	M09	关冷却液
N140	M05	M05	主轴停止转动
N150	M99	M17	子程序结束

表 7 – 17　汽车法兰盘连接孔扩孔子程序

段号	FANUC0i 系统程序	SINUMERIK - 802D 系统程序	程序说明
	O0013	L13.SPF	子程序名
N10	X - 102.5 Y0	F100	加工 1 位孔/指定进给量
N20	G98 G83 Z - 40Q3 R - 5 F100	MCALL CYCLE83（50, - 5, 5, - 40, 0, , ,3, , ,1,0）	模态，孔加工参数
N30		X - 102.5 Y0	加工 1 位孔
N40	X - 72.478 Y - 72.478	X - 72.478 Y - 72.478	加工 2 位孔
N50	X0Y - 102.5	X0Y - 102.5	加工 3 位孔
N60	X72.478 Y - 72.478	X72.478 Y - 72.478	加工 4 位孔
N70	X102.5 Y0	X102.5 Y0	加工 5 位孔
N80	X72.478 Y72.478	X72.478 Y72.478	加工 6 位孔
N90	X0 Y102.5	X0 Y102.5	加工 7 位孔
N100	X - 72.478 Y72.478	X - 72.478 Y72.478	加工 8 位孔
N110	G80	MCALL	取消孔循环/取消模态
N120	G00Z150 G49	G00Z150	抬刀并撤销高度补偿/快速返回
N130	M09	M09	关冷却液
N140	M05	M05	主轴停止转动
N150	M99	M17	子程序结束

4）实施——加工零件

（1）开机前的准备。

（2）加工前的准备。

（3）安装工件及刀具。

（4）对刀，建立工件坐标系。

（5）输入并检验程序。

（6）执行零件加工。

（7）加工后处理。

5）检查——检验者验收零件

6）评估——加工者与检验者共同评价本次加工任务的完成情况

五、钻、扩孔加工注意事项

（1）使用较新或各部分尺寸精度接近公差要求的钻头，钻头的两个切削刃需要尽量修磨对称，两刃的轴向摆差应控制在 0.05 mm 以下，使两刃负荷均匀，以提高切削稳定性，否则所钻孔要比其公称尺寸大 0.2～0.3 mm。

（2）钻、扩孔加工时刀具的切削状况要比立铣刀铣削轮廓恶劣，因此，为保证孔加工正常进行，常采用大流量切削液充分冷却刀具并利于排屑，否则刀具容易磨损甚至烧刀。

（3）开始钻孔时，由于工件毛坯可能存在硬皮，钻削抗力大，此时应采用较为保守的进给速度钻孔，当钻头超过工件硬皮深度后，再采用正常钻削进给速度钻孔。

7.2 配合孔的加工

一、孔加工工艺知识准备

1. 配合孔的加工工艺设计

这里所说的配合孔一般是指加工精度较高（孔的精度等级为 IT6～IT10），有配合要求的孔，例如图 7-1（c）所示的定位孔。与连接孔加工相比，配合孔的加工精度要求高，因而在完成孔的粗加工后，必须安排相应的半精、精加工工序。对于孔径≤30 mm 的连接孔，通常采用铰削对其进行精加工；对于孔径＞30 mm 的连接孔，则常采用镗削方式完成孔的精加工。表 7-18 列出了精度等级为 IT7～IT10 的配合孔的加工方法及步骤。

表 7-18　孔的加工方法与步骤选择

孔的精度	孔的毛坯性质	
	在毛坯实体上加工孔	预先铸出或热冲出孔
H10、H9	孔径≤10 mm：钻孔及铰孔	孔径≤80 mm：用镗刀粗镗（一次或二次，根据余量而定），铰孔（或精镗）
	孔径＞10～30 mm：钻孔、扩孔及铰孔	
	孔径＞30～80 mm：钻、扩或钻、镗、铰（或镗）	
H7、H8	孔径≤10 mm：钻孔、扩孔、铰孔	孔径≤80 mm：用镗刀粗镗（一次或二次，根据余量而定）及半精镗、精镗或精铰
	孔径＞10～30 mm：钻孔、扩孔及一、二次铰孔	
	孔径＞30～80 mm：钻、扩、铰或钻、扩、镗	

2. 常用铰孔刀具

加工中心上经常使用的铰刀是通用标准铰刀，此外，还有机夹硬质合金刀片的单刃铰刀和浮动铰刀等。

1）通用标准铰刀

通用标准铰刀如图 7-28 所示，有直柄、锥柄和套式三种。直柄铰刀的直径为 6～20 mm，小孔直柄铰刀的直径为 1～6 mm；锥柄铰刀直径为 10～32 mm；套式铰刀的直径为 25～80 mm。

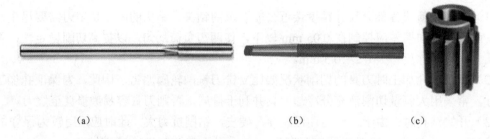

（a） （b） （c）

图 7-28 通用标准铰刀

（a）直柄铰刀；（b）锥柄铰刀；（c）套式铰刀

铰刀工作部分包括切削部分与校准部分，如图 7-29 所示。切削部分为锥形，主要担负切削工作。校准部分包括圆柱部分和倒锥部分，圆柱部分保证铰刀直径和便于测量，倒锥部分可减少铰刀与孔壁的摩擦，减小孔径扩大量，校准部分的作用是校正孔径、修光孔壁和导向。

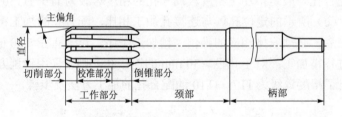

图 7-29 通用标准铰刀结构示意图

通用标准铰刀有 4～12 齿。铰刀齿数对加工表面粗糙度的影响并不大，但齿数过多，会使刀具在制造和重磨时都比较麻烦，而且会因齿间容屑槽空间小，造成切屑堵塞、划伤孔壁甚至铰刀折断；齿数过少，则铰削时的稳定性差，刀齿的切削负荷增大，且容易产生几何形状误差。因此，铰刀齿数的选择主要根据加工精度的要求选择，同时兼顾铰刀直径。表 7-19 列出了通用标准铰刀齿数的选择方法。

表 7-19 通用标准铰刀齿数的选择

铰刀直径/mm		1.5～3	3～14	14～40	>40
齿数	一般加工精度	4	4	6	8
	高加工精度	4	6	8	10～12

使用通用标准铰刀铰孔时，加工精度等级可达 IT8～IT9、表面粗糙度 Ra 为 0.8～1.6 μm。在生产中，为了保证加工精度，铰孔时的铰削余量预留要适中，表 7-20 列出了铰孔加工余

量推荐值。但必须注意，由刀具厂购入的铰刀需按工件孔的配合和精度等级进行研磨和试切后方可投入使用。

表 7 – 20　铰削余量推荐值（直径量）

孔的直径/mm	≤ϕ8	ϕ8～20	ϕ21～32	ϕ33～50	ϕ51～70
铰孔余量/mm	0.1～0.2	0.15～0.25	0.2～0.3	0.25～0.35	0.25～0.35

2）机夹硬质合金刀片的单刃铰刀

机夹硬质合金刀片的单刃铰刀如图 7 – 30 所示。这种铰刀刀片具有很高的刃磨质量，切削刃口磨得异常锋利，其铰削余量通常在 10 μm（半径量）以下，常用于加工尺寸精度等级为 IT5～IT7、表面粗糙度 Ra 为 0.7 μm 的高精度孔。

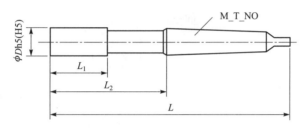

图 7 – 30　机夹硬质合金刀片的单刃铰刀结构示意图

3）浮动铰刀

加工中心上使用的浮动铰刀如图 7 – 31 所示。它有两个对称刃，可以自动平衡切削力，还能在铰削过程中自动抵偿因刀具安装误差或刀杆的径向跳动而引起的加工误差，因而加工精度稳定，定心准确，寿命较高速钢铰刀高 8～10 倍，且具有直径调整的连续性。

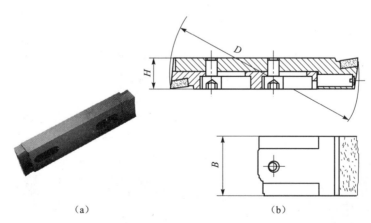

（a）　　　　　　　　　　　（b）

图 7 – 31　加工中心上使用的浮动铰刀结构示意图
（a）实体图；（b）示意图

3. 常用镗孔刀具

镗孔是利用镗刀对工件上已有的孔进行扩大加工，其所用刀具为镗刀。镗刀的种类很多，按切削刃数量可分为单刃镗刀、双刃镗刀等。

1）单刃镗刀

单刃镗刀头结构类似于车刀，如图 7-32 所示。单刃镗刀用螺钉装夹在镗杆上，螺钉 1 起锁紧作用，螺钉 2 用于调整尺寸。

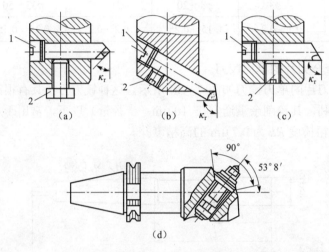

图 7-32　单刃镗刀

(a) 通孔镗刀；(b) 盲孔镗刀；(c) 阶梯孔镗刀；(d) 微调镗刀

1—调节螺钉；2—紧固螺钉

单刃镗刀刚度差，切削时容易引起振动，因此镗刀的主偏角选得较大，以减小径向力。在镗铸铁孔或精镗时，一般取 $\kappa_r=90°$；粗镗钢件孔时，取 $\kappa_r=60°\sim75°$，以提高刀具寿命。

应用通孔镗刀、盲孔镗刀、阶梯孔镗刀［如图 7-32（a）、图 7-32（b）和图 7-32（c）所示］镗孔，所镗孔径的大小要靠调整刀具的悬伸长度来保证，调整较为麻烦，生产效率低，但结构简单，广泛用于单件、小批量零件生产。

微调镗刀［如图 7-32（d）所示］的径向尺寸可以通过带刻度盘的调整螺母，在一定范围内进行微调，因而加工精度高，广泛应用于孔的精镗。

图 7-33　双刃镗刀

2）双刃镗刀

双刃镗刀的两端有一对对称的切削刃同时参与切削，如图 7-33 所示。与单刃镗刀相比，这类镗刀每转进给量可提高一倍左右，生产效率高，还可消除切削力引起的镗杆振动，广泛应用于大批零件的生产。

4. 切削用量的选择

在生产实践中，通常根据刀具、工件材料、孔径、加工精度来确定铰削、镗削用量。表 7-21 列出了高速钢铰刀铰削用量推荐值，表 7-22 列出了常用镗刀切削用量推荐值。

表 7 – 21　铰削用量推荐值

铰刀直径 d/mm	低碳钢 120～200HB	低合金钢 200～300HB	高合金钢 300～400HB	软铸铁 130HB	中硬铸铁 175HB	硬铸铁 230HB
	$f/(\text{mm} \cdot \text{r}^{-1})$	$f/(\text{mm} \cdot \text{r}^{-1})$	$f/(\text{mm} \cdot \text{r}^{-1})$	$f/(\text{mm} \cdot \text{r}^{-1})$	$f/(\text{mm} \cdot \text{r}^{-1})$	$f/(\text{mm} \cdot \text{r}^{-1})$
6	0.13	0.10	0.10	0.15	0.15	0.15
9	0.18	0.18	0.15	0.20	0.20	0.20
12	0.20	0.20	0.18	0.25	0.25	0.25
15	0.25	0.25	0.20	0.30	0.30	0.30
19	0.30	0.30	0.25	0.38	0.38	0.36
22	0.33	0.33	0.25	0.43	0.43	0.41
25	0.51	0.38	0.30	0.51	0.51	0.41

表 7 – 22　镗削用量推荐值

工序	刀具材料	铸铁		钢		铝及其合金	
		$v/(\text{m} \cdot \text{min}^{-1})$	$f/(\text{mm} \cdot \text{r}^{-1})$	$v/(\text{m} \cdot \text{min}^{-1})$	$f/(\text{mm} \cdot \text{r}^{-1})$	$v/(\text{m} \cdot \text{min}^{-1})$	$f/(\text{mm} \cdot \text{r}^{-1})$
粗镗	高速钢	20～50	0.4～0.5	15～30	0.35～0.7	100～150	0.5～1.5
	硬质合金	30～35		50～70		100～250	
半精镗	高速钢	20～35	0.15～0.45	15～50	0.15～0.45	100～200	0.2～0.5
	硬质合金	50～70		90～130			
精镗	高速钢	20～35	0.08				
	硬质合金	70～90	0.12～0.15	100～135	0.12～0.15	150～400	0.06～0.1

二、程序指令准备

1. FANUC 系统镗孔加工循环指令

采用立式数控铣床及加工中心进行铰孔，可使用前一节中的 G81 指令和 G82 指令，也可根据加工需要自行开发铰孔用子程序（G00 及 G01 两指令组合）。表 7 – 23 列出了 FANUC 系统镗孔固定循环指令，下面仅介绍部分镗削用指令。

表 7 – 23　FANUC 系统镗孔加工固定循环指令

G 代码	格式	加工动作（Z 方向）	孔底部动作	退刀动作（Z 方向）	功能
G76	G76 X_Y_Z_R_Q_F_K_	切削进给	主轴定向停止，并有偏移动作	快速回退	适用于精镗孔
G85	G85 X_Y_Z_R_F_K_	切削进给	—	切削速度回退	适用于镗孔循环

G 代码	格式	加工动作（Z 方向）	孔底部动作	退刀动作（Z 方向）	功能
G86	G86 X__Y__Z__R__F__K__	切削进给	主轴停转	快速回退	适用于镗孔循环
G87	G87 X__Y__Z__R__P__Q__F__K__	切削进给	主轴停转	快速回退	适用于反向精镗孔循环
G88	G88 X__Y__Z__R__P__F__K__	切削进给	进给暂停，主轴停转	手动回退	适用于镗孔循环
G89	G89 X__Y__Z__R__P__F__K__	切削进给	进给暂停	切削速度回退	适用于镗孔循环

1）G76——精镗孔固定循环指令

使用该指令镗孔时，刀具到达孔底后主轴停转，与此同时，主轴回退一定距离使刀尖离开已加工表面［如图 7-34（a）所示］并快速返回。动作过程如图 7-34（b）和图 7-34（c）所示。由于该指令在 XY 平面内具有偏移功能，有效地保护了已加工表面，因此常用于精镗孔加工。

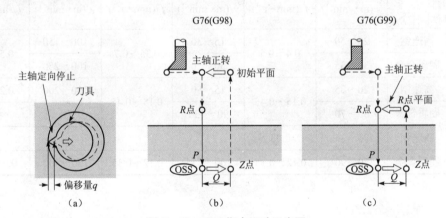

图 7-34　G76 指令运动示意图

(a) G76 指令孔底退刀；(b) 刀具返回初始平面；(c) 刀具返回 R 点平面

指令格式：G90/G91 G98/G99 G76 X__Y__Z__R__Q__F__K__

其中：Q__为刀具在孔底的偏移量。其余各参数含义与 G81 指令完全相同，在此略写。

使用 G76 指令时必须注意以下两方面问题。

（1）Q__是固定循环内保存的模态值，必须小心指定，因为它也可指定 G73/G83 指令的每次钻深。

（2）使用 G76 指令前，必须确认机床是否具有主轴准停功能，否则可能会发生撞刀。

2）G85——镗孔固定循环指令

使用该指令镗孔时，刀具到达孔底后以切削速度返回 R 点平面或初始平面，指令动作及步骤如图 7-35 所示。由于退刀时刀具转动容易刮伤已镗表面，因此该指令常用于粗镗孔。

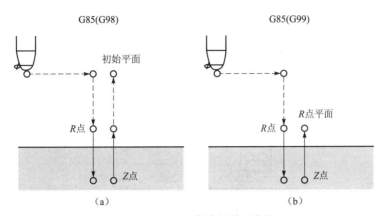

图 7-35　G76 指令运动示意图

（a）刀具返回初始平面；（b）刀具返回 R 点平面

指令格式： G90/G91 G98/G99 G85 X__Y__Z__R__F__K__

该指令各参数含义与 G81 指令完全相同，在此略写。

2. SINUMERIK-802D 系统镗孔加工固定循环指令

1）CYCLE85——镗孔循环指令

该指令相当于 FANUC 系统中的 G85 指令，刀具按照编程的进给速度镗孔至孔底，进给暂停一段时间，以切削速度返回至 R 平面。指令动作如图 7-36 所示。由于退刀时刀具转动容易刮伤已镗表面，因此该指令常用于粗镗孔。

指令格式： CYCLE85(RTP, RFP, SDIS, DP, DPR, DTB, FFR, RFF)

各参数含义见表 7-24。

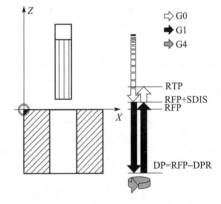

图 7-36　CYCLE85 指令运动示意图

表 7-24　CYCLE81 参数说明

RTP	实数	该参数用于确定返回平面位置，以绝对值方式编程
RFP	实数	该参数用于确定参考平面位置，以绝对值方式编程
SDIS	实数	该参数与 RFP 共同确定 R 平面位置，输入时不带正负号
DP	实数	该参数用于确定孔底平面位置，以绝对值方式编程
DPR	实数	相对于参考平面的最后钻孔深度（输入时不带正负号）
DTB	实数	该参数用于确定刀具在孔底进给暂停时间，单位：秒（s）
FFR	实数	该参数用于确定镗孔时刀具进给速度
RFF	实数	该参数用于确定刀具返回至 R 平面时的退刀速度

2）CYCLE86——精镗孔循环指令

该指令相当于 FANUC 系统中的 G76 指令，即刀具到达孔底后主轴停转，与此同时，主轴回退一距离使刀尖离开已加工表面，并快速返回至初始平面。动作过程如图 7-37 所示。

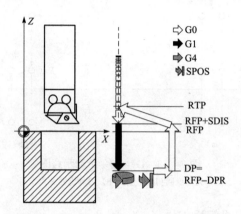

图 7-37　CYCLE86 指令运动示意图

指令格式：CYCLE86(RTP, RFP, SDIS, DP, DPR, DTB, SDIR, RPA, RPO, RPAP, POSS) 各参数含义见表 7-25。

表 7-25　CYCLE82 参数说明

RTP	实数	该参数用于确定返回平面位置，以绝对值方式编程
RFP	实数	该参数用于确定参考平面位置，以绝对值方式编程
SDIS	实数	该参数与 RFP 共同确定 R 平面位置，输入时不带正负号
DP	实数	该参数用于确定孔底平面位置，以绝对值方式编程
DPR	实数	相对于参考平面的最后钻孔深度（输入时不带正负号）
DTB	实数	该参数用于确定刀具在孔底进给暂停时间，单位：秒（s）
SDIR	整数	旋转方向，值为 3（用于 M3）或 4（用于 M4） 使用此参数，可以定义循环中镗孔时的旋转方向，如参数值不是 3 或 4，则产生 61102 号报警且不执行精镗孔循环
RPA	实数	平面中第一轴的返回路径（增量，带符号输入） 使用此参数定义在第一轴上（横坐标）的返回路径，当到达最后镗孔深度并执行了主轴准停功能后执行此返回路径
RPO	实数	平面中第二轴的返回路径（增量，带符号输入） 使用此参数定义在第二轴上（纵坐标）的返回路径，当到达最后镗孔深度并执行了主轴准停功能后执行此返回路径
RPAP	实数	镗孔轴上的返回路径（增量，带符号输入） 使用此参数定义在镗孔轴上的返回路径，当到达最后镗孔深度并执行了主轴准停功能后执行此返回路径
POSS	实数	使用该参数确定主轴准停位置（以度为单位）

应用 CYCLE86 指令镗削图 7–38 所示的孔，要求刀具在孔底暂停 2 s，主轴以 M3 旋转并停在 45°位置，编写的 NC 程序见表 7–26。

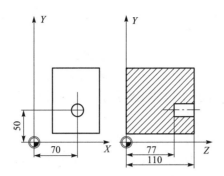

图 7–38 SINUMERIK–802D 系统精镗孔指令应用示例

表 7–26 SINUMERIK–802D 系统钻孔加工固定循环应用示例程序

......	
N40 G00X70Y50	刀具定位
N50 CYCLE86（112，110，，77，0，2，3，−1，−1，1，45）	镗孔
N60 G00Z200	抬刀
N70 M30	程序结束

三、案例工作任务（三）——注塑模上模板孔

1. 任务描述

应用数控铣床/加工中心完成如图 7–39 所示的某注塑模上模板孔的钻削加工，零件材料为 45 钢，生产规模为单件。

2. 应用"六步法"完成此工作任务

完成该项加工任务的工作过程如下。

1）资讯——分析零件图，明确加工内容

图 7–39 所示零件的加工部位为某注塑模上模板孔，尺寸 ϕ12H9、20 和 Ra1.6 是本次加工重点保证的尺寸及粗糙度，其中孔位 20 尺寸公差为±0.03；孔径尺寸精度要求较高为 H9。

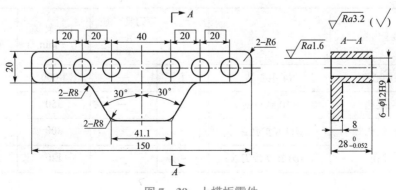

图 7–39 上模板零件

2）决策——确定加工方案

（1）机床及装夹方式选择：由于零件轮廓尺寸不大，并根据车间设备状况，决定选择 XH714 型加工中心机床完成本次任务。由于零件为半成品钢件，为了装夹时水平方向检查方便，决定选择平口钳、垫铁等配合装夹工件。

（2）刀具选择及刀路设计：选择一把 A4 的中心钻作中心定位钻孔，用一把 $\phi10$ mm 高速钢麻花钻对零件孔进行底孔粗加工；为了铰孔前余量的均匀及位孔的修正，需用一把 $\phi11.8$ mm 高速钢麻花扩孔钻作孔半精加工即扩孔。为了保证孔表面的质量，用 $\phi12H9$ 等级铰刀作孔的精加工。

为了保证定位尺寸精度统一性，加工孔时 XY 向刀路设计为同一方向。因零件轮廓深度 28 mm，故 Z 向刀路在粗、半精加工时采用间歇方式钻削，精加工时采用连续铰削至底面的方式加工工件。

（3）钻削用量的选择见表 7-3，在此计算铰刀用量。

● 铰削通常情况下速度 v_c 为 5～8 m/min，受刀具材料的影响不大。

● 铰削转速 S、进给量 F 的选择主要通过下列公式：

主轴转速为 S（r/min）$= 1\,000 \times 5/3.14 \times 12 \approx 130$（r/min）

进给量为 F（mm/min）$= S$（r/min）$\times f$（mm/r）

$\qquad = 130 \times 0.2$

$\qquad = 26$（mm/min）

（4）工件原点的选择：选取工件上表面中心 O 处作为工件原点，如图 7-40 所示。

3）计划——制定加工过程文件

（1）加工工序卡。本次加工任务的工序卡内容见表 7-27。

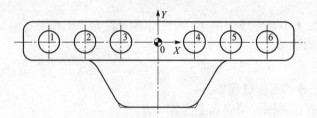

图 7-40　选择工件原点

表 7-27　上模板孔钻削加工工序卡

序号	加工内容	刀具规格	刀号	刀具半径补偿/mm	主轴转速/(r·min⁻¹)	进给量/(mm·min⁻¹)
1	钻中心孔	$A4$ 中心钻	1	—	1 000	30
2	钻底孔	$\phi10$ 麻花钻	2		350	30
3	扩钻孔	$\phi11.8$ 扩孔钻	3		300	40
4	铰孔	$\phi12H9$ 铰刀	4		120	40

（2）NC 程序单。上模板孔加工 NC 程序见表 7-28～表 7-31。

表 7-28 上模板钻削加工主程序

段号	FANUC0i 系统程序	SINUMERIK - 802D 系统程序	程序说明
	O0001	KK.MPF	主程序名
N10	T1M06	T1M06	换 1 号刀
N20	G54G90G40G17G64G0 Z150	G54G90G40G17G64G0 Z150	程序初始化
N30	M03S1000	M03S1000	1 000 r/min 中心钻
N40	M08	M08	开冷却液
N50	G00 G43Z100H01	G00Z100D1	Z 轴快速定位,执行 01 号长度补偿
N60	M98P0011	L11	调用子程序 1 次,钻中心孔
N70	T2M06	T2M06	换 2 号刀
N80	M03S350	M03S350	350 r/min 钻头
N90	G00 G43Z100H02	G00Z100D2	Z 轴快速定位,执行 02 号长度补偿
N100	M98P0012	L12	调用子程序 1 次,钻底孔
N110	T3M06	T3M06	换 3 号刀
N120	M03S300	M03S300	300 r/min 钻头
N130	G00 G43Z100H03	G00Z100D3	Z 轴快速定位,执行 03 号长度补偿
N140	M98P0012	L12	调用子程序 1 次,扩孔
N150	T4M06	T4M06	换 4 号刀
N160	M03S200	M03S200	200 r/min 钻头
N170	G00 G43Z100H04	G00Z100D4	Z 轴快速定位,执行 04 号长度补偿
N180	M98P0013	L13	调用子程序 1 次,铰孔
N190	G00Z150 G49	G00Z150	抬刀并撤销高度补偿/快速返回
N200	M09	M09	关冷却液
N210	M30	M30	程序结束

表 7-29 上模板钻中心孔子程序

段号	FANUC0i 系统程序	SINUMERIK - 802D 系统程序	程序说明
	O0011	L11.SPF	子程序名
N10	X - 60 Y0	F100	加工 1 位孔/指定进给量
N20	G98 G82 Z - 5 R5 P2000 F100	MCALL CYCLE82(100, 0, 5, - 5, 0, 2)	模态,孔加工参数
N30		X - 60Y0	加工 1 位孔
N40	X - 40	X - 40	加工 2 位孔

段号	FANUC0i 系统程序	SINUMERIK – 802D 系统程序	程序说明
N50	X – 20	X – 20	加工 3 位孔
N60	X20	X20	加工 4 位孔
N70	X40	X40	加工 5 位孔
N80	X60	X60	加工 6 位孔
N90	G80	MCALL	取消孔循环/取消模态
N100	G00Z150 G49	G00Z150	抬刀并撤销高度补偿/快速返回
N110	M09	M09	关冷却液
N120	M05	M05	主轴停止转动
N130	M99	M17	子程序结束

钻孔与扩孔程序基本相同，只是动作不一样。

表 7 – 30　上模板钻底孔、扩孔子程序

段号	FANUC0i 系统程序	SINUMERIK – 802D 系统程序	程序说明
	O0012	L12.SPF	子程序名
N10	X – 60 Y0	F100	加工 1 位孔/指定进给量
N20	G98 G83 Z – 35Q3 R5 F100	MCALL CYCLE83（50, 0, 5, – 35, 0, , ,3, , ,1, 0）	模态，孔加工参数
N30		X – 60 Y0	加工 1 位孔
N40	X – 40	X – 40	加工 2 位孔
N50	X – 20	X – 20	加工 3 位孔
N60	X20	X20	加工 4 位孔
N70	X40	X40	加工 5 位孔
N80	X60	X60	加工 6 位孔
N90	G80	MCALL	取消孔循环/取消模态
N110	G00Z150 G49	G00Z150	抬刀并撤销高度补偿/快速返回
N120	M09	M09	关冷却液
N130	M05	M05	主轴停止转动
N140	M99	M17	子程序结束

表 7 - 31　上模板铰孔子程序

段号	FANUC0i 系统程序	SINUMERIK - 802D 系统程序	程序说明
	O0013	L13.SPF	子程序名
N10	X - 60 Y0	F100	加工 1 位孔/指定进给量
N20	G98 G82 Z - 35 R5 P2000 F100	MCALL CYCLE82（100, 0, 5, -35, 0,2）	模态，孔加工参数
N30		X - 60 Y0	加工 1 位孔
N40	X - 40	X - 40	加工 2 位孔
N50	X - 20	X - 20	加工 3 位孔
N60	X20	X20	加工 4 位孔
N70	X40	X40	加工 5 位孔
	X60	X60	加工 6 位孔
N80	G80	MCALL	取消孔循环/取消模态
N90	G00Z150 G49	G00Z150	抬刀并撤销高度补偿/快速返回
N100	M09	M09	关冷却液
N110	M05	M05	主轴停止转动
N120	M99	M17	子程序结束

4）实施——加工零件

（1）开机前的准备。

（2）加工前的准备。

（3）安装工件及刀具。

（4）对刀，建立工件坐标系。

（5）输入并检验程序。

（6）执行零件加工。

（7）加工后处理。

5）检查——检验者验收零件

6）评估——加工者与检验者共同评价本次加工任务的完成情况

四、案例工作任务（四）——汽车模具模架导柱孔加工

1. 任务描述

应用数控加工中心完成如图 7 - 41 所示的汽车模具模架导柱孔 $2 - \phi 32^{+0.039}_{0}$ 通孔加工。工件材料为 45 钢，生产规模为单件。

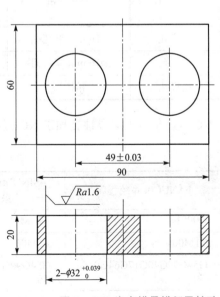

图 7 - 41　汽车模具模架导柱孔

213

2. 应用"六步法"完成此工作任务

完成该项加工任务的工作过程如下。

1）资讯——分析零件图，明确加工内容

图 7−32 所示为汽车模具模架零件的加工部分 2−$\phi 32^{+0.039}_{0}$（精度等级为 H8）导柱孔，粗糙度 Ra 值为 1.6，适于在数控加工中心机床采用钻、扩、镗孔加工；其中孔径、孔位置及粗糙度为重点保证的尺寸。

2）决策——确定加工方案

（1）机床及装夹方式选择：由于零件轮廓尺寸不大，并根据车间设备状况，决定选择 XH714 型数控加工中心机床完成本次任务。由于零件毛坯为方形钢件，故决定选择平口钳、垫铁配合或采用压板直接压紧等装夹工件。

（2）刀具选择及刀路设计：由于导柱孔较大，一般以铸造件、半成品等形式出现。如果是铸造件，在铸造时一般已把底孔铸出，故不用预先中心孔或钻底孔，这时可用铣、镗形式做扩孔。这里因为毛坯是方块，所以首先考虑用 $\phi 16$ mm 麻花钻预钻底孔，再用 $\phi 16$ mm 粗铣立铣刀扩铣孔，最后用镗刀精镗孔。

为了有效保护刀具，钻底孔时 Z 向采用间歇进给方式，扩铣孔时采用顺铣方式铣削孔，因零件材料深 20 mm，深度较大，故采用 Z 向分层的铣削方式完成孔扩铣加工，最后精镗到孔尺寸合格。

（3）切削用量选择见表 7−21 和表 7−22 中的相关推荐值。

（4）工件原点的选择：选取工件上表面图形中心作为工件原点。

3）计划——制定加工过程文件

（1）加工工序卡。本次加工任务的工序卡内容见表 7−32。

表 7−32　模架导柱孔加工工序卡

序号	加工内容	刀具规格	刀号	刀具半径补偿/mm	主轴转速/(r·min⁻¹)	进给速度/(mm·min⁻¹)
1	钻底孔	$\phi 16$ mm 麻花钻	1	0	250	30
2	扩铣孔	$\phi 16$ mm 立铣刀	2	8.1	300	40
3	精镗孔	精镗刀	3	0	120	30

（2）NC 程序单。模架导柱孔加工 NC 程序见表 7−33～表 7−36。

表 7−33　模架导柱加工主程序

段号	FANUC0i 系统程序	SINUMERIK−802D 系统程序	程序说明
	O0001	KK.MPF	主程序名
N10	T1M06	T1M06	换 1 号刀
N20	G54G90G40G17G64G0 Z150	G54G90G40G17G64G0 Z150	程序初始化
N30	M03S250	M03S250	250 r/min 钻底孔

段号	FANUC0i 系统程序	SINUMERIK – 802D 系统程序	程序说明
N40	M08	M08	开冷却液
N50	G00 G43Z100H01	G00Z100D1	Z 轴快速定位，执行 01 号长度补偿
N60	M98P0011	L11	调用子程序 1 次，钻底孔
N70	T2M06	T2M06	换 2 号刀
N80	M03S300	M03S300	300 r/min 立铣刀
N90	G00 G43Z100H02	G00Z100D2	Z 轴快速定位，执行 02 号长度补偿
N100	M98P0012	L12	调用子程序 1 次，扩铣孔
N110	T3M06	T3M06	换 3 号刀
N120	M03S120	M03S120	120 r/min 镗刀
N130	G00 G43Z100H03	G00Z100D3	Z 轴快速定位，执行 03 号长度补偿
N140	M98P0013	L13	调用子程序 1 次，镗孔
N150	G00Z150 G49	G00Z150	抬刀并撤销高度补偿/快速返回
N160	M09	M09	关冷却液
N170	M30	M30	程序结束

表 7 – 34　模架导柱　钻底孔子程序

段号	FANUC0i 系统程序	SINUMERIK – 802D 系统程序	程序说明
	O0011	L11.SPF	子程序名
N10	X – 24.5Y0	F100	加工 1 位孔/指定进给量
N20	G98 G83 Z – 25 Q5 R5 F100	MCALL CYCLE83（50, 0, 5, – 25, 0, , ,3, , ,1, 0）	模态，孔加工参数
N30		X – 24.5Y0	加工 1 位孔
N40	24.5Y0	24.5Y0	加工 2 位孔
N50	G80	MCALL	取消孔循环/取消模态
N60	G00Z150 G49	G00Z150	抬刀并撤销高度补偿/快速返回
N70	M09	M09	关冷却液
N80	M05	M05	主轴停止转动
N90	M99	M17	子程序结束

表7-35 模架导柱孔 扩铣孔子程序

段号	FANUC0i 系统程序	SINUMERIK-802D 系统程序	程序说明
	O0012	L12.SPF	子程序名
N10	X-24.5Y0	X-24.5Y0	加工1位孔/指定进给量
N20	Z5	Z5	模态，孔加工参数
N30	G01Z-10F100	G01Z-10F100	下刀
N40	G41D2X-8.5	G41D2X-8.5	建立半径左补偿
N50	G03I-16J0	G03I-16J0	加工圆
N60	G01G40X-24.5Y0	G01G40X-24.5Y0	撤销刀具半径补偿
N70	Z-20	Z-20	下刀
N80	G41D2X-8.5	G41D2X-8.5	建立半径左补偿
N90	G03I-16J0	G03I-16J0	加工圆
N100	G01G40X-24.5Y0	G01G40X-24.5Y0	撤销刀具半径补偿
N110	G0Z5	G0Z5	提刀
N120	X24.5Y0	X24.5Y0	定位
N130	G01Z-10	G01Z-10	下刀
N140	G41D2X40.5	G41D2X40.5	建立半径左补偿
N150	G03I-16J0	G03I-16J0	加工圆
N160	G01G40X24.5	G01G40X24.5	撤销刀具半径补偿
N170	G01Z-20	G01Z-20	下刀
N180	G41D2X40.5	G41D2X40.5	建立半径左补偿
N200	G03I-16J0	G03I-16J0	加工圆
N210	G01G40X24.5	G01G40X24.5	撤销刀具半径补偿
N220	G00Z150 G49	G00Z150	抬刀并撤销高度补偿/快速返回
N230	M09	M09	关冷却液
N240	M05	M05	主轴停止转动
N250	M99	M17	子程序结束

表7-36 模架导柱孔 精镗孔子程序

段号	FANUC0i 系统程序	SINUMERIK-802D 系统程序	程序说明
	O0013	L13.SPF	子程序名
N10	X-24.5Y0	F100	加工1位孔/指定进给量

段号	FANUC0i 系统程序	SINUMERIK – 802D 系统程序	程序说明
N20	G98 G86 Z – 25 R5 F100	MCALL CYCLE86（50, 0, 5, – 25, 0, ,3, , , ,）	模态，孔加工参数
N30		X – 24.5Y0	加工 1 位孔
N40	X24.5Y0	X24.5Y0	加工 2 位孔
N50	G80	MCALL	取消孔循环/取消模态
N60	G00Z150 G49	G00Z150	抬刀并撤销高度补偿/快速返回
N70	M09	M09	关冷却液
N80	M05	M05	主轴停止转动
N90	M99	M17	子程序结束

4）实施——加工零件

（1）开机前的准备。

（2）加工前的准备。

（3）安装工件及刀具。

（4）对刀，建立工件坐标系。

以立铣刀作为基准刀，注意依次对刀设置好刀具长度和半径补偿。

（5）输入并检验程序。

（6）执行零件加工。

● 立铣刀控制：在扩铣孔时，孔的余量控制在 0.1～0.15 mm 范围内。

● 精镗刀控制：在精镗时首先对孔 1 进行 3～5 mm 深度试镗，测量尺寸合格后再进行精镗孔（或加工前使用对刀仪测试好镗刀半径），最终将孔尺寸控制在规定的公差范围内。

（7）加工后处理。

5）检查——检验者验收零件

6）评估——加工者与检验者共同评价本次加工任务的完成情况

7.3　螺纹孔的加工

一、螺纹孔加工工艺知识准备

1. 螺纹孔的加工方法

在数控铣/加工中心机床上制作螺纹孔，通常采用两种加工方法，即攻螺纹和铣螺纹。在生产实践中，对于公称直径在 M24 以下的螺纹孔，一般采用攻螺纹方式完成螺孔加工；而对于公称直径在 M24 以上的螺纹孔，则通常采用铣螺纹方式完成螺孔加工。

1）攻螺纹

攻螺纹就是用丝锥在孔壁上切削出内螺纹，如图 7 – 42 所示。

（1）刚性攻螺纹。从理论上讲，攻丝时机床主轴转一圈，丝锥在 Z 轴的进给量应等于它的螺距。如果数控铣床/加工中心的主轴转速与其 Z 轴的进给总能保持这种同步成比例运动关系，那么这种攻螺纹方法称为"刚性攻螺纹"，也称刚性攻丝。

以刚性攻丝的方式加工螺纹孔，其精度很容易得到保证，但对数控机床提出了很高的要求，此时主轴的运行从速度系统转换成位置系统。要实现这一转换，数控铣床/加工中心常采用伺服电机驱动主轴，并在主轴上加装一个螺纹编码器，同时主轴传动机构的间隙及惯量也要严格控制，这无疑增加了机床的制造成本。

（2）柔性攻螺纹。就是主轴转速与丝锥进给没有严格的同步成比例运动关系，而是用可伸缩的攻丝夹头（如图 7-43 所示），靠装在攻丝夹头内部的弹簧对进给量进行补偿以改善攻螺纹的精度，这种攻螺纹方法称为"柔性攻螺纹"，也称柔性攻丝。

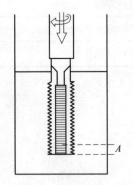

图 7-42　用丝锥攻螺纹

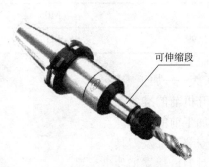

可伸缩段

图 7-43　可伸缩攻丝刀柄

对于主轴没有安装螺纹编码器的数控铣床/加工中心，此时主轴的转速和 Z 轴的进给是独立控制的，可采用柔性攻丝方式加工螺纹孔，但加工精度较刚性攻丝低。

为了提高生产效率，通常选择耐磨性较好的丝锥（如硬质合金丝锥），在加工中心机床上一次攻牙即完成螺孔加工。

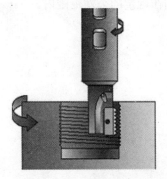

图 7-44　螺纹铣削示意图

2）铣螺纹

铣螺纹就是用螺纹铣刀在孔壁切削内螺纹。其工作原理是：应用 G03/G02 螺旋插补指令，刀具沿工件表面切削，螺旋插补一周，刀具沿 Z 向负向走一个螺距量，如图 7-44 所示。

随着数控加工技术的发展，尤其是三轴联动数控加工系统的出现，使更先进的螺纹加工方式——螺纹的数控铣削得以实现。螺纹铣削加工与传统螺纹加工方式相比，在加工精度、加工效率方面具有极大优势，且加工时不受螺纹结构和螺纹旋向的限制，如一把螺纹铣刀可加工多种不同旋向的内、外螺纹。对于不允许有过渡扣或退刀槽结构的螺纹，采用传统的车削方法或丝锥、板牙很难加工，但采用数控铣削却十分容易实现。而且在数控铣削螺纹过程中，对螺纹直径尺寸的调整极为方便，这是采用丝锥、板牙难以做到的。例如，加工 M40×2、M45×2、M48×2 三种相同螺距的螺纹孔，一般情况下必须使用 3 个不同的刀柄、丝锥夹套、丝锥才能实现连续加工，而使用螺纹铣刀只用一把刀即可完成全部加工。此外，螺纹铣刀的耐用度是丝锥的十多倍甚至数十倍，由于螺纹铣削加工的上述优势，目前发达国家的大批量螺纹生产已较广泛地采用了铣削工艺。

铣螺纹主要分为以下工艺过程，如图 7-45 所示。

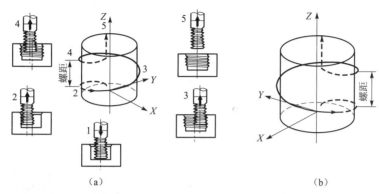

图 7-45　螺纹铣削刀具路径示意图
(a) 右旋螺纹；(b) 左旋螺纹

（1）螺纹铣刀运动至孔深尺寸。

（2）螺纹铣刀快速提升到螺纹深度尺寸，螺纹铣刀以 90° 或 180° 圆弧切入螺纹起始点。

（3）螺纹铣刀绕螺纹轴线作 X，Y 方向圆弧插补运动，同时作平行于轴线的 $+Z$ 向运动，即每绕螺纹轴线运动 360°，沿 $+Z$ 方向上升一个螺距，三轴联动运行轨迹为一个螺旋线。

（4）螺纹铣刀以圆弧从起始点（也是结束点）退刀。

（5）螺纹铣刀快速退至工件安全平面，准备加工下一孔。

该加工过程包括内螺纹铣削和螺纹清根铣削，采用一把刀具一次完成，加工效率很高。

从图 7-45 中还可看出，右旋内螺纹的加工是从里往外切削，左旋内螺纹的加工是从外向里切削，这主要是为了保证铣削时为顺铣，提高螺纹质量而设计的。

2. 螺纹孔加工刀具

在生产实践中，加工螺纹孔常用以下几种刀具。

1）丝锥

丝锥是具有特殊槽，带有一定螺距的螺纹圆形刀具。加工中常用的丝锥有直槽和螺旋槽两大类（如图 7-46 所示）。直槽丝锥加工容易、精度略低、产量较大，一般用于普通钻床及攻丝机的螺纹加工，切削速度较慢。螺旋槽丝锥多用于数控加工中心钻盲孔用，加工速度较快、精度高、排屑较好、对中性好。常用的丝锥材料有高速钢和硬质合金，现在的工具厂提供的丝锥大都是涂层丝锥，较未涂层丝锥的使用寿命和切削性能都有很大的提高。

图 7-46　丝锥
(a) 直槽丝锥；(b) 螺旋槽丝锥

2）整体式螺纹铣刀

从外形看，整体式螺纹铣刀很像是圆柱立铣刀与螺纹丝锥的结合体，如图 7-47 所示，但它的螺纹切削刃与丝锥不同，刀具上无螺旋升程，加工中的螺旋升程靠机床运动实现。由于这种特殊结构，使该刀具既可加工右旋螺纹，也可加工左旋螺纹，但不适于加工较大螺距的螺纹。

常用的整体式螺纹铣刀可分为粗牙和细牙两种。出于对加工效率和耐用度的考虑，螺纹铣刀都采用硬质合金材料制造，并可涂覆各种涂层以适应特殊材料的加工需要。整体式螺纹铣刀适用于钢、铸铁和有色金属材料的中小直径螺纹铣削，切削平稳，耐用度高。缺点是刀具制造成本较高，结构复杂，价格昂贵。

3）机夹螺纹铣刀

机夹螺纹铣刀结构如图 7–48 所示，适用于加工较大直径（如 $D>26$ mm）的螺纹，这种刀具的特点是刀片易于制造，价格较低。有的螺纹刀片可双面切削，但抗冲击性能较整体式螺纹铣刀稍差。因此，这类刀具常推荐用于加工铝合材料。

图 7–47　整体式螺纹铣刀

图 7–48　机夹螺纹铣刀

4）螺纹钻铣刀

螺纹钻铣刀由头部的钻削部分、中间的螺纹铣削部分及切削刃根部的倒角刃三部分组成，如图 7–49 所示。钻削部分的直径就是刀具所能加工螺纹的底径，这类刀具通常用整体硬质合金制成，是一种中小直径内的螺纹高效加工刀具，螺纹钻铣刀可以一次完成钻螺纹底孔、孔口倒角和内螺纹加工，减少了刀具使用数量，如图 7–50 所示。

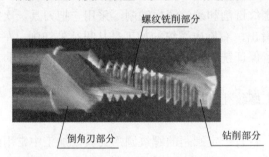

图 7–49　螺纹钻铣刀

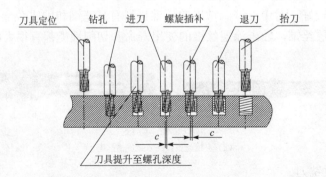

图 7–50　螺纹钻铣刀工作示意图

由于这类刀具在选择时受钻削部分直径的限制，一把螺纹钻铣刀只能加工一种规格的内螺纹，因而其通用性较差，价格也比较昂贵。

二、程序指令准备

1. G74/G84——FANUC 系统攻丝循环指令

G74 为左旋螺纹攻丝循环，当刀具以反转方式切削螺纹至孔底后，主轴正转返回 R 点平面或初始平面，最终加工出左旋的螺纹孔，如图 7-51 所示。

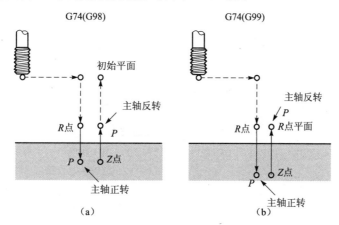

图 7-51 G74 指令运动示意图

（a）刀具返回初始平面；（b）刀具返回 R 点平面

G84 为右旋螺纹攻丝循环，当刀具以正转方式切削螺纹至孔底后，主轴反转返回 R 点平面或初始平面，最终加工出左旋的螺纹孔，如图 7-52 所示。

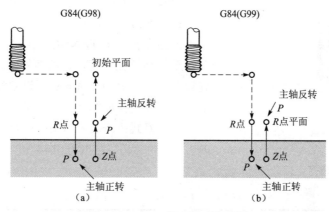

图 7-52 G84 指令运动示意图

（a）刀具返回初始平面；（b）刀具返回 R 点平面

指令格式：G74/G84 X__Y__Z__R__P__K__F__

其中：P__为刀具在孔底暂停时间，其他参数意义 G82 指令完全相同，在此略写。

使用攻丝循环应注意以下事项。

（1）当主轴旋转由 M03/M04/M05 指定时，此时的攻丝为柔性攻丝，下列程序执行时即为柔性攻丝：

```
......
M04S200
G90G99G74X100Y-75Z-50R5P300F100          在(100,-75)处攻第一个螺纹
Y75                                      在(100,75)处攻第二个螺纹
X-100                                    在(-100,75)处攻第三个螺纹
Y-75                                     在(-100,-75)处攻第四个螺纹
G00Z100
M05
......
```

（2）当主轴旋转状态用 M29 指定时，此时的攻丝为刚性攻丝。下列程序执行时即为刚性攻丝：

```
......
G94
M29S1000                                 指定刚性方式
G90G99G84X120Y100Z-40R5P500F1000         在(120,100)处攻第一个螺纹
X-120                                    在(-120,100)处攻第二个螺纹
G0Z100
......
```

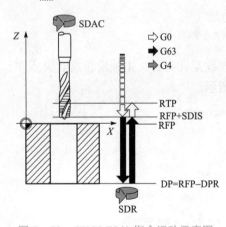

图 7-53　CYCLE840 指令运动示意图

（3）若增加 Q___ 参数项，即指令格式为 G74/G84 X___Y___Z___R___P___Q___K___F___，同时主轴旋转状态用 M29 指定，此时的攻丝为排屑式刚性攻丝，系统以间歇方式攻螺纹。

2. SINUMERIK-802D 系统攻丝循环指令

1）CYCLE840——带补偿夹具攻丝循环指令

该指令相当于 FANUC 系统柔性攻丝指令，刀具攻丝至最终螺孔深度，进给暂停一段时间，主轴反向旋转并退回到 R 点平面，最后以 G00 速度退回至初始平面。指令动作如图 7-53 所示。

指令格式：CYCLE840(RTP, RFP, SDIS, DP, DPR, DTB, SDR, SDAC, ENC, MPIT, PIT)

各参数含义见表 7-37。

表 7-37　CYCLE840 循环指令参数说明

RTP	实数	该参数用于确定返回平面位置，以绝对值方式编程
RFP	实数	该参数用于确定参考平面位置，以绝对值方式编程
SDIS	实数	该参数与 RFP 共同确定 R 平面位置，输入时不带正负号
DP	实数	该参数用于确定孔底平面位置，以绝对值方式编程
DPR	实数	相对于参考平面的最后钻孔深度（输入时不带正负号）
DTB	实数	该参数用于确定刀具在孔底进给暂停时间，单位：秒（s）

续表

SDR	整数	退回时刀具的旋转方向 值：0（旋转方向自动颠倒），3 或 4（用于 M03 或 M04） 如果机床无编码器，该参数值必定义为 3 或 4，否则，系统将报警
SDAC	整数	该参数指定循环结束时刀具的旋转方向 值：3，4 或 5（用于 M03、M04 或 M05） 该参数所定义的旋转方向与攻丝前的刀具旋转方向一致。如果 SDR = 0，SDAC 值在循环中已没有意义，此时可省略
ENC	整数	该参数指定是否带编码器攻丝 值：0 = 带编码器，1 = 不带编码器 如果机床带编码器，但要进行无编码器攻丝时，该参数值必须设为 1
MPIT	实数	该参数指定螺纹公称直径，数值范围为 3（用于 M3）～48（用于 M48）
PIT	实数	该参数指定螺纹螺距，数值范围为 0.001～2 000.000 mm

编程示例：应用 CYCLE840 指令以无编码器方式完成图 7-54 的螺纹孔加工，编写的 NC 程序见表 7-38。

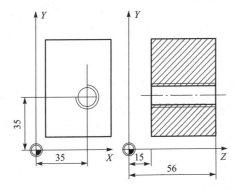

图 7-54　SINUMERIK-802D 系统 CYCLE840 循环指令应用示例

表 7-38　SINUMERIK-802D 系统 CYCLE840 循环指令应用示例程序

程序内容	说　明
T1D1	定义刀具及刀补号
G54G90G40G00Z100	加工前技术值定义
M03S500F200	
G00X35Y35	孔定位
CYCLE840（59，56，，15，0，1，4，3，1，，，）	调用 CYCLE840 指令进行无编码器方式攻丝。循环中停顿 1 s，退回旋转方向 M03，无安全间隙，已忽略 MPIT 及 PIT 参数
M30	程序结束

2）CYCLE84——刚性攻丝循环指令

与 CYCLE840 指令相比，该指令最大的特点是主轴与丝锥进给保持着严格的同步比例运动关系，指令动作如图 7-55 所示。

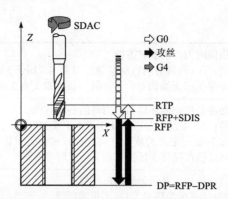

图 7 – 55 CYCLE84 指令运动示意图

指令格式：CYCLE84 (RTP, RFP, SDIS, DP, DPR, DTB, SDAC, MPIT, PIT, POSS, SST, SST1)

各参数含义见表 7 – 39。

表 7 – 39 CYCLE84 循环指令参数说明

RTP	实数	该参数用于确定返回平面位置，以绝对值方式编程
RFP	实数	该参数用于确定参考平面位置，以绝对值方式编程
SDIS	实数	该参数与 RFP 共同确定 R 平面位置，输入时不带正负号
DP	实数	该参数用于确定孔底平面位置，以绝对值方式编程
DPR	实数	相对于参考平面的最后钻孔深度（输入时不带正负号）
DTB	实数	该参数用于确定刀具在孔底进给暂停时间，单位：秒（s）
SDAC	整数	该参数指定循环结束时刀具的旋转方向 值：3，4 或 5（用于 M03、M04 或 M05）
MPIT	实数	该参数指定螺纹公称直径（有符号），数值范围为 3（用于 M3）～48（用于 M48） 符号的正负决定了在螺纹中的旋转方向，正值——RH（用于 M03）；负值——LH（用于 M04）
PIT	实数	该参数指定螺纹螺距（有符号），数值范围为 0.001～2 000.000 mm，符号的正负决定了在螺纹中的旋转方向，正值——RH（用于 M03）；负值——LH（用于 M04）
POSS	实数	循环中定位主轴的位置（以度为单位）
SST	实数	该参数指定攻丝速度
SST1	实数	该参数指定刀具退回速度

编程示例：应用 CYCLE84 指令以刚性攻丝方式完成图 7 – 56 所示中的螺纹孔加工，编写的 NC 程序见表 7 – 40。

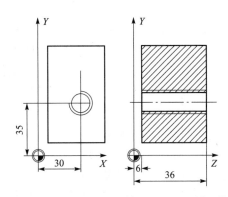

图 7-56 SINUMERIK-802D 系统 CYCLE84 循环指令应用示例

表 7-40 SINUMERIK-802D 系统 CYCLE84 循环指令应用示例程序

程序内容	说　　明
T1D1	定义刀具及刀补号
G54G90G40G00Z100	加工前技术值定义
F200	
G00X30Y35	孔定位
CYCLE84（40，36，2，，30，，3，5，，90，200，500）	调用 CYCLE84 指令进行刚性攻丝。循环中未给绝对深度或停顿时间输入数值，主轴在 90° 位置停止；攻丝速度为 200 mm/min，退回速度为 500 mm/min
M30	程序结束

三、案例工作任务（五）——汽油泵壳体结合面螺纹孔加工

1. 任务描述

应用数控加工中心机床完成图 7-57 所示的汽油泵壳体结合面螺纹孔 8-M10×1.5（粗牙）螺纹通孔加工。工件材料为 45 钢，生产规模为单件。

2. 应用"六步法"完成此工作任务

完成该项加工任务的工作过程如下。

1）资讯——分析零件图，明确加工内容

图 7-57 所示为汽油泵壳体零件的加工部位为 8 处 M10 螺纹孔，孔粗糙度为 Ra6.3，适于在数控加工中心机床采用攻丝加工；孔位置、M10 底孔孔径为重点保证的尺寸。

2）决策——确定加工方案

（1）机床及装夹方式选择：由于零件轮廓尺寸不大，并根据车间设备状况，决定选择 XH714

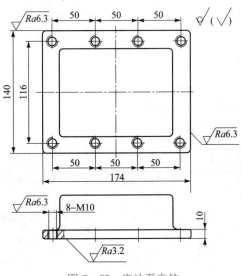

图 7-57 汽油泵壳体

型数控加工中心机床完成本次任务。装夹可用平口钳或压板压紧等装夹工件即可。

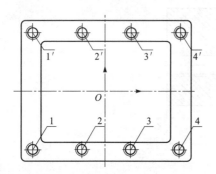

图 7-58　汽油泵壳体螺纹孔加工刀路示意图

（2）刀具选择及刀路设计：为保证螺纹孔位，选用一把 A4 中心钻作中心孔加工，螺纹孔的底径孔可用一把 $\phi 8.5$ mm 麻花钻进行加工，选用 M10 螺距 1.5 mm 的高速钢直槽丝锥作孔的最终加工。

刀路设计，采用逆时针顺序加工孔，XY 向刀路设计为图 7-58 所示的从 $1\rightarrow 4$、$4'\rightarrow 1'$ 加工。因零件孔位处厚度仅有 10 mm，故钻孔时 Z 向刀路采用一次钻、攻丝（柔性攻螺纹）至底面的方式加工工件。

（3）切削用量选择。钻孔切削用量选择见表 7-3，在此略写。

M10 直槽丝锥：转速为 $S=80\sim 100$（r/min）

进给量为 $F=S\times P$（mm/min）

式中　P——螺距。

（4）工件原点的选择：选取工件上表面中心 O 处作为工件原点，如图 7-58 所示。

3）计划——制定加工过程文件

（1）加工工序卡。本次加工任务的工序卡内容见表 7-41。

表 7-41　汽油泵壳体螺纹孔加工工序卡

工步	加工内容	刀具规格	刀号	刀具半径补偿 /mm	主轴转速 /(r · min⁻¹)	进给速度 /(mm · min⁻¹)
1	钻中心孔	A4 中心钻	1	0	1 000	30
2	钻螺纹底孔	$\phi 8.5$ mm 麻花钻	2	0	400	30
3	攻丝	M10×1.5 直槽丝锥	3	0	80	120

（2）NC 程序单。汽油泵壳体螺纹孔加工 NC 程序见表 7-42～表 7-45。

表 7-42　汽油泵壳体螺纹孔加工主程序

段号	FANUC0i 系统程序	SINUMERIK-802D 系统程序	程序说明
	O0001	KK.MPF	主程序名
N10	T1M06	T1M06	换 1 号刀
N20	G54G90G40G17G64G0 Z150	G54G90G40G17G64G0 Z150	程序初始化
N30	M03S1000	M03S1000	1 000 r/min 中心钻
N40	M08	M08	开冷却液
N50	G00 G43Z100H01	G00Z100D1	Z 轴快速定位，执行 01 号长度补偿
N60	M98P0011	L11	调用子程序 1 次，加工中心孔

段号	FANUC0i 系统程序	SINUMERIK – 802D 系统程序	程序说明
N70	T2M06	T2M06	换 2 号刀
N80	M03S400	M03S400	400 r/min 钻头
N90	G00 G43Z100H02	G00Z100D2	Z 轴快速定位，执行 02 号长度补偿
N100	M98P0012	L12	调用子程序 1 次，钻螺纹底孔
N110	T3M06	T3M06	换 3 号刀
N120	M03S80	M03S80	80 r/min 丝锥
N130	G00 G43Z100H03	G00Z100D3	Z 轴快速定位，执行 03 号长度补偿
N140	M98P0013	L13	调用子程序 1 次，螺纹加工
N150	G00Z150 G49	G00Z150	抬刀并撤销高度补偿/快速返回
N160	M09	M09	关冷却液
N170	M30	M30	程序结束

表 7 – 43　汽油泵壳体螺纹孔　钻中心孔加工子程序

段号	FANUC0i 系统程序	SINUMERIK – 802D 系统程序	程序说明
	O0011	L11.SPF	子程序名
N10	X – 75Y – 58	F80	加工 1 位孔/指定进给量
N20	G98 G82 Z – 5 R5 F80	MCALL CYCLE82（100, 0, 5, – 5, 0, 2）	模态，钻孔加工参数
N30		X – 75Y – 58	加工 1 位孔
N40	X – 25	X – 25	加工 2 位孔
N50	X25	X25	加工 3 位孔
N60	X75	X75	加工 4 位孔
N70	X75Y58	X75Y58	加工 4′ 位孔
N80	X25	X25	加工 3′ 位孔
N90	X – 25	X – 25	加工 2′ 位孔
N100	X – 75	X – 75	加工 1′ 位孔
N110	G80	MCALL	取消孔循环/取消模态
N120	G00Z150 G49	G00Z150	抬刀并撤销高度补偿/快速返回
N130	M09	M09	关冷却液
N140	M99	M17	子程序结束

表7-44 汽油泵壳体螺纹孔 钻底孔加工子程序

段号	FANUC0i 系统程序	SINUMERIK - 802D 系统程序	程序说明
	O0012	L12.SPF	子程序名
N10	X-75Y-58	F80	加工 1 位孔/指定进给量
N20	G98 G83 Z-15Q3 R5 F100	MCALL CYCLE83（50, 0, 5, -15, 0…3…1, 0）	模态，钻孔加工参数
N30		X-75Y-58	加工 1 位孔
N40	X-25	X-25	加工 2 位孔
N50	X25	X25	加工 3 位孔
N60	X75	X75	加工 4 位孔
N70	X75Y58	X75Y58	加工 4′ 位孔
N80	X25	X25	加工 3′ 位孔
N90	X-25	X-25	加工 2′ 位孔
N100	X-75	X-75	加工 1′ 位孔
N110	G80	MCALL	取消孔循环/取消模态
N120	G00Z150 G49	G00Z150	抬刀并撤销高度补偿/快速返回
N130	M09	M09	关冷却液
N140	M05	M05	主轴停止转动
N150	M99	M17	子程序结束

表7-45 汽油泵壳体螺纹孔 螺纹加工子程序

段号	FANUC0i 系统程序	SINUMERIK - 802D 系统程序	程序说明
	O0013	L13.SPF	子程序名
N10	X-75Y-58	F80	加工 1 位孔/指定进给量
N20	G98 G84 Z-15 R5 F80	MCALL CYCLE840（50, 0, 5, -15, 0, 1, 4, 3, 1,…）	模态，螺纹加工参数（无编码）
N30		X-75Y-58	加工 1 位孔
N40	X-25	X-25	加工 2 位孔
N50	X25	X25	加工 3 位孔
N60	X75	X75	加工 4 位孔

续表

段号	FANUC0i 系统程序	SINUMERIK – 802D 系统程序	程序说明
N70	X75Y58	X75Y58	加工 4′ 位孔
N80	X25	X25	加工 3′ 位孔
N90	X – 25	X – 25	加工 2′ 位孔
N100	X – 75	X – 75	加工 1′ 位孔
N110	G80	MCALL	取消孔循环/取消模态
N120	G00Z150 G49	G00Z150	抬刀并撤销高度补偿/快速返回
N130	M09	M09	关冷却液
N140	M05	M05	主轴停止转动
N150	M99	M17	子程序结束

4）实施——加工零件

（1）开机前的准备。

（2）加工前的准备。

（3）安装工件及刀具。

（4）对刀，建立工件坐标系。

（5）输入并检验程序。

（6）执行零件加工。

● 如果不是刚性攻丝，那么孔攻丝时只能一次完成。

● 攻丝时要注意主轴正反转的正确选择。

● 当运行到程序中螺纹指令（G84/G74）时，机床"进给倍率选择按钮"自动无效，同时机床进给量自行按 100% 运行加工。

（7）加工后处理。

5）检查——检验者验收零件

6）评估——加工者与检验者共同评价本次加工任务的完成情况

学生工作任务

1. 在数控加工中心机床上完成图 7–59 所示零件的盲孔的加工，工件材料为 45 钢，生产规模为单件。

2. 在数控加工是中心机床上完成图 7–60 所示零件的 $\phi16H8$ 孔的加工，工件材料为 45 钢，生产规模为单件。

3. 在数控加工中心机床上完成图 7–61 所示零件钻扩镗孔的加工，工件材料为 45 钢，生产规模为单件。试尝试不同加工方案。

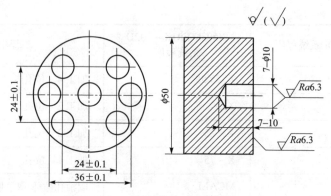

图 7-59　零件钻盲孔加工

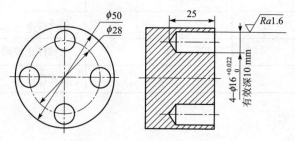

图 7-60　零件钻铰孔加工

4. 在数控加工中心机床上完成图 7-62 所示零件的螺纹孔的加工，工件材料为 45 钢，生产规模为单件。

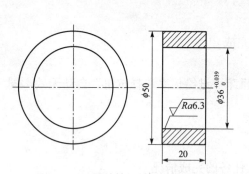

图 7-61　零件钻扩镗孔的加工

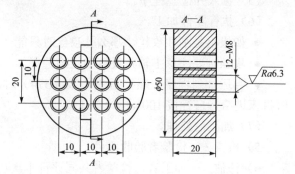

图 7-62　零件螺纹孔加工

特殊 2D 轮廓铣削

一、特殊 2D 轮廓概述

这里所说的特殊 2D 轮廓，主要有公式曲线轮廓及零件中呈圆周均布的齿类轮廓结构。

1. 公式曲线轮廓

公式曲线轮廓（如椭圆轮廓、抛物线轮廓、双曲线轮廓、正余弦曲线轮廓等）可用数学公式来表达，在产品的使用过程中具有特殊的用途，因而在生产中也得到了广泛应用，如图 8-1 所示的椭圆齿轮流量计，就安装了椭圆齿轮。

由于公式曲线轮廓按一定规律变化，因而在生产中常采用数控铣削，以拟合逼近理想轮廓的思路编写加工程序，最终实现公式曲线轮廓的加工。

2. 齿类轮廓

齿类轮廓结构通常呈圆周均匀分布在盘类零件上，如图 8-2（a）所示的链轮的链齿，图 8-2（b）所示的槽轮机构的槽轮等，都属于齿类轮廓结构。在生产过程中，对于生产批量不大的齿类轮廓结构，通常采用数控铣削的方法完成轮廓加工。

椭圆齿轮

图 8-1　椭圆齿轮流量计

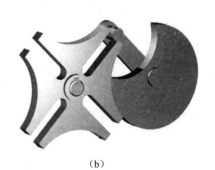

（a） （b）

图 8-2　齿类轮廓零件
（a）链轮；（b）槽轮机构

上述两类轮廓加工所采用的工艺方法与前述的轮廓加工及型腔加工基本相同，但编程方

231

法与以前将有明显不同，为了简化编程，通常使用宏程序编程技术来完成这两类轮廓加工。因此，如何应用宏程序指令将是本单元训练的重点。

二、学习目标

通过完成本单元的工作任务，拟促使学习者达到以下学习目标。

1. 知识目标

（1）熟练掌握宏程序相关编程指令及其使用技巧。

（2）合理设计常见公式曲线轮廓及齿类轮廓的加工工艺。

（3）熟练编写常见公式曲线轮廓及齿类轮廓的加工程序。

2. 技能目标

熟练编制常见公式曲线轮廓、齿类轮廓铣削的加工工艺及 NC 程序，并具有快速调试程序及控制零件加工精度的能力。

8.1 公式曲线轮廓铣削

一、公式曲线轮廓铣削工艺知识准备

1. 公式曲线轮廓铣削的编程加工原理

众所周知，公式曲线轮廓是按一定规律变化的，因此在手工编程模式下，用数控系统中的普通插补指令难以完成轮廓加工程序，通常采用若干段直线或圆弧去拟合逼近理想轮廓，最终实现公式曲线的轮廓加工。

下面将以椭圆轮廓为例，介绍用直线拟合逼近理想轮廓的编程加工原理。

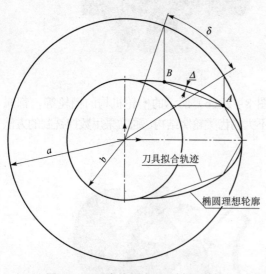

图 8-3　用直线拟合逼近椭圆轮廓

如图 8-3 所示，完成椭圆轮廓的铣削加工，为简化编程，将采用若干段直线段去拟合逼近椭圆理想轮廓，其中 a，b 分别为椭圆长半轴及短半轴，A，B 是轮廓上的任意两个拟合点，δ 则为 A 点到 B 点对应的圆弧夹角，Δ 为轮廓拟合误差。由图可知，若要提高椭圆轮廓加工精度，则必须减小 δ 值，适当增加拟合点数，因此，δ 值是提高椭圆轮廓加工精度的关键参数，其大小可根据椭圆轮廓度公差予以确定。

2. 常见公式曲线的数学表达式

常见的公式曲线有椭圆，双曲线，抛物线，正、余弦曲线等，表 8-1 列出了相应的曲线方程。

表 8-1 常见公式曲线的数学表达式

曲线名称	方程及特点
椭圆	标准方程：$\dfrac{x^2}{a^2}+\dfrac{y^2}{b^2}=1$；参数方程：$\begin{cases} x=a\cos\varphi \\ y=b\sin\varphi \end{cases}$ 其中，椭圆中心 O（0，0），顶点 A，B（$\pm a$，0），C，D（0，$\pm b$）
双曲线	标准方程：$\dfrac{x^2}{a^2}-\dfrac{y^2}{b^2}=1$；参数方程：$\begin{cases} x=a\sec\varphi \\ y=b\tan\varphi \end{cases}$ 其中，双曲线中心 O（0，0），顶点 A，B（$\pm a$，0），C，D（0，$\pm b$）
抛物线	标准方程：$y^2=2\rho x$；参数方程：$\begin{cases} x=\dfrac{2\rho}{\tan^2\varphi} \\ y=\dfrac{2\rho}{\tan\varphi} \end{cases}$
正弦曲线	标准方程：$Y=\sin x$；参数方程：$\begin{cases} x=a\sec\varphi \\ y=b\tan\varphi \end{cases}$
余弦曲线	标准方程：$Y=\cos x$；参数方程：$\begin{cases} x=a\sec\varphi \\ y=b\tan\varphi \end{cases}$

3. 公式曲线轮廓铣削工艺方法

公式曲线轮廓的铣削工艺方法与前述的外形轮廓、型腔加工工艺方法相似，通常采用立铣刀完成加工。

二、程序指令准备

1. 用户宏程序指令

1）用户宏程序概述

（1）用户宏程序定义。众所周知，一般意义上的加工程序所采用的编程指令，由数控系统生产厂商开发，其加工功能是固定的，使用者只能按照规定编程。但有时这些指令满足不了用户的需要（如加工一个椭圆轮廓），为了满足用户的个性加工要求，生产厂商向用户提供了能扩展数控系统功能的编程指令，用户应用这些扩展的编程指令对数控系统进行二次开发，从而实现所需的加工要求，这就是用户宏程序。

用户宏程序是指应用数控系统中的特殊编程指令编写而成、能实现参数化功能的加工程序，这类程序由一群命令构成，具有变量编程及重复加工功能。

（2）用户宏程序与普通程序的区别。与普通程序相比，用户宏程序的特点见表 8-2。

表 8-2 普通程序与用户宏程序的简要对比

普通程序	用户宏程序
只能使用常量编程	可以使用变量，通过给变量赋值实现变量编程
常量之间不可以运算	变量之间可以运算
程序只能顺序执行，不能跳转	程序运行可以跳转

（3）用户宏程序的分类。FANUC 数控系统的用户宏程序分为 A，B 两种，在一些较老的 FANUC 系统（FANUC - 0MD）中采用 A 类宏程序，而在较为先进的系统（如 FANUC0i）中则采用 B 类宏程序。

对于 SINUMERIK 系统，则只有一类宏程序，无 A，B 之分。

以下主要介绍 FANUC0i 及 SINUMERIK - 802D 两种系统较先进的用户宏程序相关内容。

2）用户宏程序的变量

（1）变量的表示。在常规的主程序和子程序内，总是将一个具体的数值赋给一个地址，为了使程序更具有通用性，更加灵活，在宏程序中设置了变量，一个变量由变量符号和数字组成。数控系统不同，其变量的表示格式也不尽相同，如#5、#100、#[#11 + #12 - 118]等表示 FANUC0i 数控系统的变量，R1、R100、R（R11 + R18）等表示 SINUMERIK - 802D 数控系统的变量。

（2）变量的引用。使用用户宏程序编程，数值可以直接指定，也可以用变量指定，见表 8 - 3。

表 8 - 3　FANUC0i 系统与 SINUMERIK - 802D 系统的变量引用举例

FANUC0i	SINUMERIK - 802D
……	……
#15 = #11 + #12	R15 = R11 + R12
#16 = SIN［#11 + 20］	R16 = SIN（R11 + 20）
G01 X#15 Y#16 F1000	G01 X = R15 Y = R16 F1000
……	……

（3）变量的类型。FANUC0i 数控系统的变量分为局部变量、公共变量（全局变量）和系统变量三种。

● 局部变量（#1～#33）：该类变量只能在宏程序中存储数据，例如运算结果，可以在程序中对其赋值。断电时，局部变量清除（初始化为空）。

● 公共变量（#100～#199，#500～#999）：该类变量在不同的宏程序中的意义相同，即公共变量对于主程序和从这些主程序调用的每个宏程序来说是公用的。

断电时，#100～#199 清除（初始化为空），通电时复位到"0"。

#500～#999 数据，即使在断电时也不清除。

● 系统变量（#1000 以上）：系统变量是指数控系统有固定用途的变量，它的值决定了系统的状态，常用于读和写数控系统运行时的各种数据变化，如刀具当前位置和补偿值等。

一般情况下，通常使用局部变量编写用户宏程序。

对于 SINUMERIK - 802D 数控系统来说，用于用户宏程序编程的变量只有一种，即自由变量，变量范围为 R0～R299。其中 R0～R99 与 FANUC 系统的局部变量相似，可以在程序中自由使用。

3）用户宏程序的格式

用户宏程序的编写格式与普通程序相似，表 8-4 列出了 FANUC0i 及 SINUMERIK - 802D 两种系统宏程序格式。

表 8 – 4　FANUC0i 与 SINUMERIK – 802D 两种系统宏程序格式

FANUC0i	SINUMERIK – 802D	程序说明
O10	L10.MPF（L10.SPF）	宏程序名
……	……	
#3 = #1 + 1	R3 = R1 + 1	变量赋值
#4 = #2 + 2	R4 = R2 + 2	变量赋值
G01 X#3 Y#4 F1000	G01 X = R3 Y = R4 F1000	变量引用
……	……	
M30（或 M99）	M30（或 M17）	宏程序结束

4）用户宏程序的调用

当用户宏程序编写成子程序格式时，必须通过宏程序调用指令，才能实现用户宏程序加工功能。

一般来说，用户宏程序调用通常有以下两种形式。

（1）按照子程序方式调用宏程序，其格式见表 8 – 5。

表 8 – 5　FANUC0i 与 SINUMERIK – 802D 两种系统以子程序方式调用宏程序

FANUC0i	SINUMERIK – 802D	程　序　说　明
O100	L100.MPF	主程序名
……		
M98 P30101	L101 P3	调用宏程序
……		
G00 X200 Y100 F1000		返回换刀点
……		
M30		主程序结束
O101	L101.SPF	宏程序名
……	……	
#1 = 0	R1 = 0	计数器赋初始值
N10 #1 = #1 + 5	MARK1：R1 = R1 + 5	计数器累加
#5 = #1 + #3	R5 = R1 + R3	变量赋值
#6 = #1 + #4	R6 = R2 + R4	变量赋值
IF [#1LT 90] GOTO10	IF R1＜ 90 GOTOB MARK1	循环语句，若满足条件，程序跳转至 N10（MARK1）标识行，实现重复运行
……	……	
M99	M17	宏程序结束

（2）用 G 指令调用宏程序。这里所说的 G 指令主要是指 G65，G66 指令，对 FANUC0i 以上版本的数控系统，可以用这两指令来实现用户宏程序的调用。

● G65——宏程序非模态调用。

指令格式：G65 P<p> L<l> <自变量赋值>

其中，各参数的意义如下。

<p>：要调用的宏程序名；

<l>：重复调用次数，其默认值为1；

<自变量赋值>：给宏程序所使用的变量赋初始值。

各参数含义及调用过程如图8-4所示实例，其中通过A1.0使#1=1，通过B2.0使#2=2。

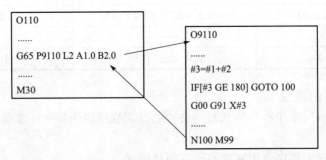

图8-4 FANUC0i系统G65指令调用宏程序示意图

由图8-4可知，自变量赋值与用户宏程序中所使用的局部变量存在一定的对应关系，表8-6列出了自变量赋值I与用户宏程序局部变量的对应关系。

表8-6 FANUC0i系统自变量赋值I与局部变量的对应关系

自变量赋值I	宏程序中的变量号	自变量赋值I	宏程序中的变量号
A	#1	Q	#17
B	#2	R	#18
C	#3	S	#19
D	#7	T	#20
E	#8	U	#21
F	#9	V	#22
H	#11	W	#23
I	#4	X	#24
J	#5	Y	#25
K	#6	Z	#26
M	#13		

注：除去 G，L，N，O，P 之外，其余 21 个英文字母都可以给自变量赋值，每个字母赋值一次，从 A-B-C-D-…-X-Y-Z，赋值不必按字母顺序进行，但使用 I，J，K 时，必须按字母顺序赋值，不赋值的地址可以省略。

• G66/G67——宏程序模态调用/取消。

G66 指令用于指定宏程序模态调用，即指定沿移动轴移动的程序段后调用宏程序，其格式与非模态调用指令 G65 相似。

指令格式：G66 P<p> L<l> <自变量赋值>

其中各参数的意义如下。

<p>：要调用的宏程序名；

　　<l>：重复调用次数，其默认值为1；

　　<自变量赋值>：给宏程序所使用的变量赋初始值。

　　G67 指令用于取消宏程序模态调用，执行该指令后，其后面的程序段不再执行宏程序模态调用。因此，G66 与 G67 必须成对使用。

　　例如：在图 8-5 所示的实例中，从 N110～N130 程序段，O9110 宏程序将被执行 2 次，到 N140 程序段才取消调用。

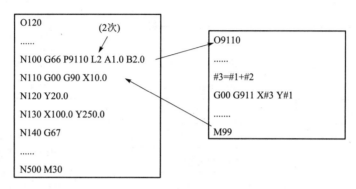

图 8-5　FANUC0i 系统 G66/G67 指令应用实例

● 关于 G65/G66 指令的两点说明。

　　调用嵌套：用户宏程序可实现四级嵌套调用，但不包括子程序调用（M98）。

　　局部变量的级别：局部变量嵌套从 0～4 级，主程序是 0 级。用 G65 或 G66 调用宏程序，每调用一次（2，3，4 级），局部变量级别加 1，而前一级的局部变量值保存在 CNC 中，即每级局部变量（1，2，3 级）被保存，下一级的局部变量（2，3，4 级）被准备，可以进行自变量赋值。

　　当宏程序中执行 M99 时，控制返回到调用的程序，此时，局部变量级别减 1，并恢复宏程序调用时保存的局部变量值，即上一级被储存的局部变量被恢复，如同它被储存一样，而下一级的局部变量被清除，如图 8-6 所示。

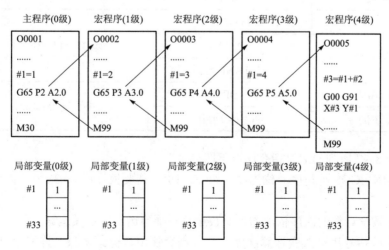

图 8-6　FANUC0i 系统 G66/G67 指令应用实例

5）FANUC0i 系统用户宏程序运算指令及转移指令

（1）程序运算指令。FANUC0i 系统的运算指令类似于数学运算，用各种数学符号表示，常用的运算指令见表 8 - 7。

表 8 - 7　FANUC0i 系统宏程序常用运算指令

功　能	格　式	备注与具体示例
定义、置换	#i = #j	#100 = 30.0，#100 = #2
加法	#i = #i + #j	#100 = #1 + #2
减法	#i = #i − #j	#100 = #1 − #2
乘法	#i = #i*#j	#100 = #1*#2
除法	#i = #i/#j	#100 = #1/#2
正弦	#i = SIN[#j]	
反正弦	#i = ASIN[#j]	
余弦	#i = COS[#j]	#100 = SIN[#1]
反余弦	#i = A COS [#j]	#100 = COS[36.0 + #2]
正切	#i = TAN[#j]	#100 = ATAN[#1/#2]
反正切	#i = ATAN[#j/#k]	
平方根	#i = SQRT[#j]	
绝对值	#i = ABS[#j]	
舍入	#i = ROUND[#j]	
上取整	#i = FIX[#j]	#100 = SQRT[#1*#1 − 100]
下取整	#i = FUP [#j]	#100 = EXP[#1]
自然对数	#i = LN[#j]	
指数函数	#i = EXP[#j]	
或	#i OR #j	
异或	#i XOR #j	逻辑运算一位一位地按二进制执行
与	#i AND #j	
BCD 转 BIN	#i = BIN[#j]	用于与 PMC 的信号交换
BIN 转 BCD	#i = BCD[#j]	

下面对表 8 - 7 所列的运算指令作以下四点说明。

• 函数 SIN、COS 等角度单位为度。如 60°18′，需要换算成 60.3° 后才能进行三角函数运算。

• 宏程序数学计算的次序依次为：函数运算—乘除运算—加减运算。

• 函数中的括号用于改变运算次序，允许嵌套使用，但最多只允许嵌套 5 级。例如，

$\#1 = SIN[[[\#2 + \#3]*4 + \#5]/\#6]$。

● 宏程序中的上、下取整运算：数控系统处理数值时，无条件舍去小数部分称为上取整；小数部分进位至整数称为下取整。

例如，设$\#1 = 1.2$，$\#2 = -1.2$。

执行$\#3 = FUP[\#1]$时，2.0 赋给$\#3$；执行$\#3 = FIX[\#1]$时，1.0 赋给$\#3$；执行$\#3 = FUP[\#2]$时，-1.0 赋给$\#3$；执行$\#3 = FIX[\#2]$时，-2.0 赋给$\#3$。

（2）程序转移指令。

● 跳转指令（GOTO 语句）：数控系统中的跳转指令主要起控制程序流向的作用，FANUC0i 系统的跳转指令主要为 GOTO 语句。

格式一——无条件跳转：GOTO n

这种格式表示程序能无条件跳转至某程序段，并实现无限循环运行，如图 8 - 7 所示。

格式二——有条件跳转：IF[条件表达式]GOTO n

如果条件成立，程序则跳转至某程序段；如果条件不成立，则执行下一句程序，如图 8 - 8 所示。

图 8 - 7　FANUC0i 系统无条件跳转示意图

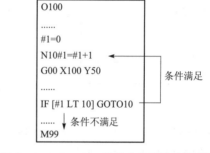

图 8 - 8　FANUC0i 系统有条件跳转示意图

其中，"条件表达式"必须包括逻辑运算符及变量，并用"[ ]"封闭。例如，[#2 GT 15] 为一个完整的条件表达式。FANUC0i 系统常用的逻辑运算符见表 8 - 8。

表 8 - 8　FANUC0i 系统逻辑运算指令

运算符	含　　义	英　文　注　释
EQ	等于（＝）	EQual
NE	不等于（≠）	Not Equal
GE	大于等于（≥）	Great than or Equal
GT	大于（＞）	Great Than
LE	小于等于（≤）	Less than or Equal
LT	小于（＜）	Less Than

● 循环指令（WHILE 语句）：即用 WHILE、DO 及 END 组成的循环指令。

指令格式：

```
WHILE[条件表达式] DO m（m=1,2,3,…）
……
END m
……
```

当满足条件表达式时，就循环执行 WHILE 与 END 之间的程序段，当不能满足条件表达式时，则执行 END m 的下一个程序段，如图 8-9 所示。

下面介绍关于 WHILE 循环指令的几点说明。

DO m 和 END m 必须成对使用；

在 DO～END 循环中的标号可以根据需要多次使用，如图 8-10 所示。

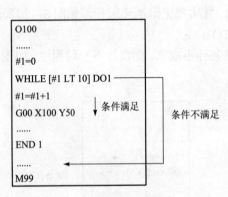

图 8-9　WHILE 循环示意图

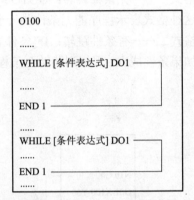

图 8-10　WHILE 循环标号使用说明

DO 循环最多可进行 3 重嵌套，如图 8-11 所示。

DO 的范围不能交叉，如图 8-12 所示。

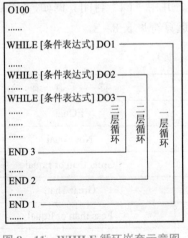

图 8-11　WHILE 循环嵌套示意图

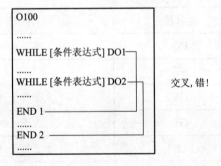

图 8-12　WHILE 循环交叉错误举例

6）SINUMERIK-802D 系统用户宏程序运算指令及转移指令

（1）程序运算指令。SINUMERIK-802D 系统常用的运算指令见表 8-9。

表 8 - 9 SINUMERIK - 802D 系统宏程序常用运算指令

功 能	格 式	备注与具体示例
定义、置换	Ri = Rj	R100 = 30.0，R100 = R2
加法	Ri = Ri + Rj	R100 = R1 + R2
减法	Ri = Ri - Rj	R100 = R1 - R2
乘法	Ri = Ri*Rj	R100 = R1*R2
除法	Ri = Ri/Rj	R100 = R1/R2
正弦	Ri = SIN[Rj]	
反正弦	Ri = ASIN[Rj]	
余弦	Ri = COS[Rj]	R100 = SIN[R1]
反余弦	Ri = A COS[Rj]	R100 = COS[36.0 + R2]
正切	Ri = TAN[Rj]	R100 = ATAN[R1/R2]
反正切	Ri = ATAN[Rj/Rk]	
平方根	Ri = SQRT[Rj]	R100 = SQRT[R1*R1 - 100]

② 程序转移指令。SINUMERIK - 802D 系统的转移指令主要是跳转指令（GOTO 语句）。

• 无条件跳转

指令格式：GOTOB/GOTOF LABEL

其中，各参数的意义如下。

GOTOB：表示向程序开始的方向跳转；

GOTOF：表示向程序结束的方向跳转；

LABEL：表示跳转目标行号，如果写成"LABEL："则可跳转至其他程序文件。

例如：

LX10.MPF

……

GOTOF MARK2

MARK1: R1 = R1 + R2

……

MARK2: R5 = R5 - R2

……

GOTOB MARK1

……

• 有条件跳转指令

指令格式：IF 条件表达式 GOTOB/GOTOF LABEL

如果满足条件表达式，则程序跳转至 LABEL 所标识的程序段。

与 FANUC0i 系统相似，SINUMERIK - 802D 系统也有相应的逻辑运算符，详见表 8 - 10。

表 8 – 10   SINUMERIK – 802D 系统逻辑运算指令

含　义	运算符	含　义	运算符
等于	= =	小于等于	< =
不等于	< >	大于	>
大于等于	> =	小于	<

2. 切削方式指令

FANUC 和 SINMERIK 数控系统都设有切削方式指令。

1）G64——连续切削

该指令主要控制机床从一个程序段到下一个程序段转换过程中避免进给停顿，以连续方式运行，从而避免在加工过程中产生振动。

指令格式：G64

公式曲线轮廓主要采用直线拟合逼近理论轮廓的铣削方法完成加工，为了避免刀具在加工中产生高频振动，在加工程序中通常加入 G64 指令，否则会影响轮廓的表面加工质量。

2）G09——准确定位

该指令生效后，当到达定位精度后，刀具的进给速度减小到零。

应用 G09 指令编程，可获得 90°的轮廓转角，但由于准确定位后刀具进给速度减小到零，执行下一程序段时，刀具进给速度又由零增大至指定值，若在单位时间内数控系统执行多段程序，高频次进行准确定位，将会引起机床加工振动。

指令格式：G09

三、案例工作任务（一）——椭圆的加工

1. 任务描述

应用数控铣床完成图 8 – 13 所示的椭圆的加工。零件材料为 45 钢，生产规模为单件。

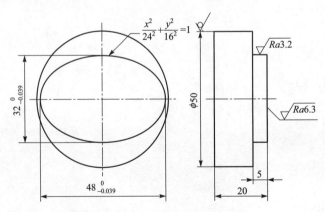

$$\frac{x^2}{24^2}+\frac{y^2}{16^2}=1$$

图 8 – 13   柴油机调速器壳体

2. 应用"六步法"完成此工作任务

完成该项加工任务的工作过程如下。

1）资讯——分析零件图，明确加工内容

图 8-13 所示零件的加工部分为深 5 mm 的椭圆，其中椭圆的长短轴 $48_{-0.039}^{0}$、$32_{-0.039}^{0}$ 为主要保证的尺寸，同时椭圆的表面粗糙度也有要求。

2）决策——确定加工方案

（1）机床及装夹方式的选择：由于零件轮廓尺寸不大，根据车间设备状况，决定选择 XH714 型立式加工中心完成本次任务。零件可用平口钳配合 V 形铁装夹。

（2）刀具选择及刀路设计：选择一把 ϕ12 mm 高速钢立铣刀对零件进行加工。

根据前面对图 8-3 的分析，可以将椭圆轮廓看成是由无数个点连接而成的，如图 8-14 所示。

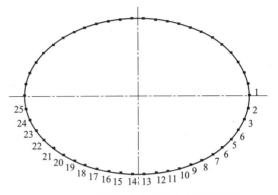

图 8-14 椭圆轮廓由无数个点连接而成

在数控编程中，点和点之间的连接可以用 G01 直线插补指令来完成，那么椭圆轮廓中的 1 点~25 点就可以通过 G01 来编程，从而以直线逼近椭圆。现在存在的一个问题就是如何把这个连续的 G01 直线插补程序简单化。

通过分析椭圆的参数方程，即 $x = a*\cos \varphi$，$y = b*\sin \varphi$，可以知道 a，b 分别为椭圆的长短半轴，是常量，角度 φ 的取值范围为 0°~360°，是一个变化的数值，而且每一个 φ 值都有唯一的 x，y 与之对应。由此可以将角度 φ 设置为变量，通过变化 φ 值得到多个 x，y 坐标值，然后用 G01 直线插补指令将这些 x，y 坐标连接起来，最终形成椭圆轮廓。

基于上述分析，这里决定用宏程序来编程，通过加入刀具半径补偿控制尺寸。

（3）切削用量的选择：ϕ12 mm 高速钢立铣刀。

根据转速有　　$n = 1\,000\,v/\pi d$　　（查表 5-1 得高速钢切削用量推荐值）

$$= 1\,000 \times 20/3.14 \times 12 \approx 550（r/min）$$

切削进给量有 $F = f_z \times S \times Z = 0.05 \times 550 \times 3 = 80（mm/min）$

（4）工件原点的选择：选取在工件上表面椭圆中心点作为工件坐标系原点。

3）计划——制定加工过程文件

（1）加工工序卡。本次加工任务的工序卡内容见表 8-11。

表 8-11　椭圆加工工序卡

序号	加工内容	刀具规格	刀号	刀具半径补偿 /mm	主轴转速 / (r·min⁻¹)	进给速度 / (mm·min⁻¹)
1	椭圆轮廓	ϕ12 立铣刀	1	6	550	80

（2）NC 程序单。椭圆加工 NC 程序见表 8-12。

表 8-12　椭圆加工程序

段号	FANUC0i 系统程序	SINUMERIK-802D 系统程序	程序说明
	O0001	KK. MPF	主程序名
N10	G54G90G40G17G64G00Z150	G54G90G40G17G64G00Z150	程序初始化

续表

段号	FANUC0i 系统程序	SINUMERIK – 802D 系统程序	程序说明
N20	M03S550	M03S550	主轴转速 550 r/min
N30	M08	M08	开冷却液
N40	X35Y0	X35Y0	X，Y 快速定位
N50	Z5	Z5	Z 轴快速定位
N60	G01Z – 5F100	G01Z – 5F100	Z 轴定位至加工深度
N70	G41X24Y0D01	G41X24Y0D01	建立刀具半径左补偿
N80	#1 = – 1	R1 = – 1	给变量赋初始值
N90	#2 = 24	R2 = 24	定义椭圆长半轴
N100	#3 = 16	R3 = 16	定义椭圆短半轴
N110	#4 = #2*COS[#1]	KK：R4 = R2*COS（R1）	变量计算
N120	#5 = #3*SIN[#1]	R5 = R3*SIN（R1）	
N130	G01X#4Y#5	G01X = R4Y = R5	根据变量计算结果执行直线插补
N140	#1 = #1 – 3	R1 = R1 – 3	变量更新
N150	IF[#1GE – 360]GOTO110	IF R1> = – 360 GOTOB KK	条件判断
N160	G40X35Y0	G40X35Y0	撤销刀具半径左补偿
N170	G00Z150	G00Z150	Z 轴快速定位
N180	M30	M30	程序结束

4）实施——加工零件

（1）开机前的准备。

（2）加工前的准备。

（3）安装工件及刀具。

（4）对刀，建立工件坐标系。

如果零件为半成品，对刀时应用校表方法建立工件坐标系，或采用寻边器对 X，Y 向坐标。

（5）输入并检验程序。

（6）执行零件加工。

（7）加工后处理。

5）检查——检验者验收零件

6）评估——加工者与检验者共同评价本次加工任务的完成情况

四、案例工作任务（二）——正弦曲线的加工

1. 任务描述

应用数控铣床完成图 8 – 15 所示的正弦曲线的加工。零件材料为 45 钢，生产规模为单件。

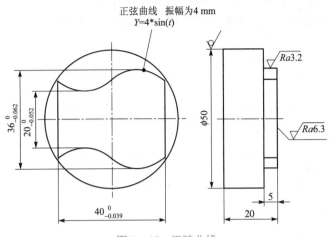

图 8－15　正弦曲线

2. 应用"六步法"完成此工作任务

完成该项加工任务的工作过程如下。

1）资讯——分析零件图，明确加工内容

图 8－15 所示零件的加工部分为深 5 mm 带正弦曲线的 2D 轮廓，其中 $40_{-0.039}^{0}$、$36_{-0.062}^{0}$、$20_{-0.052}^{0}$ 为主要保证的尺寸，同时轮廓的表面粗糙度也有要求。

2）决策——确定加工方案

（1）机床及装夹方式的选择：由于零件轮廓尺寸不大，根据车间设备状况，决定选择 XH714 型立式加工中心完成本次任务。零件可用平口钳配合 V 形铁装夹。

（2）刀具选择及刀路设计：选择一把 ϕ12 mm 高速钢立铣刀对零件进行加工。

通过对椭圆的编程与加工，可以知道手工编制一些特殊 2D 轮廓的程序，得用宏程序来处理。对于正弦曲线的编程与加工，同样如此，在正弦曲线上找出若干个点，用 G01 直线插补指令将它们连接起来即可，这是以直线方式逼近的方法来编制特殊曲线的加工程序。既然用宏程序来编程，那么首先得设置变量，然后进行变量计算，这样才能把程序编制出来。下面来分析正弦曲线的程序编制。

首先寻找变量，图 8－16 所示的是一段正弦曲线，从图中可以看出 y 的变化范围受曲线振幅 a 的限制，x 的变化范围与波长有关，那是不是有其中一个或两个都是呢？显然不是，因为 x，y 没有相互关联，但其都与角度 t 有关系，由此可以确定角度 t 为变量。

其次进行变量的计算，即写出相应的变量表达式。数控机床是通过 x，y 坐标来精确定位的，所以要找出坐标 x，y 与变量 t

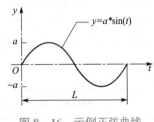

图 8－16　示例正弦曲线

的关系。从图 8－15 和正弦曲线的标准方程中不难发现它们之间的关系。

例如，当 $t=t_1$ 时，$x_1=L/t*t_1$，$y_1=a*\sin(t_1)$。

如果把 t 分成若干个 t_1，则可以得出相应的 x，y，再用 G01 直线插补指令将其连接起来就是需要的结果了。

（3）切削用量的选择，根据上一案例的用量公式代入计算。

（4）工件原点的选择：选取工件上表面中心作为工件坐标系原点。

3）计划——制定加工过程文件

（1）加工工序卡。本次加工任务的工序卡内容见表8-13。

表8-13 椭圆加工工序卡

序号	加工内容	刀具规格	刀号	刀具半径补偿/mm	主轴转速/(r·min⁻¹)	进给速度/(mm·min⁻¹)
1	正弦曲线轮廓	ϕ12 立铣刀	1	6	550	80

（2）NC 程序单。正弦曲线轮廓加工 NC 程序见表8-14。

表8-14 正弦曲线轮廓加工程序

段号	FANUC0i 系统程序	SINUMERIK-802D 系统程序	程序说明
	O0001	KK.MPF	主程序名
N10	G54G90G40G17G64G00Z150	G54G90G40G17G64G00Z150	程序初始化
N20	M03S550	M03S550	主轴转速 550 r/min
N30	M08	M08	开冷却液
N40	X-35Y0	X-35Y0	X，Y 快速定位
N50	Z5	Z5	Z 轴快速定位
N60	G01Z-5F100	G01Z-5F100	Z 轴定位至加工深度
N70	G41X-20Y0D01	G41X-20Y0D01	建立刀具半径左补偿
N80	Y14	Y14	Y 轴移动
N90	#1=-179	R1=-179	给变量赋初始值
N100	#2=40/360*#1	KK: R2=40/360*R1	变量计算
N110	#3=4*SIN[#1]+14	R3=4*SIN（R1）+14	
N120	G01X#2Y#3	G01X=R2Y=R3	根据变量计算结果执行直线插补
N130	#1=#1+3	R1=R1+3	变量更新
N140	IF[#1LE180]GOTO100	IF R1<=180 GOTOB KK	条件判断
N150	X20Y14	X20Y14	X，Y 轴移动
N160	Y-14	Y-14	Y 轴移动
N170	#4=359	R4=359	给变量赋初始值

段号	FANUC0i 系统程序	SINUMERIK – 802D 系统程序	程序说明
N180	#5 = 40/360*#4 – 20	BB: R5 = 40/360*R4 – 20	变量计算
N190	#6 = 4*SIN[#4] – 14	R6 = 4*SIN（R4） – 14	
N200	G01X#5Y#6	G01X = R5Y = R6	根据变量计算结果执行直线插补
N210	#4 = #4 – 3	R4 = R4 – 3	变量更新
N220	IF[#1GE0]GOTO180	IF R1>= 0 GOTOB BB	条件判断
N230	X – 20Y – 14	X – 20Y – 14	X，Y 轴移动
N240	Y0	Y0	Y 轴移动
N250	G40X – 35Y0	G40X – 35Y0	撤销刀具半径左补偿
N260	G00Z150	G00Z150	Z 轴快速定位
N270	M30	M30	程序结束

4）实施——加工零件

（1）开机前的准备。

（2）加工前的准备。

（3）安装工件及刀具。

（4）对刀，建立工件坐标系。

如果零件为半成品，对刀时应用校表方法建立工件坐标系，或采用寻边器对 X，Y 向坐标。

（5）输入并检验程序。

（6）执行零件加工。

（7）加工后处理。

5）检查——检验者验收零件

6）评估——加工者与检验者共同评价本次加工任务的完成情况

8.2 齿类轮廓铣削

一、齿类轮廓铣削工艺知识准备

齿类轮廓也属于 2D 轮廓范畴，其主要特点是齿类结构均布在圆盘零件基体上，因此，铣削该类结构时，刀具、切削用量等方面选择与前述的 2D 轮廓铣削基本相同，但刀具进给路线的设计思想略有不同：前述的 2D 轮廓铣削通常采用一次连续的刀路完成零件加工［如图 8–17（a）所示］，而齿类轮廓结构通常先铣削一个局部结构，然后沿圆周"复制"刀路，进而完成整个零件加工［如图 8–17（b）所示］。

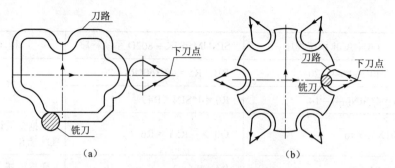

图 8-17　两种轮廓铣削刀路设计比较

（a）一次连续铣削刀路；（b）刀路圆周"复制"

二、程序指令准备

一般情况下，用坐标系旋转指令及宏程序指令配合编写加工程序，可使刀路实现圆周"复制"。相关指令在前述单元已进行详细介绍，在此不再赘述。

三、案例工作任务（三）——槽轮的加工

1. 任务描述

应用数控铣床完成图 8-18 所示的槽轮机构中槽轮的加工。零件材料为 45 钢，生产规模为单件。

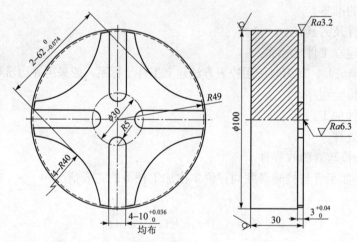

图 8-18　槽轮

2. 应用"六步法"完成此工作任务

完成该项加工任务的工作过程如下。

1）资讯——分析零件图，明确加工内容

图 8-18 所示零件的加工部分为深 3 mm 的槽轮，其中 $62_{-0.074}^{0}$、$10_{0}^{+0.036}$ 和 $3_{0}^{+0.04}$ 为主要保证的尺寸，同时轮廓的表面粗糙度也有要求。

2）决策——确定加工方案

（1）机床及装夹方式选择：由于零件轮廓尺寸不大，根据车间设备状况，决定选择 XH714

型立式加工中心完成本次任务。零件可用平口钳配合 V 形铁装夹。

（2）刀具选择及刀路设计：为了保证槽 $10^{+0.036}_{0}$ 的尺寸，选择一把 $\phi 8$ mm 高速钢立铣刀进行加工，其余轮廓可以选择 $\phi 20$ mm 的高速钢立铣刀进行加工，这样可以更有效地去除余量和保证尺寸。

由于这个零件是由一些均布的轮廓构成的，为了使程序更加简洁、实用，可以考虑用调用子程序或相关的宏程序来编制程序。在这里决定用宏程序配合子程序来编制程序。

（3）切削用量的选择：通过查阅有关切削参数的书籍，得到高速钢立铣刀加工中碳钢的切削速度约为 20 m/min，每齿吃刀量约为 0.05 mm/r。

$\phi 8$ mm 高速钢立铣刀的主轴转速和切削进给量如下。

主轴转速为 $n = 1\,000\,v/\pi d = 1\,000 \times 20/3.14 \times 8 \approx 800$（r/min）

切削进给量为 $F = f_z \times S \times Z = 0.05 \times 800 \times 3 \approx 120$（mm/min）

$\phi 20$ mm 高速钢立铣刀的主轴转速和切削进给量如下。

主轴转速为 $n = 1\,000\,v/\pi d = 1\,000 \times 20/3.14 \times 20 \approx 300$（r/min）

切削进给量为 $F = f_z \times S \times Z = 0.05 \times 300 \times 3 \approx 50$（mm/min）

（4）工件原点的选择：选取工件上表面中心作为工件坐标系原点。

3）计划——制定加工过程文件

（1）加工工序卡。本次加工任务的工序卡内容见表 8-15。

表 8-15　槽轮加工工序卡

序号	加工内容	刀具规格	刀号	刀具半径补偿/mm	主轴转速/（r·min⁻¹）	进给速度/（mm·min⁻¹）
1	外轮廓	$\phi 20$ 立铣刀	1	10	300	50
2	10 mm 的槽	$\phi 8$ 立铣刀	2	4	800	120

（2）NC 程序单。槽轮加工的 NC 程序见表 8-16。

表 8-16　槽轮加工程序

段号	FANUC0i 系统程序	SINUMERIK - 802D 系统程序	程序说明
	O0001	KK.MPF	主程序名
N10	T1M06	T1M06	换 1 号刀
N20	G54G90G40G17G64G0Z150	G54G90G40G17G64G0Z150	程序初始化
N30	M03S300	M03S300	主轴转速 300 r/min
N40	M08	M08	开冷却液
N50	G00Z100G43H01	G00Z100T1D1	Z 轴快速定位，执行 01 号长度补偿
N60	#1 = 0	R1 = 0	给变量赋初值
N70	G68X0Y0R#1	KK：ROT　　RPL = R1	建立坐标系旋转功能
N80	M98P0002	L11	调用子程序加工 R40 的圆弧

段号	FANUC0i 系统程序	SINUMERIK-802D 系统程序	程序说明
N90	#1 = #1 + 90	R1 = R1 + 90	变量更新
N100	G69	ROT	撤销坐标系旋转功能
N110	IF[#1LE270]GOTO70	IF R1<=270 GOTOB KK	条件判断
N120	T2M06	T2M06	换2号刀
N130	G54G90G40G17G64G0Z150	G54G90G40G17G64G0Z150	程序初始化
N140	M03S800	M03S800	主轴转速 800 r/min
N150	M08	M08	开冷却液
N160	G00Z100G43H02	G00Z100T2D1	Z轴快速定位，执行 02 号长度补偿
N170	#2 = 0	R2 = 0	给变量赋初始值
N180	G68X0Y0R#2	BB: ROT RPL = R2	建立坐标系旋转功能
N190	M98P0003	L12	调用子程序加工小槽
N200	#2 = #2 + 90	R2 = R2 + 90	变量更新
N210	IF[#1LE270]GOTO180	IF R1<=270 GOTOB BB	条件判断
N220	G69	ROT	撤销坐标系旋转功能
N230	G00Z150 G49	G00Z150T2D0	抬刀并撤销长度补偿/快速返回
N240	M09	M09	关冷却液
N250	M30	M30	程序结束
子程序			
	O0002	L11.SPF	子程序名
N10	X5Y65	X5Y65	X, Y 轴快速定位
N20	Z3	Z3	Z轴快速定位
N30	G01Z-3F50	G01Z-3F50	定位至零件加工深度
N40	G41Y48.744D01	G41Y48.744D01	建立刀具半径左补偿
N50	G02X10.27Y47.912R49	G02X10.27Y47.912CR=49	顺圆弧插补
N60	G03X47.912Y10.27R40	G03X47.912Y10.27CR=40	逆圆弧插补
N70	G02X48.744Y5R49	G02 X48.744Y5CR=49	顺圆弧插补
N80	G40G01X65	G40G01X65	撤销刀具半径左补偿
N90	G00Z30	G00Z30	Z轴快速定位
N100	M99	M17	子程序结束，并返回主程序

段号	FANUC0i 系统程序	SINUMERIK – 802D 系统程序	程序说明
		子程序	
	O0003	L12.SPF	子程序名
N10	X55Y0	X55Y0	X, Y 轴快速定位
N20	Z3	Z3	Z 轴快速定位
N30	G01Z – 3F50	G01Z – 3F50	定位至零件加工深度
N40	G41Y5D01F120	G41Y5D01F120	建立刀具半径左补偿
N50	X15	X15	X 轴直线插补
N60	G03Y – 5R5	G03Y – 5CR = 5	逆圆弧插补
N70	G01X55	G01X55	X 轴直线插补
N80	G40Y0	G40Y0	撤销刀具半径左补偿
N90	G00Z30	G00Z30	Z 轴快速定位
N100	M99	M17	子程序结束，并返回主程序

4）实施——加工零件

（1）开机前的准备。

（2）加工前的准备。

（3）安装工件及刀具。

（4）对刀，建立工件坐标系。

如果零件为半成品，对刀时应用校表方法建立工件坐标系，或采用寻边器对 X, Y 向坐标。

（5）输入并检验程序。

（6）执行零件加工。

（7）加工后处理。

5）检查——检验者验收零件

6）评估——加工者与检验者共同评价本次加工任务的完成情况

四、案例工作任务（四）——花轮槽的加工

1. 任务描述

应用数控铣床完成图 8 – 19 所示的花轮槽的加工。零件材料为 45 钢，生产规模为单件。

2. 应用"六步法"完成此工作任务

完成该项加工任务的工作过程如下。

1）资讯——分析零件图，明确加工内容

图 8 – 19 所示零件的加工部分为深 10 mm 的封闭槽，其中 $108_{-0.04}^{0}$、$10_{0}^{+0.058}$ 为主要保证

的尺寸，同时轮廓的表面粗糙度也有要求。

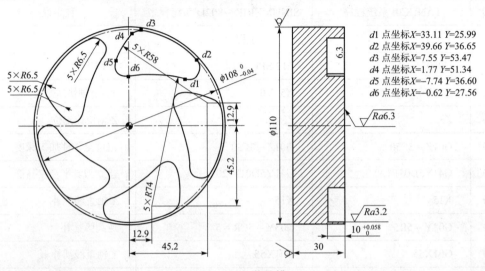

d1 点坐标X=33.11 Y=25.99
d2 点坐标X=39.66 Y=36.65
d3 点坐标X=7.55 Y=53.47
d4 点坐标X=1.77 Y=51.34
d5 点坐标X=-7.74 Y=36.60
d6 点坐标X=-0.62 Y=27.56

图8-19 花轮槽

2）决策——确定加工方案

（1）机床及装夹方式选择：由于零件轮廓尺寸不大，根据车间设备状况，决定选择 XH714 型立式加工中心完成本次任务。零件可用平口钳配合 V 形铁装夹或是先在工件底部铣个扁位，然后利用扁位夹持。

（2）刀具选择及刀路设计：加工内容为 5 个均布的封闭轮廓，而且最小的 R 角为 6.5 mm，所以选择 ϕ12 mm 高速钢立铣刀进行加工。

这个零件主要由 5 个均布的轮廓构成，为了使程序更加简洁、实用，可以考虑用调用子程序或相关的宏程序来编制程序。轮廓为封闭的，可以预先在编程下刀点钻工艺孔，也可以采用分成铣削，这里决定采用分成铣削的加工方式进行编程。

（3）切削用量的选择：通过查阅有关切削参数的书籍，得到高速钢立铣刀加工中碳钢的切削速度约为 20 m/min，每齿吃刀量约为 0.05 mm/r。

ϕ12 mm 高速钢立铣刀的主轴转速和切削进给量如下。

主轴转速为 $n = 1\ 000\ v/\pi d = 1\ 000 \times 20/3.14 \times 12 \approx 500$（r/min）

切削进给量为 $F = f_z \times S \times Z = 0.05 \times 500 \times 3 \approx 75$（mm/min）

（4）工件原点的选择：选取工件上表面中心作为工件坐标系原点。

3）计划——制定加工过程文件

（1）加工工序卡。本次加工任务的工序卡内容见表 8-17。

表8-17 花轮槽加工工序卡

序号	加工内容	刀具规格	刀号	刀具半径补偿 /mm	主轴转速 / (r·min⁻¹)	进给速度 / (mm·min⁻¹)
1	花轮槽	ϕ12 立铣刀	1	6	500	75

（2）NC 程序单。花轮槽加工的 NC 程序见表 8-18。

表 8 - 18　花轮槽加工程序

段号	FANUC0i 系统程序	SINUMERIK - 802D 系统程序	程序说明
	O0001	KK. MPF	主程序名
N10	T1M06	T1M06	换 1 号刀
N20	G54G90G40G17G64G0Z150	G54G90G40G17G64G0Z150	程序初始化
N30	M03S300	M03S300	主轴转速 300 r/min
N40	M08	M08	开冷却液
N50	G00Z100G43H01	G00Z100T1D1	Z 轴快速定位，执行 01 号长度补偿
N60	#1 = 0	R1 = 0	给变量赋初始值
N70	G68X0Y0R#1	KK：ROT　RPL = R1	建立坐标系旋转功能
N80	M98P0002	L11	调用子程序加工 $R40$ 的圆弧
N90	#1 = #1 + 72	R1 = R1 + 72	变量更新
N100	G69	ROT	撤销坐标系旋转功能
N110	IF[#1LT360]GOTO70	IF　R1<360　GOTOB　KK	条件判断
N120	G00Z150 G49	G00Z150T1D0	抬刀并撤销长度补偿/快速返回
N130	M09	M09	关冷却液
N140	M30	M30	程序结束
子程序			
	O0002	L11.SPF	子程序名
N10	X10Y40	X10Y40	X，Y 轴快速定位
N20	Z3	Z3	Z 轴快速定位
N30	#2 = 0	R2 = 0	
N40	G01Z - #2F50	G01Z = - R2F50	定位至零件加工深度
N50	G41X1.77Y51.34D01	G41X1.77Y51.34D01	建立刀具半径左补偿
N60	G03X - 7.74Y36.6R58	G03X - 7.74Y36.6CR = 58	逆圆弧插补
N70	X - 0.62Y27.56R6.5	X - 0.62Y27.56CR = 6.5	逆圆弧插补
N80	G02X33.11Y25.99R74	G02X33.11Y25.99CR = 74	顺圆弧插补
N90	G03X39.66Y36.65R6.5	G03X39.66Y36.65CR = 6.5	逆圆弧插补
N100	X7.55Y53.47R54	X7.55Y53.47CR = 54	逆圆弧插补

续表

段号	FANUC0i 系统程序	SINUMERIK – 802D 系统程序	程序说明
N110	X1.77Y51.34R6.5	X1.77Y51.34CR = 6.5	逆圆弧插补
N120	G40G01 X10Y40	G40G01 X10Y40	撤销刀具半径左补偿
N130	G00Z30	G00Z30	Z 轴快速定位
N140	M99	M17	子程序结束，并返回主程序

4）实施——加工零件

（1）开机前的准备。

（2）加工前的准备。

（3）安装工件及刀具。

（4）对刀，建立工件坐标系。

如果零件为半成品，对刀时应用校表方法建立工件坐标系，或采用寻边器对 X，Y 向坐标。

（5）输入并检验程序。

（6）执行零件加工。

（7）加工后处理。

5）检查——检验者验收零件

6）评估——加工者与检验者共同评价本次加工任务的完成情况

<h1 align="center">学生工作任务</h1>

1. 在数控铣床上完成图 8－20 所示的零件的加工，毛坯材料为 45 钢，生产规模为单件。

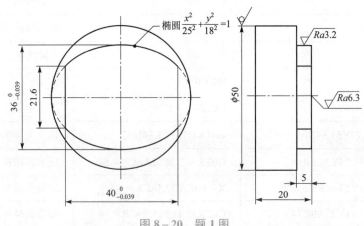

椭圆 $\dfrac{x^2}{25^2}+\dfrac{y^2}{18^2}=1$

$Ra3.2$

$Ra6.3$

$36_{-0.039}^{\ 0}$ 21.6 $\phi50$ $40_{-0.039}^{\ 0}$ 5   20

图 8－20　题 1 图

2. 在数控铣床上完成图 8－21 所示的零件的加工，毛坯材料为 45 钢，生产规模为单件。

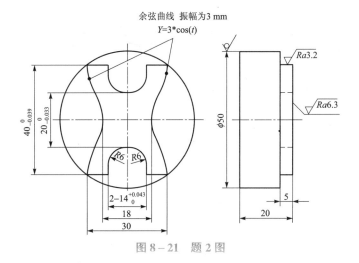

图 8-21 题 2 图

3. 在数控铣床上完成图 8-22 所示的零件的加工，毛坯材料为 45 钢，生产规模为单件。

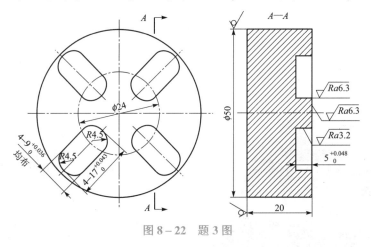

图 8-22 题 3 图

4. 在数控铣床上完成图 8-23 所示的零件的加工，毛坯材料为 45 钢，生产规模为单件。

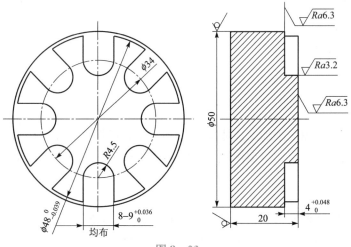

图 8-23

255

单元九

规则空间曲面铣削

一、规则空间曲面概述

空间曲面通常分为规则空间曲面和自由空间曲面两种类型，这里所说的规则空间曲面是指两条规则曲线（如直线、圆弧、圆、椭圆、抛物线等）按照一定构建关系（如拉伸、旋转、扫描等）形成的曲面，常见的规则空间曲面有柱面、锥面、球面等。规则空间曲面是零件结构设计的重要元素，在生产中得到了广泛的应用。例如，为了便于零件装配，同时也为了减小应力集中对零件的影响，通常要对零件的某些轮廓进行空间倒角或圆角，如图9-1（a）所示；也有因结构的需要，需要在零件某个部位设计一个球面的情况，如图9-1（b）所示。

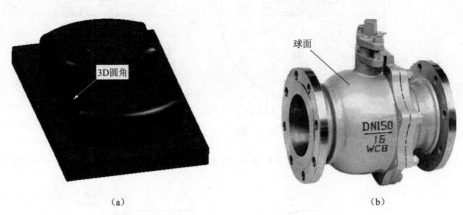

图 9-1　规则空间曲面在零件结构中的应用举例
(a) 倒圆角；(b) 凸球面

二、学习目标

规则空间曲面的数控铣削加工，是数控铣/加工中心操作工必须掌握的一项技能，本单元将安排轮廓空间倒角与圆角和典型规则空间曲面铣削两项内容的学习训练，促使学习者达到以下学习目标。

1. 知识目标

（1）掌握规则空间曲面铣削的相关宏程序编程指令及其应用。

（2）掌握轮廓倒角及圆角、规则空间曲面铣削的相关加工工艺。

（3）熟练掌握铣削规则空间曲面所用的刀具及切削用量选择方法。

2. 技能目标

能熟练编写出常见的规则空间曲面铣削加工程序，并能有效地对加工曲面进行精度控制。

9.1　轮廓空间倒角与圆角

一、倒角、圆角铣削工艺知识准备

根据所用刀具类型，加工轮廓空间倒角与圆角结构，主要采用以下两种工艺方案。

1. 应用成型铣刀加工空间倒角、圆角

采用成型铣刀［如图 9-2（a）所示］对零件轮廓进行空间倒角或圆角，如图 9-2 所示，编程者只需按照前述的轮廓铣削编程方法编写加工程序，加工时通过调整刀具半径补偿值，即可完成轮廓铣削及精度控制。但由于成型铣刀属于非标刀具，需要根据零件结构专门定制，这在一定程度上增加了生产成本，因而这种工艺方法通常用于倒角或圆角尺寸不大且为大批量生产的零件。

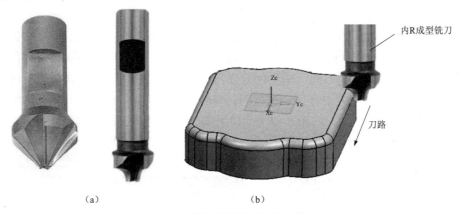

（a）　　　　　　　　　　（b）

图 9-2　应用成型铣刀倒角、圆角

（a）成型铣刀；（b）铣削轮廓空间圆角

2. 应用普通铣刀加工空间倒角、圆角

针对单件或小批量生产的零件，若要进行轮廓空间倒角、圆角，则常用宏程序，通过拟合理论轮廓的方式完成加工，先用平底铣刀粗加工（如图 9-3 所示），然后应用球头铣刀精加工（如图 9-4 所示）。

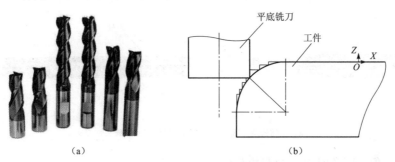

（a）　　　　　　　　　　（b）

图 9-3　应用平底铣刀圆角

（a）平底铣刀；（b）轮廓圆角示意图

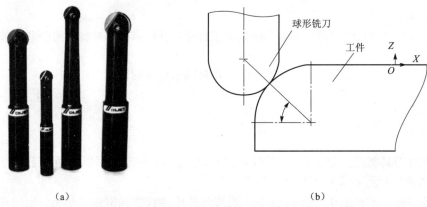

（a）   （b）

图 9-4　应用球头铣刀圆角

（a）球头铣刀；（b）轮廓圆角示意图

在对倒角、圆角结构进行精铣时，为保证其表面质量，一般采用"小切深大进给高转速"加工策略，相关切削参数的选择需根据机床性能及刀具切削参数表确定，在此不再叙述。

3. 常用的球头铣刀

在数控铣/加工中心机床上进行空间曲面精加工，一般采用球头铣刀。球头铣刀由立铣刀演变而成，一般有 1～2 个球形切削刃，有的球头铣刀还配有圆周刃，因而可以作径向和轴向切削进给。按照刀具材料的不同，球头铣刀分为高速钢球头铣刀、硬质合金球头铣刀、涂层硬质合金球头铣刀，如图 9-5 所示；根据刀具安装形式的不同，球头铣刀可分为整体式球头铣刀和可转位刀片球头铣刀，如图 9-6 所示；根据外形的不同，球头铣刀分为圆柱形球头铣刀［如图 9-5（a）所示］及圆锥形球头铣刀［如图 9-6（a）所示］。

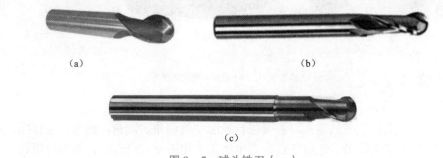

（a）   （b）

（c）

图 9-5　球头铣刀（一）

（a）高速钢球头铣刀；（b）硬质合金球头铣刀；（c）涂层硬质合金球头铣刀

（a）   （b）

图 9-6　球头铣刀（二）

（a）整体式球头铣刀；（b）带可转位刀片的球头铣刀

4. 空间倒角、圆角时刀具的变量及计算式

对于轮廓空间倒角、圆角，一般应先加工出零件基本轮廓，然后应用宏程序指令使刀具

在轮廓上进行拟合加工，最后加工出相应的空间倒角、圆角。编写这类加工程序的关键，就是要找出刀具中心线（点）到已加工侧轮廓之间的法向距离。表 9−1 列出了轮廓空间倒角、圆角时相关的变量及计算关系。

表 9−1　轮廓空间倒角、圆角变量及计算关系

图　形		变量及计算
倒凸圆弧	刀具中心线 #3 #4 #1 #2 #5 已切轮廓线	#1——角度变量； #2——倒圆角半径； #3——刀具半径； #4 = #2*[1 − COS[#1]] 刀具切削刀尖到上表面的距离； #5 = #3 − #2*[1 − SIN[#1]] 刀具中心线到已加工侧轮廓的法向距离
	#5 #3 #1 #4 #2 球铣刀刀位点 已切轮廓线	#1——角度变量； #2——倒圆角半径； #3——刀具半径； #4 = [#2 + #3]*[1 − COS[#1]] 球铣刀刀位点到上表面的距离； #5 = [#2 + #3]*SIN[#1] − #2 球铣刀刀位点到已加工侧轮廓的法向距离
倒凹圆弧	#3 #1 #4 #5 #2 已切轮廓线	#1——角度变量； #2——倒圆角半径； #3——刀具半径； #4 = #2*SIN[#1] 刀具切削刀尖到上表面的距离； #5 = #3 − #2*COS[#1] 刀具中心线到已加工侧轮廓的法向距离
	#5 #3 < #2 #1 #4 #3 #2 已切轮廓线	#1——角度变量； #2——倒圆角半径； #3——刀具半径（必须小于圆角半径）； #4 = #2*SIN[#1] + #3*[1 − SIN[#1]] 球铣刀刀位点到上表面的距离； #5 = [#2 − #3]*COS[#1] 球铣刀刀位点到已加工侧轮廓法向距离（在使用刀具半径补偿时，该变量应设为"−"）
倒任意角	#3 #4 #1 #6 #2 #5 已切轮廓线	#1——深度变量； #2——倒角角度； #3——刀具半径； #6——倒角高； #4 = #1 刀具切削刀尖到上表面的距离； #5 = #3 − [#6 − #1]*TAN[#2] 刀具中心线到已加工侧轮廓法向距离

续表

图　形	变量及计算
倒任意角　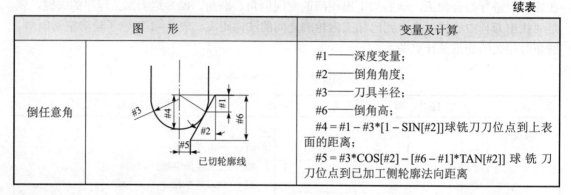	#1——深度变量； #2——倒角角度； #3——刀具半径； #6——倒角高； #4 = #1 − #3*[1 − SIN[#2]]球铣刀刀位点到上表面的距离； #5 = #3*COS[#2] − [#6 − #1]*TAN[#2]] 球铣刀刀位点到已加工侧轮廓法向距离

二、程序指令准备

若编写以拟合方式实施轮廓空间倒角、圆角的加工程序，掌握程序输入刀具半径补偿指令是关键。本单元将重点介绍 FANUC、SINUMERIK 两系统的程序输入刀具半径补偿指令。

1. G10——FANUC 系统的程序输入半径补偿指令

该指令的功能是通过程序指定对应刀具的半径补偿值，能替代人工方式为系统输入刀具半径补偿值。

指令格式：G10 L12 P__ R__

其中，各参数的意义如下。

① L12 为刀具半径值补偿；

② P 为刀具补偿号；

③ R 为刀具补偿值。

G10 应用举例如表 9 − 2 所示。

表 9 − 2　G10 指令应用举例

段号	FANUC0i 系统程序	程　序　说　明
	O0010	程序名
N10	G54	程序开始
	……	……
N110	G00Z − 5	刀具下降至 Z − 5 位置
N120	G10 L12 P1 R6.4	用程序指定 D_1 = 6.4 mm
N130	D1	调用 D_1
N140	M98 P11	以 D_1 = 6.4 mm，执行轮廓铣削
	……	……
N350	G10 L12 P2 R6	用程序指定 D_2 = 6.0 mm
N360	D2	调用 D_2
N370	M98 P11	以 D_2 = 6.4 mm，执行轮廓铣削
	……	……

2. $TC_DP6——SINUMERIK 系统的程序输入半径补偿指令

该指令的功能与 FANUC 系统的 G10 指令完全相同。

指令格式：`$TC_DP6[a，b]=C`

其中：a 为当前刀具编号；b 为当前刀具的刀补号；C 为刀具半径补偿值。

"$TC_DP6[2，1]=6"表示指定 T2D1 刀具半径补偿值为 6.0 mm。

三、案例工作任务（一）——空间倒圆零件的加工

1. 任务描述

应用数控铣床完成图 9-7 所示的空间倒圆零件的加工。零件材料为 45 钢，生产规模为单件。

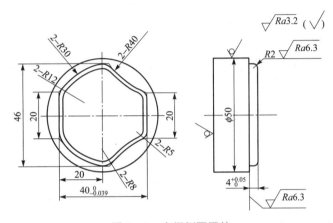

图 9-7 空间倒圆零件

2. 应用"六步法"完成此工作任务

完成该项加工任务的工作过程如下。

1）资讯——分析零件图，明确加工内容

图 9-7 所示零件的加工部分包括 2D 轮廓及其顶部周边的 R2 空间圆角。R2 空间圆角的表面粗糙度为 Ra6.3，需用立铣刀粗铣后，再用球头刀精铣。

2）决策——确定加工方案

（1）机床及装夹方式的选择：零件毛坯为 ϕ50 mm 圆形钢件，针对圆钢的结构特点，决定选择平口钳、V 形块、垫铁等附件配合装夹工件。

（2）刀具选择及刀路设计：选择一把 ϕ12 mm 高速钢三刃立铣刀对零件 2D 轮廓进行粗铣，为了提高表面质量，用另一把 ϕ12 mm 高速钢五刃立铣刀半精铣、精铣 2D 轮廓。选择一把 ϕ12 mm 硬质合金三刃立铣刀对 R2 空间圆角进行粗加工，为了提高表面质量，选用一把 ϕ8 mm 硬质合金两刃球头刀对 R2 空间圆角进行精加工。

加工空间倒圆面，采用如图 9-8 所示的等高加工路径。

（3）切削用量选择见表 9-3，在此略写。

图 9-8 等高加工路径

表 9－3　空间倒圆零件加工工序卡

序号	加工内容	刀具规格	刀号	刀具半径补偿 /mm	主轴转速 / (r·min⁻¹)	进给速度 / (mm·min⁻¹)
1	粗铣 2D 轮廓	ϕ12 mm 高速钢 三刃立铣刀	1	D3 = 6.4	350	50
2	半精铣 2D 轮廓	ϕ12 mm 高速钢 五刃立铣刀	2	D4 = 6.05	450	80
3	精铣 2D 轮廓	ϕ12 mm 高速钢 五刃立铣刀	2	测量后计算得出 D5	450	80
4	粗铣空间 倒圆面	ϕ12 mm 硬质合金 三刃立铣刀	3	D1 = 6.4	1 200	800
5	精铣空间 倒圆面	ϕ8 mm 硬质合金 两刃球头铣刀	4	D2 = 6	1 200	800

（4）工件原点的选择：选取工件上表面中心为工件原点。

3）计划——制定加工过程文件

（1）加工工序卡。本次加工任务的工序卡内容见表 9－3。

（2）NC 程序单。空间倒圆零件空间倒圆面加工 NC 程序见表 9－4 和表 9－5。

• 选择编程原点：根据基准统一原则，选择二维轮廓上表面中心点。

• 倒圆的 NC 编程分析：倒圆宏程序的关键在于找出刀具中心线（点）到已加工侧轮廓（外侧边）之间的法向距离。

采用立铣刀等高路径粗铣（自下而上）时，如图 9－9 所示，取出刀具在任一时刻位置进行分析，取角度#1（R1）作为主变量，Z 向下刀量#4（R4）、法向距离#5（R5）作为从变量。

可得：FANUC 系统中　#4 = #2*[1 - COS[#1]]，#5 = #3 - #2*[1 - SIN[#1]]

SINUMERIK 系统中　R4 = R2*(1 - COS(R1))，R5 = R3 - R2*(1 - SIN(R1))

采用球头铣刀等高路径精铣（自上而下）时，如图 9－10 所示，取出刀具在任一时刻位置进行分析，取角度#1（R1）作为主变量，Z 向下刀量#4（R4）、法向距离#5（R5）作为从变量。

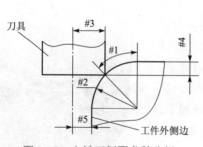

图 9－9　立铣刀倒圆参数分析

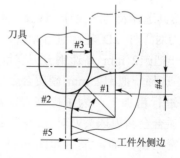

图 9－10　球头铣刀倒圆参数分析

可得：FANUC 系统中　#4 = [#2 + #3]*[1 - COS[#1]]

$$\#5 = [\#2 + \#3]* SIN[\#1] - \#2$$

SINUMERIK 系统中 $R4 = (R2 + R3)*(1 - COS(R1))$

$$R5 = (R2 + R3)* SIN(R1) - R2$$

表 9 - 4 零件空间倒圆面粗铣程序

段号	FANUC0i 系统程序	SINUMERIK - 802D 系统程序	程序说明
	O1	FBC.MPF	主程序名
N10	G54G90G40G17G64	T1G54G90G40G17G64	程序初始化
N20	M03S1 200	M03S1 200	主轴正转，1 200 r/min
N30	M08	M08	开冷却液
N40	G00Z100	G00Z100	Z轴快速定位，执行长度补偿
N50	X35Y0	X35Y0	下刀前定位
N60	Z5	Z5	快速下刀
N70	#1 = 90	R1 = 90	自变量赋初始值
N80	#2 = 2	R2 = 2	圆角半径
N90	#3 = 6	R3 = 6	刀具半径
N100	#4 = #2*[1 - COS[#1]]	KK:R4 = R2*(1 - COS(R1))	定义深度方向变量
N110	#5 = #3 - #2*[1 - SIN[#1]]	R5 = R3 - R2*(1 - SIN(R1))	定义轮廓补偿方向变量
N120	G01Z - #4F1000	G01Z = - R4F1000	下刀
N130	G10L12P1R#5	$TC_DP6[1,1] = R5	G10 程序输入半径补偿值
N140	G41G01X20D01F1000	G41G01X20D01F1000	执行刀具半径补偿（变量的）
N150	Y - 10,R5	Y - 10RND = 5	
N160	G03X3Y - 23R40，R8	G03X3Y - 23CR = 40RND = 8	铣削轮廓
N170	G02X - 20Y - 10 R30，R12	G02X - 20Y - 10CR = 30RND = 12	
N180	G01Y10,R12	G01Y10RND = 12	
N190	G02X3Y23R30,R8	G02X3Y23CR = 30RND = 8	铣削轮廓
N200	G03X20Y10R40,R5	G03X20Y10CR = 40RND = 5	
N210	G01Y0	G01Y0	
N220	G40G01X35	G40G01X35	撤销刀具半径补偿回定位点
N230	#1 = #1 - 3	R1 = R1 - 3	自变量递减
N240	IF[#1GE0]GOTO100	IF(R1> = 0)GOTOB KK	判断当#1 大于或等于 0 度，循环继续

段号	FANUC0i 系统程序	SINUMERIK – 802D 系统程序	程序说明
N250	G00Z100	G00Z100	抬刀至安全高度
N260	M09	M09	关冷却液
N270	M30	M30	程序结束

表 9 – 5　零件空间倒圆面精铣程序

段号	FANUC0i 系统程序	SINUMERIK – 802D 系统程序	程序说明
	O1	FBC.MPF	主程序名
N10	G54G90G40G17G64	T1G54G90G40G17G64	程序初始化
N20	M03S500	M03S500	主轴正转，500 r/min
N30	M08	M08	开冷却液
N40	G00Z100	G00Z100	Z轴快速定位
N50	X35Y0	X35Y0	下刀前定位
N60	Z5	Z5	快速下刀
N70	#1 = 0	R1 = 0	自变量赋初始值
N80	#2 = 2	R2 = 2	圆角半径
N90	#3 = 4	R3 = 4	刀具半径
N100	#4 = [#2 + #3]* [1 – COS[#1]]	KK:R4 = (R2 + R3)* (1 – COS(R1))	定义深度方向变量
N110	#5 = [#2 + #3]* SIN[#1] – #2	R5 = (R2 + R3)* SIN(R1) – R2	定义轮廓补偿方向变量
N120	G01Z – #4F1000	G01Z = – R4F51000	下刀
N130	G10L12P1R#5	$TC_DP6[1,1] = R5	G10 程序输入半径补偿值
N140	G41G01X20D02F1000	G41G01X20D02F1000	
N150	Y – 10,R5	Y – 10RND = 5	铣削轮廓
N160	G03X3Y – 23R40,R8	G03X3Y – 23CR = 40RND = 8	
N170	G02X – 20Y – 10R30, R12	G02X – 20Y – 10CR = 30RND = 12	
N180	G01Y10,R12	G01Y10RND = 12	铣削轮廓
N190	G02X3Y23R30,R8	G02X3Y23CR = 30RND = 8	
N200	G03X20Y10R40,R5	G03X20Y10CR = 40RND = 5	
N210	G01Y0	G01Y0	
N220	G40G01X35	G40G01X35	撤销刀具半径补偿回定位点
N230	#1 = #1 + 3	R1 = R1 + 3	自变量累加

续表

段号	FANUC0i 系统程序	SINUMERIK – 802D 系统程序	程序说明
N240	IF[#1LE90]GOTO100	IF(R1< = 90)GOTOB KK	判断当#1 小于等于 90°，循环继续
N250	G00Z100	G00Z100	抬刀至安全高度
N260	M09	M09	关冷却液
N270	M30	M30	程序结束

4）实施——加工零件

（1）开机前的准备。

（2）加工前的准备。

（3）安装工件及刀具。

（4）对刀，建立工件坐标系。

（5）输入并检验程序。

（6）执行零件加工。

（7）加工后处理。

5）检查——检验者验收零件

6）评估——加工者与检验者共同评价本次加工任务的完成情况

四、案例工作任务（二）——空间倒角零件的加工

1. 任务描述

应用数控铣床完成图 9 – 11 所示的空间倒角零件的加工。零件材料为 45 钢，生产规模为单件。

2. 应用"六步法"完成此工作任务

完成该项加工任务的工作过程如下

1）资讯——分析零件图，明确加工内容

图 9 – 11 所示零件的加工部分包括 2D 轮廓及其上棱部的 4×45° 空间倒角。4×45° 空间倒角的表面粗糙度为 Ra6.3，需用立铣刀粗铣后，再用球头刀精铣。

2）决策——确定加工方案

（1）机床及装夹方式的选择：零件毛坯为 φ50 mm 圆形钢件，针对圆钢的结构特点，决定选择平口钳、V 形块、垫铁等附件配合装夹工件。

（2）刀具选择及刀路设计：选择一把 φ12 mm 高速钢三刃立铣刀对零件 2D 轮廓进行粗铣，为了提高表面质量，用另一把 φ12 mm 高速钢五刃立铣刀半精铣、精铣 2D 轮廓。选择一把 φ12 mm 硬质合金三刃立铣刀对 4×45° 空间倒角进行粗加工，为了提高表面质量，选用一把 φ8 mm 硬质合金两刃球头刀对 4×45° 空间倒角进行精加工。

加工 4×45° 空间倒角面，采用等高加工路径。

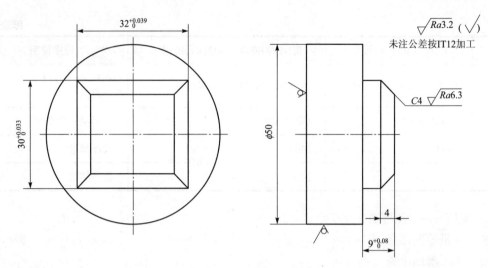

图 9 – 11　空间倒角零件

（3）切削用量的选择见表 9 – 6，在此略写。

表 9 – 6　空间倒角零件加工工序卡

序号	加工内容	刀具规格	刀号	刀具半径补偿/mm	主轴转速/（r·min⁻¹）	进给速度/（mm·min⁻¹）
1	粗铣 2D 轮廓	ϕ12 mm 高速钢三刃立铣刀	1	D3 = 6.4	350	50
2	半精铣 2D 轮廓	ϕ12 mm 高速钢五刃立铣刀	2	D4 = 6.05	450	80
3	精铣 2D 轮廓	ϕ12 mm 高速钢五刃立铣刀	2	测量后计算得出 D5	450	80
4	粗铣空间倒角面	ϕ12 mm 硬质合金三刃立铣刀	3	D1 = 6.4	1 200	800
5	精铣空间倒角面	ϕ8 mm 硬质合金两刃球头铣刀	4	D2 = 6	1 200	800

（4）工件原点的选择：选取工件上表面中心为工件原点。

3）计划——制定加工过程文件

（1）加工工序卡。本次加工任务的工序卡内容见表 9 – 6。

（2）NC 程序单。空间倒圆零件空间倒圆面加工的 NC 程序见表 9 – 7 和表 9 – 8。

● 选择编程原点：根据基准统一原则，选择二维轮廓上表面中心点。

● NC 编程分析：倒角宏程序的关键在于找出刀具中心线（点）到已加工侧轮廓（外侧边）之间的法向距离。

采用立铣刀等高路径粗铣（自下而上）时，如图 9 – 12 所示，取出刀具在任一时刻位置进行分析，取 Z 向下刀量#4（R4）作为主变量、法向距离#5（R5）作为从变量。

可得：FANUC 系统中　　　　　#5 = #3 – [#2 – #4]*TAN[#1]

SINUMERIK 系统中　　R5＝R3－(R2－R4)*TAN(R1)

采用球头铣刀等高路径精铣（自上而下）时，如图 9－13 所示，取出刀具在任一时刻位置进行分析，取深度变量#2（R2）作为主变量，Z 向下刀量#4（R4）、法向距离#5（R5）为从变量。

可得：FANUC 系统中　　　#4＝#2＋#3*[1－SIN[#1]]

　　#5＝#3* COS[#1]－[#6－#2]*TAN[#1]

　　SINUMERIK 系统中 R4＝R2＋R3*(1－SIN(R1))

　　R5＝R3* COS(R1)－(R6－R2)*TAN(R1)

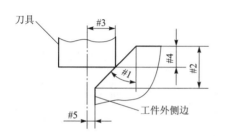

图 9－12　立铣刀倒角参数分析

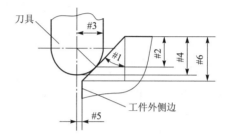

图 9－13　球头铣刀倒角参数分析

表 9－7　空间倒角零件空间倒角粗铣程序

段号	FANUC0i 系统程序	SINUMERIK－802D 系统程序	程序说明
	O1	FBC.MPF	主程序名
N10	G54G90G40G17G64	T1G54G90G40G17G64	程序初始化
N20	M03S1 200	M03S1 200	主轴正转，1 200 r/min
N30	M08	M08	开冷却液
N40	G00Z100	G00Z100	Z轴快速定位
N50	X35Y0	X35Y0	下刀前定位
N60	Z5	Z5	快速下刀
N70	#4＝4	R4＝4	自变量赋初值
N80	#1＝45	R1＝45	角度
N90	#2＝4	R2＝4	倒角高度
N100	#3＝4	R3＝4	刀具半径
N110	#5＝#3－[#2－#4]*TAN[#1]	KK: R5＝R3－(R2－R4)* TAN(#1)	定义轮廓补偿方向变量
N120	G01Z－#4F1000	G01Z－R4F1000	下刀
N130	G10L12P1R#5	$TC_DP6[1,1]＝R5	G10 程序输入半径补偿值
N140	G41G01X16D01F1000	G41G01X16D01F1000	执行刀具半径补偿（变量的）

段号	FANUC0i 系统程序	SINUMERIK－802D 系统程序	程序说明
N150	Y－15	Y－15	铣削轮廓
N160	X－16	X－16	
N170	Y15	Y15	
N180	X16	X16	
N190	Y0	Y0	
N200	G40G01X35	G40G01X35	撤销刀具半径补偿 回定位点
N210	#4＝#4－0.2	R4＝R4－0.2	自变量递减
N220	IF[#4GE0]GOTO110	IF(R4>＝0)GOTOB KK	判断当#4 大于或等于 0°，循环继续
N230	G00Z100	G00Z100	抬刀至安全高度
N240	M09	M09	关冷却液
N250	M30	M30	程序结束

表 9－8　空间倒角零件空间倒角精铣程序

段号	FANUC0i 系统程序	SINUMERIK－802D 系统程序	程序说明
	O1	FBC.MPF	主程序名
N10	G54G90G40G17G64	T1G54G90G40G17G64	程序初始化
N20	M03S500	M03S500	主轴正转，500 r/min
N30	M08	M08	开冷却液
N40	G00Z100	G00Z100	Z轴快速定位
N50	X35Y0	X35Y0	下刀前定位
N60	Z5	Z5	快速下刀
N70	#2＝0	R2＝0	自变量赋初始值
N80	#1＝2	R1＝45	角度
N90	#3＝4	R3＝4	刀具半径
N100	#6＝4	R6＝4	倒角高度
N110	#4＝#4＝#1＋#3*[1－SIN[#2]]	KK:R4＝R1＋R3*(1－SIN(R2))	定义深度方向变量
N120	#5＝#3* COS[#1]－[#6－#2]*TAN[#1]	R5＝R3* COS(R1)－(R6－R2)*TAN(R1)	定义轮廓补偿方向变量

续表

段号	FANUC0i 系统程序	SINUMERIK-802D 系统程序	程序说明
N130	G01Z-#4F1000	G01Z=-R4F1000	下刀
N140	G10L12P1R#5	$TC_DP6[1,1]=R5	G10 程序输入半径补偿值
N150	G41G01X16D02 F1000	G41G01X16D02F1000	执行刀具半径补偿
N160	Y-15	Y-15	
N170	X-16	X-16	
N180	Y15	Y15	铣削轮廓
N190	X16	X16	
N200	Y0	Y0	
N210	G40G01X35	G40G01X35	撤销刀具半径补偿回定位点
N220	#2=#2+0.2	R2=R2+0.2	自变量累加
N230	IF[#2LE4]GOTO110	IF(R2<=4)GOTOB KK	判断当#1 小于等于 4°，循环继续
N240	G00Z100	G00Z100	抬刀至安全高度
N250	M09	M09	关冷却液
N260	M30	M30	程序结束

4）实施——加工零件

（1）开机前的准备。

（2）加工前的准备。

（3）安装工件及刀具。

（4）对刀，建立工件坐标系。

（5）输入并检验程序。

（6）执行零件加工。

（7）加工后处理。

5）检查——检验者验收零件

6）评估——加工者与检验者共同评价本次加工任务的完成情况

9.2 规则空间曲面铣削

一、规则空间曲面铣削工艺知识准备

在生产实践中，规则空间曲面的加工通常有以下几种。

1. 等高切削

图9-14　等高切削示意图

等高切削就是刀具按照一个固定的高度，由浅入深地切削工件，最后形成一系列阶梯结构面的切削方式，如图9-14所示。

这种切削方式能保证刀具在每一切削层受力均匀，且切削力限制在一定范围，可以有效地保护刀具，因而常用于曲面粗加工（采用平底铣刀或圆鼻铣刀）或陡峭曲面的精加工（采用球头铣刀）。

2. 往复切削

往复切削即刀具沿工件表面作来回往复的切削运动，最终加工出曲面的加工方式，如图9-15所示。

往复切削是一种高效率的切削方式，常用于空间曲面的半精或精加工，所用刀具主要为球头铣刀。

3. 放射切削

放射切削就是刀具每次从一中心点出发，以发散方式加工曲面的切削方式，如图9-16所示。

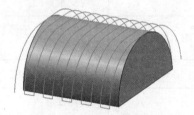

图9-15　往复切削示意图

图9-16　放射切削示意图

根据放射切削的刀路特点，这种切削方式用于回转体曲面精加工，能获得较好的表面质量。

二、程序指令准备

采用手工方式编写规则空间曲面的加工程序，所用程序指令宏程序等前述单元所学指令，在此不再赘述。

三、案例工作任务（三）——圆球零件的加工

1. 任务描述

应用数控铣床完成图9-17所示的圆球零件的加工。零件材料为45钢，生产规模为单件。

2. 应用"六步法"完成此工作任务

完成该项加工任务的工作过程如下。

1）资讯——分析零件图，明确加工内容

图9-17所示零件的加工部分包括2D圆轮廓及其上部的SR8圆球面。SR8圆球面粗糙度为$Ra6.3$，需用

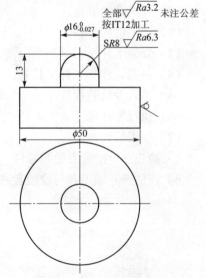

图9-17　圆球零件

立铣刀粗铣后，再用球头刀精铣。

2）决策——确定加工方案

（1）机床及装夹方式选择：零件毛坯为φ50 mm 圆形钢件，针对圆钢的结构特点，决定选择平口钳、V 形块、垫铁等附件配合装夹工件。

（2）刀具选择及刀路设计：选择一把φ12 mm 高速钢三刃立铣刀对零件 2D 圆轮廓进行粗铣，为了提高表面质量，用另一把φ12 mm 高速钢五刃立铣刀半精铣、精铣 2D 轮廓。选择一把φ12 mm 硬质合金三刃立铣刀对 SR8 圆球面进行粗加工，为了提高表面质量，选用一把φ8 mm 硬质合金两刃球头刀对 SR8 圆球面进行精加工。

加工圆球面通常采用图 9–18 所示的放射加工路径和图 9–19 所示的等高加工路径。相比而言，等高加工路径（自上而下）便于圆球面程序的编写。

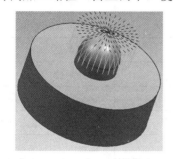
图 9–18　放射切削路径

图 9–19　等高切削路径

（3）切削用量的选择见表 9–9，在此略写。

表 9–9　圆球零件加工工序卡

序号	加工内容	刀具规格	刀号	刀具半径补偿 /mm	主轴转速 / (r·min⁻¹)	进给速度 / (mm·min⁻¹)
1	粗铣 2D 轮廓	φ12 mm 高速钢三刃立铣刀	1	D1 = 6.4	350	50
2	半精铣 2D 轮廓	φ12 mm 高速钢五刃立铣刀	2	D2 = 6.05	450	80
3	精铣 2D 轮廓	φ12 mm 高速钢五刃立铣刀	2	测量后计算得出 D3	450	80
4	粗铣圆球面	φ12 mm 硬质合金三刃立铣刀	3		1 200	800
5	精铣圆球面	φ8 mm 硬质合金两刃球头铣刀	4		1 200	800

（4）工件原点的选择：选取工件上表面中心为工件原点。

3）计划——制定加工过程文件

（1）加工工序卡。本次加工任务的工序卡内容见表 9–9。

（2）NC 程序单。平刀粗铣和球头刀精铣采用不设刀补形式编程（也可采用 G10 程序输入设置变量刀补形式编程），空间倒圆零件的空间倒圆面加工 NC 程序见表 9–10 和表 9–11。

表 9 – 10 圆球面粗铣程序

段号	FANUC0i 系统程序	SINUMERIK – 802D 系统程序	程序说明
	O1	FBC.MPF	主程序名
N10	G54G90G40G17G64	T1G54G90G40G17G64	程序初始化
N20	M03S1200	M03S1200	主轴正转，1 200 r/min
N30	M08	M08	开冷却液
N40	G00Z100	G00Z100	Z 轴快速定位
N50	X14Y0	X14Y0	下刀前定位
N60	Z5	Z5	快速下刀
N70	#1 = 90	R1 = 90	自变量赋初始值
N80	#2 = 8	R2 = 8	圆角半径
N90	#3 = 6	R3 = 6	刀具半径
N100	#4 = #2*[1 – COS[#1]]	KK:R4 = R2*(1 – COS(R1))	定义深度方向变量
N110	#5 = #3 + #2*SIN[#1]	R5 = R3 + R2*SIN(R1)	定义轮廓补偿方向变量
N120	G01X#5Y0F1000	G01X = R5Y0F1000	定位
N130	G01Z – #4F50	G01Z = – R4F50	下刀
N140	G02X#5Y0I – #5J0F1000	G02X = R5Y0I = – R5J0F1000	铣整圆
N150	#1 = #1 – 3	R1 = R1 – 3	自变量递减
N160	IF[#1GE0]GOTO100	IF(R1> = 0)GOTOB KK	判断当 #1 大于或等于 0°，循环继续
N170	G00Z100	G00Z100	抬刀至安全高度
N180	M09	M09	关冷却液
N190	M30	M30	程序结束

表 9 – 11 圆球面精铣程序

段号	FANUC0i 系统程序	SINUMERIK – 802D 系统程序	程序说明
	O1	FBC.MPF	主程序名
N10	G54G90G40G17G64	T1G54G90G40G17G64	程序初始化
N20	M03S500	M03S500	主轴正转，500 r/min
N30	M08	M08	开冷却液
N40	G00Z100	G00Z100	Z 轴快速定位
N50	X4Y0	X4Y0	下刀前定位
N60	Z5	Z5	快速下刀
N70	#1 = 0	R1 = 0	自变量赋初始值

续表

段号	FANUC0i 系统程序	SINUMERIK – 802D 系统程序	程序说明
N80	#2 = 8	R2 = 8	圆角半径
N90	#3 = 4	R3 = 4	刀具半径
N100	#4 = [#2 + #3]* [1 – COS[#1]]	KK:R4 = (R2 + R3)* (1 – COS(R1))	定义深度方向变量
N110	#5 = [#2 + #3]* SIN[#1]	R5 = (R2 + R3)* SIN(R1)	定义轮廓补偿方向变量
N120	G01X#5Y0F1000	G01X = R5Y0F1000	定位
N130	G01Z – #4F50	G01Z = – R4F50	下刀
N140	G02X#5Y0I – #5J0F1000	G02X = R5Y0I = – R5J0F1000	铣整圆
N150	#1 = #1 + 3	R1 = R1 + 3	自变量累加
N160	IF[#1LE90]GOTO100	IF(R1< = 90)GOTOB KK	判断当#1° 小于等于 90°，循环继续
N170	G00Z100	G00Z100	抬刀至安全高度
N180	M09	M09	关冷却液
N190	M30	M30	程序结束

- 选择编程原点：根据基准统一原则，选择二维轮廓上表面中心点。
- 圆球面的 NC 编程分析：圆球面宏程序的关键在于找出刀具中心线（点）到球心之间的距离。

采用立铣刀等高路径粗铣（自上而下）时，如图 9 – 20 所示，我们取出刀具在任一时刻位置进行分析，取角度#1（R1）作为主变量，Z 向下刀量#4（R4）、法向距离#5（R5）作为从变量。

可得：FANUC 系统中　　#4 = #2*[1 – COS[#1]]　　#5 = #3 + #2*SIN[#1]

SINUMERIK 系统中　R4 = R2*(1 – COS(R1))　R5 = R3 + R2*SIN(R1)

采用球头铣刀等高路径精铣（自上而下）时，如图 9 – 21 所示，取出刀具在任一时刻位置进行分析，取角度#1（R1）作为主变量，Z 向下刀量#4（R4）、法向距离#5（R5）作为从变量。

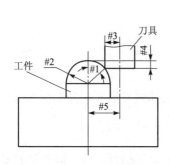

图 9 – 20　立铣刀铣球分析

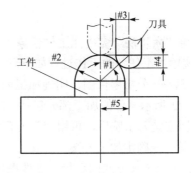

图 9 – 21　球头刀铣球分析

可得：FANUC 系统中 $\#4 = [\#2 + \#3]*[1 - COS[\#1]]$ $\#5 = [\#2 + \#3]* SIN[\#1]$

SINUMERIK 系统中 $R4 = (R2 + R3)*(1 - COS(R1))$ $R5 = (R2 + R3)* SIN(R1)$

4）实施——加工零件

（1）开机前的准备。

（2）加工前的准备。

（3）安装工件及刀具。

（4）对刀，建立工件坐标系。

（5）输入并检验程序。

（6）执行零件加工。

（7）加工后处理。

5）检查——检验者验收零件

6）评估——加工者与检验者共同评价本次加工任务的完成情况

四、案例工作任务（四）——异性面零件的加工

1. 任务描述

应用数控铣床完成图 9-22 所示的异性面零件的加工。零件材料为 45 钢，生产规模为单件。

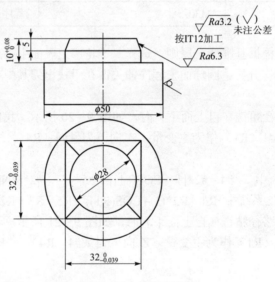

图 9-22 异形面零件

2. 应用"六步法"完成此工作任务

完成该项加工任务的工作过程如下。

1）资讯——分析零件图，明确加工内容

图 9-22 所示零件的加工部分包括 2D 轮廓及其上部的异形面。异形面的表面粗糙度为 $Ra6.3$，需用立铣刀粗铣后，再用球头刀精铣。

2）决策——确定加工方案

（1）机床及装夹方式的选择：零件毛坯为 $\phi50$ mm 圆形钢件，针对圆钢的结构特点，决

定选择平口钳、V 形块、垫铁等附件配合装夹工件。

（2）刀具选择及刀路设计：选择一把 $\phi12$ mm 高速钢三刃立铣刀对零件 2D 轮廓进行粗铣，为了提高表面质量，用另一把 $\phi12$ mm 高速钢五刃立铣刀进行半精铣、精铣 2D 轮廓。选择一把 $\phi12$ mm 硬质合金三刃立铣刀对异形面进行粗、精加工。

加工异形面，通常采用图 9 – 23 所示的放射加工路径和图 9 – 24 所示的等高加工路径，相比而言，放射加工路径更便于异形面程序的编写，等高加工路径的程序编写（可考虑用 CAM 软件实现）较为复杂。

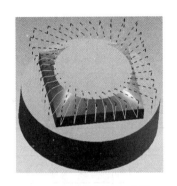

图 9 – 23　放射加工路径

图 9 – 24　等高加工路径

（3）切削用量选择见表 9 – 12，在此略写。

表 9 – 12　异形面零件加工工序卡

序号	加工内容	刀具规格	刀号	刀具半径补偿 /mm	主轴转速 /（r·min⁻¹）	进给速度 /（mm·min⁻¹）
1	粗铣 2D 轮廓	$\phi12$ mm 高速钢三刃立铣刀	1	$D_1 = 6.4$	350	50
2	半精铣 2D 轮廓	$\phi12$ mm 高速钢五刃立铣刀	2	$D_2 = 6.05$	450	80
3	精铣 2D 轮廓	$\phi12$ mm 高速钢五刃立铣刀	2	测量后计算得出 D_3	450	80
4	粗铣异形面	$\phi12$ mm 硬质合金三刃立铣刀	3	—	1 200	800
5	精铣异形面	$\phi12$ mm 硬质合金三刃立铣刀	3	—	1 200	800

（4）工件原点的选择：选取工件上表面中心为工件原点。

3）计划——制定加工过程文件

（1）加工工序卡。本次加工任务的工序卡内容见表 9 – 12。

（2）NC 程序单。异形零件空间导圆面加工 NC 程序见表 9 – 13。

表 9 – 13　异形面粗铣程序

段号	FANUC0i 系统程序	SINUMERIK – 802D 系统程序	程序说明
	O1	YXM.MPF	主程序名
N10	G54G90G40G17G64	G54G90G40G17G64	程序初始化
N20	M03S1000	M03S1000	主轴正转，1 000 r/min
N30	M08	M08	开冷却液
N40	G00Z100	G00Z100	Z 向抬刀
N50	X14Y – 14	X14Y – 14	下刀前定点（大致定位，接近第一次铣削位置即可）
N60	Z5	Z5	快速下刀
N70	#2 = 14	R2 = 14	上圆半径
N80	#3 = 16	R3 = 16	下方半边长
N90	#4 = 6.2	R4 = 6.2	刀具半径
N100	#9 = 0	R9 = 0	旋转角度初始值
N110	G68X0Y0R#9	ROT RPL = R9	旋转坐标系
N120	G00X[14*SIN[45]] Y [14*SIN[45]]	G00X = (14*SIN(45)) Y = (14*SIN(45))	准确定点
N130	G01Z0F1000	G01Z0F1000	下刀至 Z0 高度
N140	#1 = – 45	R1 = – 45	定义铣削角度初始值
N150	#5 = [#2 + #4]* COS[#1]	R5 = (R2 + R4)* COS(R1)	刀具在上部时 X 向变量值
N160	#6 = [#2 + #4]*SIN[#1]	R6 = (R2 + R4)*SIN[R1]	刀具在上部时 Y 向变量值
N170	#7 = #3 + #4	R7 = R3 + R4	刀具在下部时 X 向变量值
N180	#8 = #3*TAN[#1]	R8 = R3*TAN(R1)	刀具在下部时 Y 向变量值
N190	G01X#5Y#6Z0F1000	G01X = R5Y = R6Z0F1000	准确运行至上点位（铣削– 45° 位时，因铣削量较大，要将进给倍率调至 5% 左右）
N200	X#7Y#8Z – 5	X = R7Y = R8Z – 5	自上向下铣至下点位
N210	G00Z0	G00Z0	抬刀至 Z0 高度
N220	#1 = #1 + 2	R1 = R1 + 2	铣削角度累加
N230	IF[#1LE45]GOTO150	IF(R1< = 45)GOTO　kk1	当#1（R1）小于等于 45° 时此循环继续
N240	#9 = #9 + 90	R9 = R9 + 90	旋转角度累加

续表

段号	FANUC0i 系统程序	SINUMERIK - 802D 系统程序	程序说明
N250	G69	ROT	撤销旋转
N260	IF[#9LT360]GOTO110	IF(R1<360)GOTO　kk1	当#9（R9）小于 270 度时此循环继续
N270	G00Z100	G00Z100	抬刀
N280	M09	M09	关冷却液
N290	M30	M30	程序结束

- 选择编程原点：根据基准统一原则，选择二维轮廓上表面中心点。
- 上圆下方异形面的 NC 编程分析：采用放射（自上而下）加工路径铣削。立铣刀粗铣时，如图 9-25 所示，先分析右侧曲面的编程，其他三个曲面程序在这个基础上旋转坐标系即可。

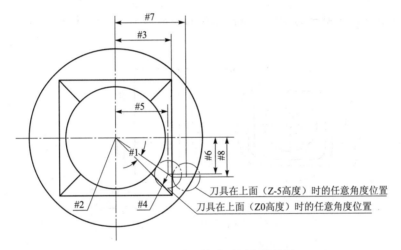

图 9-25　立铣刀铣异形面参数分析

图 9-25 所示异形面右侧面，分析刀具在任一角度位置，取角度#1（R1）作为主变量（初始值为 -45°、终止值为 45°），刀具在任一角度位置的上部（Z0 高度）位置变量#5（R5）、#6（R6）和下部（Z-5 高度）位置变量#7（R7）、#8（R8）为从变量。#3（R3）、#4（R4）、#2（R2）为常量（#3（R3）为下部四方的半边长，#4（R4）为刀具半径，#2（R2）为上部圆形半径）。

可得：FANUC 系统中　　#5 = [#2 + #4]* COS[#1]

　　　　　　　　　　　#6 = [#2 + #4]*SIN[#1]

　　　　　　　　　　　#7 = #3 + #4

　　　　　　　　　　　#8 = #3*TAN[#1]

　　　SINUMERIK 系统中　　R5 = (R2 + R4)* COS(R1)

　　　　　　　　　　　R6 = (R2 + R4)*SIN(R1)

$$R7 = R3 + R4$$
$$R8 = R3*TAN(R1)$$

4）实施——加工零件

（1）开机前的准备。

（2）加工前的准备。

（3）安装工件及刀具。

（4）对刀，建立工件坐标系。

（5）输入并检验程序。

（6）执行零件加工。

（7）加工后处理。

5）检查——检验者验收零件

6）评估——加工者与检验者共同评价本次加工任务的完成情况

学生工作任务

1. 试完成图 9-26 所示的空间圆角面零件的铣削加工，零件材料为 45 钢，生产规模为单件。

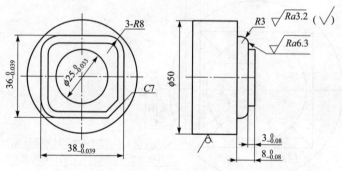

图 9-26 空间圆角面零件

2. 试完成图 9-27 所示的空间倒角面零件的铣削加工，零件材料为 45 钢，生产规模为单件。

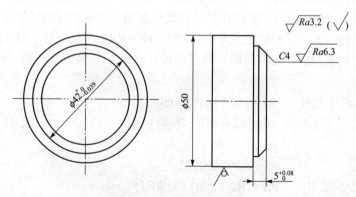

图 9-27 空间倒角面零件

3. 试完成图 9－28 所示的凹球零件的铣削加工，零件材料为 45 钢，生产规模为单件。

4. 试完成图 9－29 所示的异形面零件的铣削加工，零件材料为 45 钢，生产规模为单件。

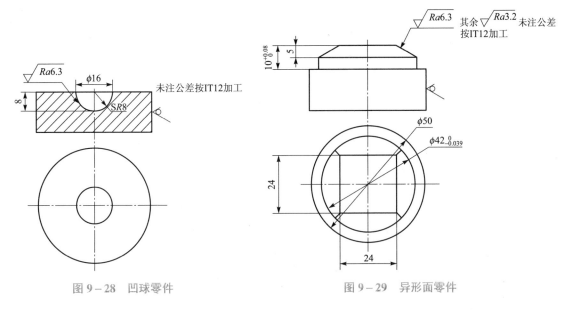

图 9－28　凹球零件

图 9－29　异形面零件

5. 试完成图 9－30 所示的凸椭球零件的铣削加工，零件材料为 45 钢，生产规模为单件。

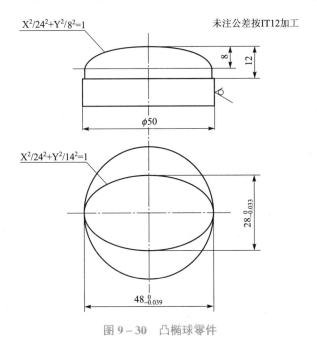

图 9－30　凸椭球零件

279

第三篇

数控铣/加工中心职业技能考证强化训练

数控铣/加工中心操作工中级考证强化训练

通过完成本单元的工作任务，拟促使学习者达到以下学习目标。

≫ 知识目标

（1）了解数控铣/加工中心操作工中级职业技能鉴定考核标准。

（2）根据强化训练，掌握数控铣/加工中心操作工中级职业技能考证相关技巧与方法，达到熟练掌握相关的工艺知识及编程技能的目的。

≫ 技能目标

能根据考核要求，编写合理的零件铣削加工工艺，同时能熟练编程，快速操机，按要求加工出合格考件。

10.1　数控铣/加工中心操作工中级职业标准

一、数控铣工国家职业标准（中级）

1. 职业概况

1）职业名称

数控铣工。

2）职业定义

从事编制数控加工程序并操作数控铣床进行零件铣削加工的人员。

3）职业等级

本职业共设四个等级，分别为：中级（国家职业资格四级）、高级（国家职业资格三级）、技师（国家职业资格二级）、高级技师（国家职业资格一级）。

4）职业环境

室内、常温。

5）职业能力特征

具有较强的计算能力和空间感，形体知觉及色觉正常，手指、手臂灵活，动作协调。

6）基本文化程度

高中毕业（或同等学力）。

7）培训要求

（1）培训期限。全日制职业学校教育，根据其培养目标和教学计划确定。晋级培训期限：中级不少于 400 标准学时；高级不少于 300 标准学时；技师不少于 300 标准学时；高级技师不少于 300 标准学时。

（2）培训教师：培训中、高级人员的教师应取得本职业技师及以上职业资格证书或相关专业中级及以上专业技术职称任职资格；培训技师的教师应取得本职业高级技师职业资格证书或相关专业高级专业技术职称任职资格；培训高级技师的教师应取得本职业高级技师职业资格证书 2 年以上或取得相关专业高级专业技术职称任职资格 2 年以上。

（3）培训场地设备：满足教学要求的标准教室、计算机机房及配套的软件、数控铣床及必要的刀具、夹具、量具和辅助设备等。

8）鉴定要求

（1）适用对象：从事或准备从事本职业的人员。

（2）申报条件。

——中级：（具备以下条件之一者）

- 经本职业中级正规培训达规定标准学时数，并取得结业证书。

- 连续从事本职业工作 5 年以上。

- 取得经劳动保障行政部门审核认定的，以中级技能为培养目标的中等以上职业学校本职业（或相关专业）毕业证书。

- 取得相关职业中级《职业资格证书》后，连续从事本职业 2 年以上。

——高级：（具备以下条件之一者）

- 取得本职业中级职业资格证书后，连续从事本职业工作 2 年以上，经本职业高级正规培训，达到规定标准学时数，并取得结业证书。

- 取得本职业中级职业资格证书后，连续从事本职业工作 4 年以上。

- 取得劳动保障行政部门审核认定的，以高级技能为培养目标的职业学校本职业（或相关专业）毕业证书。

- 大专以上本专业或相关专业毕业生，经本职业高级正规培训，达到规定标准学时数，并取得结业证书。

——技师：（具备以下条件之一者）

- 取得本职业高级职业资格证书后，连续从事本职业工作 4 年以上，经本职业技师正规培训达规定标准学时数，并取得结业证书。

- 取得本职业高级职业资格证书的职业学校本职业（专业）毕业生，连续从事本职业工作 2 年以上，经本职业技师正规培训达规定标准学时数，并取得结业证书。

- 取得本职业高级职业资格证书的本科（含本科）以上本专业或相关专业的毕业生，连续从事本职业工作 2 年以上，经本职业技师正规培训达规定标准学时数，并取得结业证书。

——高级技师：

取得本职业技师职业资格证书后，连续从事本职业工作 4 年以上，经本职业高级技师正规培训达规定标准学时数，并取得结业证书。

（3）鉴定方式：分为理论知识考试和技能操作考核。理论知识考试采用闭卷方式，技能操作（含软件应用）考核采用现场实际操作和计算机软件操作方式。理论知识考试和技能操作（含软件应用）考核均实行百分制，成绩皆达 60 分及以上者为合格。技师和高级技师还需进行综合评审。

（4）考评人员与考生配比：理论知识考试考评人员与考生配比为 1:15，每个标准教室不少于 2 名相应级别的考评人员；技能操作（含软件应用）考核考评人员与考生配比为 1:2，且不少于 3 名相应级别的考评人员；综合评审委员不少于 5 人。

（5）鉴定时间：理论知识考试为 120 min，技能操作考核中实操时间为：中级、高级不少于 240 min，技师和高级技师不少于 300 min，技能操作考核中软件应用考试时间为不超过 120 min，技师和高级技师的综合评审时间不少于 45 min。

（6）鉴定场所设备：理论知识考试在标准教室里进行，软件应用考试在计算机机房进行，技能操作考核在配备必要的数控铣床及必要的刀具、夹具、量具和辅助设备的场所进行。

2. 基本要求

1）职业道德

（1）职业道德基本知识。

（2）职业守则。

- 遵守国家法律、法规和有关规定。
- 具有高度的责任心、爱岗敬业、团结合作。
- 严格执行相关标准、工作程序与规范、工艺文件和安全操作规程。
- 学习新知识新技能、勇于开拓和创新。
- 爱护设备、系统及工具、夹具、量具。
- 着装整洁，符合规定；保持工作环境清洁有序，文明生产。

2）基础知识

（1）基础理论知识。

- 机械制图；
- 工程材料及金属热处理知识；
- 机电控制知识；
- 计算机基础知识；
- 专业英语基础。

（2）机械加工基础知识。

- 机械原理；
- 常用设备知识（分类、用途、基本结构及维护保养方法）；
- 常用金属切削刀具知识；
- 典型零件加工工艺；
- 设备润滑和冷却液的使用方法；
- 工具、夹具、量具的使用与维护知识；
- 铣工、镗工基本操作知识。

（3）安全文明生产与环境保护知识。

- 安全操作与劳动保护知识；

- 文明生产知识；
- 环境保护知识。

（4）质量管理知识。

- 企业的质量方针；
- 岗位质量要求；
- 岗位质量保证措施与责任。

（5）相关法律、法规知识。

- 劳动法的相关知识；
- 环境保护法的相关知识；
- 知识产权保护法的相关知识。

3. 工作要求

数控铣工中级考核要求见表 10-1。

表 10-1　数控铣工中级考核要求

职业功能	工作内容	技　能　要　求	相　关　知　识
加工准备	读图与绘图	（1）能读懂中等复杂程度（如：凸轮、壳体、板状、支架）的零件图 （2）能绘制有沟槽、台阶、斜面、曲面的简单零件图 （3）能读懂分度头尾架、弹簧夹头套筒、可转位铣刀结构等简单机构装配图	（1）复杂零件的表达方法 （2）简单零件图的画法 （3）零件三视图、局部视图和剖视图的画法
	制定加工工艺	（1）能读懂复杂零件的铣削加工工艺文件 （2）能编制由直线、圆弧等构成的二维轮廓零件的铣削加工工艺文件	（1）数控加工工艺知识 （2）数控加工工艺文件的制定方法
	零件定位与装夹	（1）能使用铣削加工常用夹具（如压板、虎钳、平口钳等）装夹零件 （2）能够选择定位基准，并找正零件	（1）常用夹具的使用方法 （2）定位与夹紧的原理和方法 （3）零件找正的方法
	刀具准备	（1）能够根据数控加工工艺文件选择、安装和调整数控铣床常用刀具 （2）能根据数控铣床特性、零件材料、加工精度、工作效率等选择刀具和刀具几何参数，并确定数控加工需要的切削参数和切削用量 （3）能够利用数控铣床的功能，借助通用量具或对刀仪测量刀具的半径及长度 （4）能选择、安装和使用刀柄 （5）能够刃磨常用刀具	（1）金属切削与刀具磨损知识 （2）数控铣床常用刀具的种类、结构、材料和特点 （3）数控铣床、零件材料、加工精度和工作效率对刀具的要求 （4）刀具长度补偿、半径补偿等刀具参数的设置知识 （5）刀柄的分类和使用方法 （6）刀具刃磨的方法
数控编程	手工编程	（1）能编制由直线、圆弧组成的二维轮廓数控加工程序 （2）能够运用固定循环、子程序进行零件的加工程序编制	（1）数控编程知识 （2）直线插补和圆弧插补的原理 （3）节点的计算方法

续表

职业功能	工作内容	技　能　要　求	相　关　知　识
数控编程	计算机辅助编程	（1）能够使用 CAD/CAM 软件绘制简单零件图 （2）能够利用 CAD/CAM 软件完成简单平面轮廓的铣削程序	（1）CAD/CAM 软件的使用方法 （2）平面轮廓的绘图与加工代码生成方法
数控铣床操作	操作面板	（1）能够按照操作规程启动及停止机床 （2）能使用操作面板上的常用功能键（如回零、手动、MDI、修调等）	（1）数控铣床操作说明书 （2）数控铣床操作面板的使用方法
	程序输入与编辑	（1）能够通过各种途径（如 DNC、网络）输入加工程序 （2）能够通过操作面板输入和编辑加工程序	（1）数控加工程序的输入方法 （2）数控加工程序的编辑方法
	对刀	（1）能进行对刀并确定相关坐标系 （2）能设置刀具参数	（1）对刀的方法 （2）坐标系的知识 （3）建立刀具参数表或文件的方法
	程序调试与运行	能够进行程序检验、单步执行、空运行并完成零件试切	程序调试的方法
	参数设置	能够通过操作面板输入有关参数	数控系统中相关参数的输入方法
零件加工	平面加工	能够运用数控加工程序进行平面、垂直面、斜面、阶梯面等的铣削加工，并达到如下要求： （1）尺寸公差等级达 IT7 （2）形位公差等级达 IT8 （3）表面粗糙度达 $Ra3.2\ \mu m$	（1）平面铣削的基本知识 （2）刀具端刃的切削特点
	轮廓加工	能够运用数控加工程序进行由直线、圆弧组成的平面轮廓铣削加工，并达到如下要求： （1）尺寸公差等级达 IT8 （2）形位公差等级达 IT8 （3）表面粗糙度达 $Ra3.2\ \mu m$	（1）平面轮廓铣削的基本知识 （2）刀具侧刃的切削特点
	曲面加工	能够运用数控加工程序进行圆锥面、圆柱面等简单曲面的铣削加工，并达到如下要求： （1）尺寸公差等级达 IT8 （2）形位公差等级达 IT8 （3）表面粗糙度达 $Ra3.2\ \mu m$	（1）曲面铣削的基本知识 （2）球头刀具的切削特点
	孔类加工	能够运用数控加工程序进行孔加工，并达到如下要求： （1）尺寸公差等级达 IT7 （2）形位公差等级达 IT8 （3）表面粗糙度达 $Ra3.2\ \mu m$	麻花钻、扩孔钻、丝锥、镗刀及铰刀的加工方法

续表

职业功能	工作内容	技 能 要 求	相 关 知 识
零件加工	槽类加工	能够运用数控加工程序进行槽、键槽的加工，并达到如下要求： （1）尺寸公差等级达 IT8 （2）形位公差等级达 IT8 （3）表面粗糙度达 Ra3.2 μm	槽、键槽的加工方法
	精度检验	能够使用常用量具进行零件的精度检验	（1）常用量具的使用方法 （2）零件精度检验及测量方法
维护与故障诊断	机床日常维护	能够根据说明书完成数控铣床的定期及不定期维护保养，包括机械、电、气、液压、数控系统检查和日常保养等	（1）数控铣床说明书 （2）数控铣床日常保养方法 （3）数控铣床操作规程 （4）数控系统（进口、国产数控系统）说明书
	机床故障诊断	（1）能读懂数控系统的报警信息 （2）能发现数控铣床的一般故障	（1）数控系统的报警信息 （2）机床的故障诊断方法
	机床精度检查	能进行机床水平的检查	（1）水平仪的使用方法 （2）机床垫铁的调整方法

4. 比重表

理论知识比重表见表 10-2，技能操作比重表见表 10-3。

表 10-2 理论知识比重表 %

项　　目		中级	高级	技师	高级技师
基本要求	职业道德	5	5	5	5
	基础知识	20	20	15	15
相关知识	加工准备	15	15	25	—
	数控编程	20	20	10	—
	数控铣床操作	5	5	5	—
	零件加工	30	30	20	15
	数控铣床维护与精度检验	5	5	10	10
	培训与管理	—	—	10	15
	工艺分析与设计	—	—	—	40
合　　计		100	100	100	100

表 10 - 3　技能操作比重表　　　　　　　　　　　　　　　　%

项　　目		中级	高级	技师	高级技师
技能要求	加工准备	10	10	10	—
	数控编程	30	30	30	—
	数控铣床操作	5	5	5	—
	零件加工	50	50	45	45
	数控铣床维护与精度检验	5	5	5	10
	培训与管理	—	—	5	10
	工艺分析与设计	—	—	—	35
合　　计		100	100	100	100

二、加工中心操作工国家职业标准（中级）

1. 职业概况

1）职业名称

加工中心操作工。

2）职业定义

从事编制数控加工程序并操作加工中心机床进行零件多工序组合切削加工的人员。

3）职业等级

本职业共设四个等级，分别为：中级（国家职业资格四级）、高级（国家职业资格三级）、技师（国家职业资格二级）、高级技师（国家职业资格一级）。

4）职业环境

室内、常温。

5）职业能力特征

具有较强的计算能力和空间感，形体知觉及色觉正常，手指、手臂灵活，动作协调。

6）基本文化程度

高中毕业（或同等学力）。

7）培训要求

（1）培训期限。全日制职业学校教育，根据其培养目标和教学计划确定。晋级培训期限：中级不少于 400 标准学时；高级不少于 300 标准学时；技师不少于 300 标准学时；高级技师不少于 300 标准学时。

（2）培训教师：培训中、高级人员的教师应取得本职业技师及以上职业资格证书或相关专业中级及以上专业技术职称任职资格；培训技师的教师应取得本职业高级技师职业资格证书或相关专业高级专业技术职称任职资格；培训高级技师的教师应取得本职业高级技师职业资格证书 2 年以上或取得相关专业高级专业技术职称任职资格 2 年以上。

（3）培训场地设备：满足教学要求的标准教室、计算机机房及配套的软件、加工中心及必要的刀具、夹具、量具和辅助设备等。

8）鉴定要求

（1）适用对象：从事或准备从事本职业的人员。

（2）申报条件。

——中级：（具备以下条件之一者）

● 经本职业中级正规培训达规定标准学时数，并取得结业证书。

● 连续从事本职业工作 5 年以上。

● 取得经劳动保障行政部门审核认定的，以中级技能为培养目标的中等以上职业学校本职业（或相关专业）毕业证书。

● 取得相关职业中级《职业资格证书》后，连续从事本职业 2 年以上。

——高级：（具备以下条件之一者）

● 取得本职业中级职业资格证书后，连续从事本职业工作 2 年以上，经本职业高级正规培训，达到规定标准学时数，并取得结业证书。

● 取得本职业中级职业资格证书后，连续从事本职业工作 4 年以上。

● 取得劳动保障行政部门审核认定的，以高级技能为培养目标的职业学校本职业（或相关专业）毕业证书。

● 大专以上本专业或相关专业毕业生，经本职业高级正规培训，达到规定标准学时数，并取得结业证书。

——技师：（具备以下条件之一者）

● 取得本职业高级职业资格证书后，连续从事本职业工作 4 年以上，经本职业技师正规培训达规定标准学时数，并取得结业证书。

● 取得本职业高级职业资格证书的职业学校本职业（专业）毕业生，连续从事本职业工作 2 年以上，经本职业技师正规培训达规定标准学时数，并取得结业证书。

● 取得本职业高级职业资格证书的本科（含本科）以上本专业或相关专业的毕业生，连续从事本职业工作 2 年以上，经本职业技师正规培训达规定标准学时数，并取得结业证书。

——高级技师：

取得本职业技师职业资格证书后，连续从事本职业工作 4 年以上，经本职业高级技师正规培训达规定标准学时数，并取得结业证书。

（3）鉴定方式：分为理论知识考试和技能操作考核。理论知识考试采用闭卷方式，技能操作（含软件应用）考核采用现场实际操作和计算机软件操作方式。理论知识考试和技能操作（含软件应用）考核均实行百分制，成绩皆达 60 分及以上者为合格。技师和高级技师还需进行综合评审。

（4）考评人员与考生配比：理论知识考试考评人员与考生配比为 1:15，每个标准教室不少于 2 名相应级别的考评人员；技能操作（含软件应用）考核考评员与考生配比为 1:2，且不少于 3 名相应级别的考评人员；综合评审委员不少于 5 人。

（5）鉴定时间。理论知识考试为 120 min，技能操作考核中实操时间为：中级、高级不少于 240 min，技师和高级技师不少于 300 min，技能操作考核中软件应用考试时间为不超过 120 min，技师和高级技师的综合评审时间不少于 45 min。

（6）鉴定场所设备：理论知识考试在标准教室里进行，软件应用考试在计算机机房进行，技能操作考核在配备必要的加工中心及必要的刀具、夹具、量具和辅助设备的场所进行。

2. 基本要求

1）职业道德

（1）职业道德基本知识。

（2）职业守则。

- 遵守国家法律、法规和有关规定。
- 具有高度的责任心、爱岗敬业、团结合作。
- 严格执行相关标准、工作程序与规范、工艺文件和安全操作规程。
- 学习新知识新技能、勇于开拓和创新。
- 爱护设备、系统及工具、夹具、量具。
- 着装整洁，符合规定；保持工作环境清洁有序，文明生产。

2）基础知识

（1）基础理论知识。

- 机械制图；
- 工程材料及金属热处理知识；
- 机电控制知识；
- 计算机基础知识；
- 专业英语基础。

（2）机械加工基础知识。

- 机械原理；
- 常用设备知识（分类、用途、基本结构及维护保养方法）；
- 常用金属切削刀具知识；
- 典型零件加工工艺；
- 设备润滑和冷却液的使用方法；
- 工具、夹具、量具的使用与维护知识；
- 铣工、镗工基本操作知识。

（3）安全文明生产与环境保护知识。

- 安全操作与劳动保护知识；
- 文明生产知识；
- 环境保护知识。

（4）质量管理知识。

- 企业的质量方针；
- 岗位质量要求；
- 岗位质量保证措施与责任。

（5）相关法律、法规知识。

- 劳动法的相关知识；

- 环境保护法的相关知识；
- 知识产权保护法的相关知识。

3. 工作要求

加工中心操作工中级考核要求见表 10-4。

表 10-4　加工中心操作工中级考核要求

职业功能	工作内容	技　能　要　求	相　关　知　识
加工准备	读图与绘图	（1）能读懂中等复杂程度（如：凸轮、壳体、板状、支架）的零件图 （2）能绘制有沟槽、台阶、斜面、曲面的简单零件图 （3）能读懂分度头尾架、弹簧夹头套筒、可转位铣刀结构等简单机构装配图	（1）复杂零件的表达方法 （2）简单零件图的画法 （3）零件三视图、局部视图和剖视图的画法
	制定加工工艺	（1）能读懂复杂零件的数控加工工艺文件 （2）能编制直线、圆弧面、孔系等简单零件的数控加工工艺文件	（1）数控加工工艺文件的制定方法 （2）数控加工工艺知识
	零件定位与装夹	（1）能使用铣削加工常用夹具（如压板、虎钳、平口钳等）装夹零件 （2）能够选择定位基准，并找正零件	（1）加工中心常用夹具的使用方法 （2）定位、装夹的原理和方法 （3）零件找正的方法
	刀具准备	（1）能够根据数控加工工艺卡选择、安装和调整加工中心常用刀具 （2）能根据加工中心特性、零件材料、加工精度和工作效率等选择刀具和刀具几何参数，并确定数控加工需要的切削参数和切削用量 （3）能够使用刀具预调仪或者在机内测量工具的半径及长度 （4）能够选择、安装、使用刀柄 （5）能够刃磨常用刀具	（1）金属切削与刀具磨损知识 （2）加工中心常用刀具的种类、结构和特点 （3）加工中心、零件材料、加工精度和工作效率对刀具的要求 （4）刀具预调仪的使用方法 （5）刀具长度补偿、半径补偿与刀具参数的设置知识 （6）刀柄的分类和使用方法 （7）刀具刃磨的方法
数控编程	手工编程	（1）能够编制钻、扩、铰、镗等孔类加工程序 （2）能够编制平面铣削程序 （3）能够编制含直线插补、圆弧插补二维轮廓的加工程序	（1）数控编程知识 （2）直线插补和圆弧插补的原理 （3）坐标点的计算方法 （4）刀具补偿的作用和计算方法
	计算机辅助编程	能够利用 CAD/CAM 软件完成简单平面轮廓的铣削程序	（1）CAD/CAM 软件的使用方法 （2）平面轮廓的绘图与加工代码生成方法

职业功能	工作内容	技 能 要 求	相 关 知 识
加工中心操作	操作面板	（1）能够按照操作规程启动及停止机床 （2）能使用操作面板上的常用功能键（如回零、手动、MDI、修调等）	（1）加工中心操作说明书 （2）加工中心操作面板的使用方法
	程序输入与编辑	（1）能够通过各种途径（如DNC、网络）输入加工程序 （2）能够通过操作面板输入和编辑加工程序	（1）数控加工程序的输入方法 （2）数控加工程序的编辑方法
	对刀	（1）能进行对刀并确定相关坐标系 （2）能设置刀具参数	（1）对刀的方法 （2）坐标系的知识 （3）建立刀具参数表或文件的方法
	程序调试与运行	（1）能够进行程序检验、单步执行、空运行并完成零件试切 （2）能够使用交换工作台	（1）程序调试的方法 （2）工作台交换的方法
	刀具管理	（1）能够使用自动换刀装置 （2）能够在刀库中设置和选择刀具 （3）能够通过操作面板输入有关参数	（1）刀库的知识 （2）刀库的使用方法 （3）刀具信息的设置方法与刀具选择 （4）数控系统中加工参数的输入方法
零件加工	平面加工	能够运用数控加工程序进行平面、垂直面、斜面、阶梯面等的铣削加工，并达到如下要求： （1）尺寸公差等级达IT7 （2）形位公差等级达IT8 （3）表面粗糙度达 $Ra3.2\ \mu m$	（1）平面铣削的基本知识 （2）刀具端刃的切削特点
	型腔加工	（1）能够运用数控加工程序进行直线、圆弧组成的平面轮廓零件铣削加工，并达到如下要求： ① 尺寸公差等级达IT8 ② 形位公差等级达IT8 ③ 表面粗糙度达 $Ra3.2\ \mu m$ （2）能够运用数控加工程序进行复杂零件的型腔加工，并达到如下要求： ① 尺寸公差等级达IT8 ② 形位公差等级达IT8 ③ 表面粗糙度达 $Ra3.2\ \mu m$	（1）平面轮廓铣削的基本知识 （2）刀具侧刃的切削特点

职业功能	工作内容	技　能　要　求	相　关　知　识
零件加工	曲面加工	能够运用数控加工程序进行圆锥面、圆柱面等简单曲面的铣削加工，并达到如下要求： （1）尺寸公差等级达 IT8 （2）形位公差等级达 IT8 （3）表面粗糙度达 $Ra3.2\ \mu m$	（1）曲面铣削的基本知识 （2）球头刀具的切削特点
	孔系加工	能够运用数控加工程序进行孔系加工，并达到如下要求： （1）尺寸公差等级达 IT7 （2）形位公差等级达 IT8 （3）表面粗糙度达 $Ra3.2\ \mu m$	麻花钻、扩孔钻、丝锥、镗刀及铰刀的加工方法
	槽类加工	能够运用数控加工程序进行槽、键槽的加工，并达到如下要求： （1）尺寸公差等级达 IT8 （2）形位公差等级达 IT8 （3）表面粗糙度达 $Ra3.2\ \mu m$	槽、键槽的加工方法
	精度检验	能够使用常用量具进行零件的精度检验	（1）常用量具的使用方法 （2）零件精度检验及测量方法
维护与故障诊断	加工中心日常维护	能够根据说明书完成加工中心的定期及不定期维护保养，包括机械、电、气、液压、数控系统检查和日常保养等	（1）加工中心说明书 （2）加工中心日常保养方法 （3）加工中心操作规程 （4）数控系统（进口、国产数控系统）说明书
	加工中心故障诊断	（1）能读懂数控系统的报警信息 （2）能发现加工中心的一般故障	（1）数控系统的报警信息 （2）机床的故障诊断方法
	机床精度检查	能进行机床水平的检查	（1）水平仪的使用方法 （2）机床垫铁的调整方法

4. 比重表

理论知识比重表见表 10－5，技能操作比重表见表 10－6。

表 10-5 理论知识比重表   %

项	目	中级	高级	技师	高级技师
基本要求	职业道德	5	5	5	5
	基础知识	20	20	15	15
相关知识	加工准备	15	15	25	—
	数控编程	20	20	10	—
	加工中心操作	5	5	5	—
	零件加工	30	30	20	15
	机床维护与精度检验	5	5	10	10
	培训与管理	—	—	10	15
	工艺分析与设计	—	—	—	40
合	计	100	100	100	100

表 10-6 技能操作比重表   %

项	目	中级	高级	技师	高级技师
技能要求	加工准备	10	10	10	—
	数控编程	30	30	30	—
	加工中心操作	5	5	5	—
	零件加工	50	50	45	45
	机床维护与精度检验	5	5	5	10
	培训与管理	—	—	5	10
	工艺分析与设计	—	—	—	35
合	计	100	100	100	100

10.2 数控铣/加工中心操作工中级考证案例

一、数控铣/加工中心操作工中级考证案例（一）

1. 任务描述

应用数控铣床/加工中心机床完成图 10-1 所示工件的加工，加工过程中使用的工具、刀具、量具及材料见表 10-7，其评分标准见表 10-8。

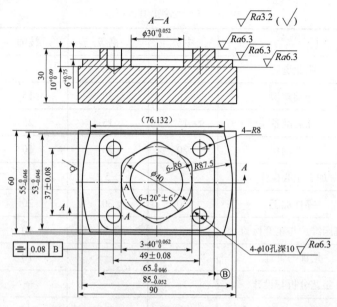

名称：型腔模　材料：45钢　额定工时：240 min

技术要求：未注尺寸公差按IT12加工

图 10-1　中级考证案例一

表 10-7　"中级考证案例一"工具、刀具、量具及材料清单

序号	名　称	规　格	数　量	备注
1	游标卡尺	0～150　0.02	1	
2	万能量角器	0～320°　2′	1	
3	千分尺	0～25，25～50，50～75，75～100　0.01	各1	
4	深度游标卡尺	0～200　0.02	1	
5	内径千分尺	5～25，25～50　0.01	各1	
6	百分表、磁性表座	0～10　0.01	各1	
7	R规	R5～25	1	
8	钻头	中心钻 A2.5，$\phi8$、$\phi10$、$\phi12$	各1	
9	立铣刀	$\phi12$（粗齿、细齿）	各1	
10	面铣刀	$\phi60$（R 型铣刀片）	1	
11	刀柄、夹头	以上刀具相关刀柄，钻夹头，弹簧夹	若干	
12	夹具	精密平口钳及垫铁	各1	
13	毛坯材料	90 mm×60 mm×30 mm 的 45 钢	1	
14	其他	常用数控铣/加工中心机床辅具	若干	

序号	名 称	规 格	数 量	备注
15	数控铣床/加工中心机床	（1）FANUC 数控铣床 型号规格 CW650 （2）SINUMERIK 数控铣床/加工中心 型号规格 VDL－600A	每人 1 台	
16	数控系统	FANUC0i、SINUMERIK－802D		

表 10－8 "中级考证案例一"评分标准

工件编号		考核要求	配分	总得分		
考核项目	序号			评 分 标 准	检测结果	得分
外轮廓	1	$85_{-0.052}^{0}$	5	超差 0.01 扣 1 分		
	2	$55_{-0.046}^{0}$	5	超差 0.01 扣 1 分		
	3	$10_{0}^{+0.09}$	2	超差 0.01 扣 1 分		
	4	$R87.5$（2 处）	2×2	按未注公差，超差不得分		
	5	$Ra6.3/Ra6.3$	3.5	超差 1 级，每面扣 1 分，碰伤、划痕 1 处扣 0.5 分		
四方凸台	1	$65_{-0.046}^{0}$	5	超差 0.01 扣 1 分		
	2	$53_{-0.046}^{0}$	5	超差 0.01 扣 1 分		
	3	$6_{0}^{+0.075}$	2	超差 0.01 扣 1 分		
	4	$R8$（4 处）	2×4	按未注公差，超差不得分		
	5	$Ra6.3/Ra6.3$	3.5	超差 1 级，每面扣 1 分，碰伤、划痕 1 处扣 0.5 分		
钻孔	1	$\phi10$（4 处）	1×4	按未注公差，超差 1 处扣 1 分		
	2	49 ± 0.08	4	超差 0.01 扣 1 分		
	3	37 ± 0.08	4	每错 1 处扣 1 分		
	4	$10_{0}^{+0.09}$	2	超差 0.01 扣 1 分		
六边形型腔	1	$40_{0}^{+0.062}$（3 处）	3×3	超差 0.01 扣 1 分		
	2	$6_{0}^{+0.075}$	2	超差 0.01 扣 1 分		
	3	$120°\pm6'$（6 处）	1×6	超差 2′ 扣 1 分		
	4	对称度 0.08 B	6	超差 0.01 扣 2 分		
	5	$R6$（6 处）	1×6	按未注公差，超差不得分		
	6	$Ra6.3/Ra6.3$	4	超差 1 级，每面扣 1 分，碰伤、划痕 1 处扣 0.5 分		

工件编号		考核要求	配分	总得分		
考核项目	序号			评 分 标 准	检测结果	得分
大圆孔	1	$\phi30^{+0.052}_{0}$	5	超差 0.01 扣 1 分		
	2	$10^{+0.09}_{0}$	2	超差 0.01 扣 1 分		
	3	$Ra6.3/Ra6.3$	3	超差 1 级，每面扣 1 分，碰伤、划痕 1 处扣 0.5 分		
缺陷		工件缺陷、尺寸误差 0.5以上、外形与图样不符、未清角	倒扣	倒扣 2～5 分/处		
安全文明生产		安全操作、机床整理	倒扣	安全事故停止操作或倒扣5～20 分/次		
工时定额		4 h	监考		日期	
加工开始时间						
加工结束时间						

2. 应用"六步法"完成此工作任务

完成该项加工任务的工作过程如下。

1）资讯——分析零件图，明确加工内容

图 10-1 所示零件的加工内容有：钻孔、铣削一个外轮廓、一个四方凸台以及两个封闭型腔，其中六边形型腔最小凹圆角半径仅为 6 mm，因而铣削该结构时立铣刀半径最大不能超过该圆角半径。

2）决策——确定加工方案

（1）机床及装夹方式的选择：由于仅加工一件零件，根据车间设备状况，决定选择 XH714型数控铣床完成本次任务。工件毛坯为长方体，因此采用平口钳来装夹工件。

（2）加工策略。包括 4 个 $\phi10$ mm 孔，图 10-1 所示零件共有 5 个结构要加工，根据零件结构特点，该零件加工策略如下。

• 采用 $\phi12$ mm 高速钢三刃立铣刀铣削工件上表面，将其作为后续工序深度尺寸测量基准。

• 用 A2.5 中心钻头钻图 10-2（a）所示的 5 个孔（含 1 个工艺孔），再用 $\phi10$ mm 钻头钻 4 个有效深度为 10 mm、直径为 $\phi10$ mm 的盲孔(不含钻尖深度)，以及钻一个深度为 10 mm、直径为 $\phi10$ mm 的盲孔，该孔作为加工圆槽及六边形型腔的工艺孔。

• 采用 $\phi12$ mm 三刃高速钢立铣刀粗铣两个外形轮廓及两个型腔（注意：此时六边形型腔的最小凹圆角半径暂时设定为 7 mm）。

• 采用 $\phi12$ mm 五刃高速钢立铣刀半精、精铣两个外形轮廓，并使相关尺寸达到精度要求。

● 最后再用 ϕ10 mm 高速钢三刃立铣刀半精、精铣圆槽及六边形型腔，并使相关尺寸达到精度要求。

（3）刀具选择及刀具路径设计：本次加工将使用 5 把刀具，分别是 A2.5 mm 的中心钻头、ϕ10 mm 麻花钻头、ϕ12 mm 三刃高速钢立铣刀、ϕ12 mm 五刃高速钢立铣刀及 ϕ10 mm 三刃高速钢立铣刀。

为了提高编程效率，零件各轮廓加工时将采用法向进刀、法向退刀方式切入切出工件，加工顺序如图 10-2 所示。

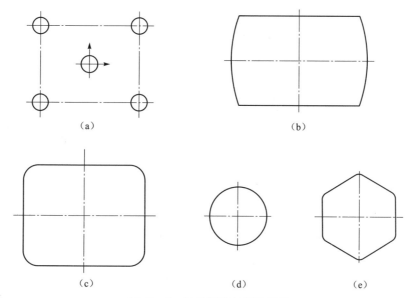

图 10-2　零件轮廓分解示意图

（a）孔位；（b）圆弧形外轮廓；（c）四方形外轮廓；（d）圆槽；（e）六边形型腔

（4）切削用量的选择见表 10-9 所列。

表 10-9　案例一零件加工工序卡

序号	加工内容		所用刀具	主轴转速 $S/(\mathrm{r \cdot min^{-1}})$	进给速度 $F/(\mathrm{mm \cdot min^{-1}})$	刀具半径补偿 /mm
1	铣上表面		ϕ12 mm 三刃高速钢立铣刀	300	80	
2	钻中心孔		A2.5 mm 中心钻头	1 000	20	
3	钻孔		ϕ10 mm 麻花钻头	350	25	
4	铣外轮廓	粗加工	ϕ12 mm 三刃高速钢立铣刀	350	35	6.7 mm
5		半精加工	ϕ12 mm 五刃高速钢立铣刀	350	50	6.2 mm
6		精加工		400	70	测量计算得刀具半径

序号	加工内容		所用刀具	主轴转速 S/（r·min^{-1}）	进给速度 F/（mm·min^{-1}）	刀具半径补偿 /mm
7	加工圆槽及六边形型腔	粗加工	ϕ12 mm 三刃高速钢立铣刀	350	35	6.7 mm
8		半精加工	ϕ10 mm 三刃高速钢立铣刀	350	50	5.2 mm
9		精加工		400	70	测量计算得刀具半径

（5）工件原点的选择：选取工件上表面中心处作为工件原点。

3）计划——制定加工过程文件

（1）加工工序卡。本次加工任务的工序卡内容见表 10-9。

（2）NC 程序单。案例一零件加工 NC 程序见表 10-10～表 10-14。

表 10-10 案例一零件钻中心孔程序

段号	FANUC0i 系统程序	SINUMERIK-802D 系统程序	程序说明
	O0011	AA11. MPF	程序号（钻中心孔程序，中心钻 A2.5）
N10	G90G54G17G80G40G0Z100	G90G54G17G40G0Z100	程序初始化，Z 轴快速定位
N20	X0Y0	X0Y0	X，Y 轴快速定位
N30	Z10	Z10F30	Z 轴快速下刀
N40	M03S1000	M03S1000	主轴正转，1 000 r/min
N50	M08	M08	开冷却液
N60	G99G81X0Y0Z-4R3K1F30	MCALL CYCLE81（10，0，3，-4）	
N70	X24.5Y18.5	X0Y0	
N80	X-24.5Y18.5	X24.5Y18.5	
N90	X-24.5Y-18.5	X-24.5Y18.5	钻 5 个中心孔
N100	X24.5Y-18.5	X-24.5Y-18.5	
N110		X24.5Y-18.5	
N120		MCALL	
N130	G0Z100	G0Z100	Z 轴快速抬刀
N140	G80		取消固定循环
N150	M05	M05	停止主轴
N160	M09	M09	关冷却液
N170	M30	M30	程序结束

表 10-11　案例一零件件钻孔程序

段号	FANUC0i 系统程序	SINUMERIK-802D 系统程序	程序说明
	O0012	AA12. MPF	钻孔程序（ϕ10 mm 钻头）
N10	G90G54G17G80G40G0Z100	G90G54G17G40G0Z100	程序初始化，Z轴快速定位
N20	X24.5Y18.5	X24.5Y18.5	X，Y轴快速定位
N30	Z10	Z10	Z轴快速下刀
N40	M03S350	M03S350	主轴正转，350 r/min
N50	M08	M08	开冷却液
N60	G99G73X24.5Y18.5Z-13R3Q3K1F25	MCALL　CYCLE81（10，0，3，-13）	钻孔 4 个
N70	X-24.5Y18.5	X24.5Y18.5	
N80	X-24.5Y-18.5	X-24.5Y18.5	
N90	X24.5Y-18.5	X-24.5Y-18.5	
N100		X24.5Y-18.5	
N110		MCALL	取消模态调用钻孔循环
N120	G0Z10	G0Z10	Z轴快速抬刀
N140	G80		取消固定循环
N150	G0X0Y0	G0X0Y0	X，Y轴快速定位
N160	G01Z-9.8F25	G01Z-9.8F25	钻孔
N170	G0Z100	G0Z100	Z轴快速抬刀
N180	M05	M05	停止主轴
N190	M09	M09	关冷却液
N200	M30	M30	程序结束

表 10-12　案例一零件铣外轮廓 b 程序

段号	FANUC0i 系统程序	SINUMERIK-802D 系统程序	程序说明
	O0013	AA13. MPF	加工外轮廓 b 程序
N10	G90G54G17G64G40G0Z100	G90G54G17G64G40G0Z100	程序初始化，Z轴快速定位
N20	X0Y-40	X0Y-40	X、Y轴快速定位至起刀点

段号	FANUC0i 系统程序	SINUMERIK - 802D 系统程序	程序说明
N30	Z10	Z10	Z 轴快速下刀
N40	M03S350	M03S350	主轴正转，350 r/min
N50	M08	M08	开冷却液
N60	G01Z - 10F20	G01Z - 10F20	Z 轴下刀
N70	D1F35	D1F35	建立刀具半径补偿，粗铣时 D =6.7 mm；半精铣时， D = 5.2 mm；精铣时， D = 测量计算值
N80	G41G01X0Y - 27.5	G41G01X0Y - 27.5	
N90	X - 38.066	X - 38.066	加工外轮廓 b（粗、精加工为同一程序，加工过程中使用的刀具半径补偿值不同）
N100	G02X - 38.066Y27.5R87.5	G02X - 38.066Y27.5CR = 87.5	
N110	G01X38.066	G01X38.066	
N120	G02X38.066Y - 27.5R87.5	G02X38.066Y - 27.5CR = 87.5	
N130	G01X - 3	G01X - 3	
N140	G40G01X0Y - 40	G40G01X0Y - 40	取消刀具半径补偿
N150	G0Z100	G0Z100	Z 轴快速抬刀
N160	M05	M05	停止主轴
N170	M09	M09	关冷却液
N180	M30	M30	程序结束

表 10 - 13　案例一零件四方凸台 c 程序

段号	FANUC0i 系统程序	SINUMERIK - 802D 系统程序	程序说明
	O0014	AA14. MPF	加工四方凸台 c 程序
N10	G90G54G17G64G40G0Z100	G90G54G17G64G40G0Z100	程序初始化，Z 轴快速定位
N20	X0Y - 40	X0Y - 40	X，Y 轴快速定位至起刀点
N30	Z10	Z10	Z 轴快速下刀
N40	M03S350	M03S350	主轴正转，350 r/min
N50	M08	M08	开冷却液
N60	G01Z - 6F20	G01Z - 6F20	Z 轴下刀

段号	FANUC0i 系统程序	SINUMERIK－802D 系统程序	程序说明
N70	D1F35	D1F35	建立刀具半径补偿，粗铣时 D=6.7 mm；半精铣时，D = 6.2 mm；精铣时，D = 测量计算值
N80	G41G01X0Y－26.5	G41G01X0Y－26.5	
N90	X－32.5Y－26.5，R8	X－32.5Y－26.5RND＝8	加工四方凸台 c（粗、精加工为同一程序，加工过程中使用的刀具半径补偿值不同）
N100	Y26.5，R8	Y26.5RND＝8	
N110	X32.5，R8	X32.5RND＝8	
N120	Y－26.5，R8	Y－26.5 RND＝8	
N130	X－3	X－3	
N140	G40G01X0Y－40	G40G01X0Y－40	取消刀具半径补偿
N150	G0Z100	G0Z100	Z 轴快速抬刀
N160	M05	M05	停止主轴
N170	M09	M09	关冷却液
N180	M30	M30	程序结束

表 10－14　案例一零件铣型腔 d、e 程序

段号	FANUC0i 系统程序	SINUMERIK－802D 系统程序	程序说明
	O0015	AA15. MPF	加工圆孔 d 和六边形型腔 e 程序
N10	G90G54G17G64G40G0Z100	G90G54G17G64G40G0Z100	程序初始化，Z 轴快速定位
N20	X0Y0	X0Y0	X、Y 轴快速定位至起刀点
N30	Z10	Z10	Z 轴快速下刀
N40	M03S400	M03S400	主轴正转，400 r/min
N50	M08	M08	开冷却液
N60	G01Z－10F20	G01Z－10F20	Z 轴下刀
N70	D4F35	D4F35	建立刀具半径补偿，粗铣时 D=6.7 mm；半精铣时，D = 5.2 mm；精铣时，D = 测量计算值
N80	G41G01X15Y0	G41G01X15Y0	
N90	G03I－15J0	G03I－15J0	加工圆孔 d（粗、精加工为同一程序，加工过程中使用的刀具半径补偿值不同）

段号	FANUC0i 系统程序	SINUMERIK – 802D 系统程序	程序说明
N100	G40G01X0Y0	G40G01X0Y0	取消刀具半径补偿
N110	Z – 6	Z – 6	Z 轴抬刀
N120	D2	D2	建立刀具半径补偿，$D=$ 5.7，5.2，5.0（实际值）
N130	G41G01X20Y0	G41G01X20Y0	
N140	X20Y11.547，R6	X20Y11.547 RND = 6	
N150	X0Y23.094，R6	X0Y23.094 RND = 6	
N160	X – 20Y11.547，R6	X – 20Y11.547 RND = 6	加工六边形型腔 e（粗、精加工为同一程序，加工过程中使用的刀具半径补偿值不同）
N170	Y – 11.547，R6	Y – 11.547 RND = 6	
N180	X0Y – 23.094，R6	X0Y – 23.094 RND = 6	
N190	X20Y – 11.517，R6	X20Y – 11.517 RND = 6	
N200	Y2	Y2	
N210	G40G01X0Y0	G40G01X0Y0	取消刀具半径补偿
N220	G0Z100	G0Z100	Z 轴快速抬刀
N230	M05	M05	停止主轴
N240	M09	M09	关冷却液
N250	M30	M30	程序结束

4）实施——加工零件

（1）开机前的准备。

（2）加工前的准备。

（3）安装工件及刀具。

（4）对刀，建立工件坐标系。

（5）输入并检验程序。

（6）执行零件加工。

（7）加工后处理。

5）检查——检验者验收零件

6）评估——加工者与检验者共同评价本次加工任务的完成情况

二、数控铣工/加工中心操作工中级考证案例（二）

1. 任务描述

应用数控铣床/加工中心机床完成图 10 – 3 所示工件的加工，加工过程中使用的工具、刀具、量具及材料见表 10-15，其评分标准见表 10-16。

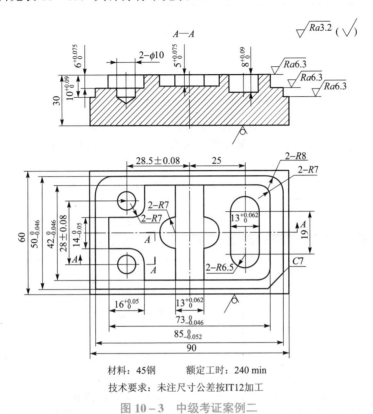

材料：45钢　　　额定工时：240 min

技术要求：未注尺寸公差按IT12加工

图 10-3　中级考证案例二

表 10-15　"中级考证案例二"工具、刀具、量具及材料清单

序号	名　称	规　格	数　量	备注
1	游标卡尺	0～150　　0.02	1	
2	万能量角器	0～320°　　2′	1	
3	千分尺	0～25, 25～50, 50～75, 75～100　0.01	各1	
4	深度游标卡尺	0～200　0.02	1	
5	内径千分尺	5～25, 25～50　0.01	各1	
6	百分表、磁性表座	0～10　0.01	各1	
7	R 规	R5～25	1	
8	钻头	中心钻 A2.5, ϕ8、ϕ10、ϕ12	各1	
9	立铣刀	ϕ12（粗齿、细齿）	各1	
10	面铣刀	ϕ60（R 型铣刀片）	1	
11	刀柄、夹头	以上刀具相关刀柄，钻夹头，弹簧夹	若干	

序号	名　称	规　格	数　量	备注
12	夹具	精密平口钳及垫铁	各 1	
13	毛坯材料	90 mm×60 mm×30 mm 的 45 钢	1	
14	其他	常用数控铣/加工中心机床辅具	若干	
15	数控铣床/加工中心机床	（1）FANUC 数控铣床型号　规格 CW650 （2）SINUMERIK 数控铣床/加工中心　型号规格 VDL – 600A	每人 1 台	
16	数控系统	FANUC0i、SINUMERIK – 802D		

表 10 – 16　"中级考证案例二"评分标准

工件编号				总得分			
考核项目	序号	考核要求	配分	评分标准		检测结果	得分
外轮廓	1	$85^{\ 0}_{-0.052}$	4	超差 0.01 扣 1 分			
	2	$50^{\ 0}_{-0.046}$	4	超差 0.01 扣 1 分			
	3	$10^{+0.09}_{\ 0}$	3	超差 0.01 扣 1 分			
	4	$R8$（2 处）	2×2	按未注公差，超差不得分			
	5	7×45°	2	按未注公差，超差不得分			
	6	$Ra6.3/Ra6.3$	4	超差 1 级，每面扣 1 分，碰伤、划痕 1 处扣 0.5 分			
凸台	1	$73^{\ 0}_{-0.046}$	5	超差 0.01 扣 1 分			
	2	$42^{\ 0}_{-0.046}$	5	超差 0.01 扣 1 分			
	3	$6^{+0.075}_{\ 0}$	3	超差 0.01 扣 1 分			
	4	$R7$（4 处）	2×4	按未注公差，超差不得分			
	5	$14^{\ 0}_{-0.05}$	4	超差 0.01 扣 1 分			
	6	$16^{+0.05}_{\ 0}$	4	超差 0.01 扣 1 分			
	7	$Ra6.3/Ra6.3$	4	超差 1 级，每面扣 1 分，碰伤、划痕 1 处扣 0.5 分			
钻孔	1	$\phi8$（2 处）	2×2	按未注公差，超差处扣 1 分			
	2	28.5±0.08	3	超差 0.01 扣 1 分			
	3	28±0.08	3	超差 0.01 扣 1 分			
	4	4	2	按未注公差，超差不得分			

续表

工件编号				总得分		
考核项目	序号	考核要求	配分	评分标准	检测结果	得分
灯笼通槽	1	$13^{+0.062}_{0}$	5	超差 0.01 扣 1 分		
	2	$5^{+0.075}_{0}$	3	超差 0.01 扣 1 分		
	3	$R7$（2 处）	3×2	按未注公差，超差不得分		
	4	$Ra6.3/Ra6.3$	4	超差 1 级，每面扣 1 分，碰伤、划痕 1 处扣 0.5 分		
封闭键槽	1	$13^{+0.062}_{0}$	5	超差 0.01 扣 1 分		
	2	$8^{+0.09}_{0}$	3	超差 0.01 扣 1 分		
	3	$R6.5$（2 处）	2×2	按未注公差，超差不得分		
	4	$Ra6.3/Ra6.3$	4	超差 1 级，每面扣 1 分，碰伤、划痕 1 处扣 0.5 分		
缺陷		工件缺陷、尺寸误差 0.5 以上、外形与图样不符、未清角	倒扣	倒扣 2～5 分/处		
安全文明生产		安全操作、机床整理	倒扣	安全事故停止操作或倒扣 5～20 分/次		
工时定额		4 h	监考		日期	
加工开始时间						
加工结束时间						

2. 应用"六步法"完成此工作任务

完成该项加工任务的工作过程如下。

1）资讯——分析零件图，明确加工内容

图 10-3 所示零件，其工作内容有：钻孔、铣削两个外轮廓、一个灯笼形型腔、一个封闭形键槽，要求按照评分标准控制好各项尺寸。

2）决策——确定加工方案

（1）机床及装夹方式选择：由于零件轮廓尺寸不大，根据车间设备状况，决定选择 XH714 型数控铣床完成本次任务。零件毛坯为方形钢件，故决定选择平口钳、垫铁配合等工具来装夹工件。

（2）加工策略。图 10-3 所示零件共有 5 个结构要加工，包括 2 个 ϕ10 mm 的盲孔，根据零件结构特点，该零件加工策略如下。

● 采用 ϕ12 mm 高速钢三刃立铣刀铣削工件上表面，将其作为后续工序深度尺寸测量基准。

● 用 A2.5 中心钻头钻图 10−4（a）所示的 3 个孔（含 1 个工艺孔），再用ϕ10 mm 钻头钻 2 个有效深度为 10 mm、直径为ϕ10 mm 的盲孔（不含钻尖深度），以及钻一个深度为 8 mm、直径为ϕ10 mm 的盲孔，该孔作为封闭键槽的工艺孔。

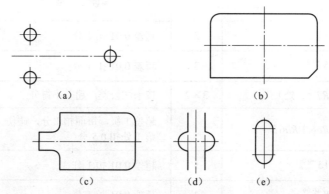

图 10−4　零件轮廓分解示意图

（a）孔位图；（b）四边形外轮廓；（c）八边形外轮廓；（d）灯笼形型腔；（e）封闭键槽

● 采用ϕ12 mm 三刃高速钢立铣刀粗铣两个外形轮廓及两个型腔（即开放型腔及键槽）。

● 采用ϕ12 mm 五刃高速钢立铣刀半精、精铣两个外形轮廓及两个型腔，并使相关尺寸达到精度要求。

（3）刀具选择及刀具路径设计：本次加工将使用 4 把刀具，分别是 A2.5 mm 的中心钻头、ϕ10 mm 麻花钻头、ϕ12 mm 三刃高速钢立铣刀和ϕ12 mm 五刃高速钢立铣刀。

为了提高编程效率，零件各轮廓加工时将采用法向进刀、法向退刀方式切入切出工件，加工顺序如图 10−4 所示。

（4）切削用量的选择见表 10−17 所列。

表 10−17　案例二零件加工工序卡

序号	加工内容	所用刀具	主轴转速 $S/$（r·min^{-1}）	进给速度 $F/$（mm·min^{-1}）	刀具半径补偿 /mm
1	铣上表面	ϕ12 mm 三刃高速钢立铣刀	300		
2	钻中心孔	A2.5 mm 中心钻头	1 000	20	
3	钻孔	ϕ10 mm 麻花钻头	350	25	
4	粗加工	ϕ12 mm 三刃高速钢立铣刀	350	35	6.4 mm
5	半精加工	ϕ12 mm 五刃高速钢立铣刀	350	50	6.1 mm
6	精加工		400	70	测量计算得刀具半径

（5）工件原点的选择：选取工件上表面中心处作为工件原点。

3）计划——制定加工过程文件

（1）加工工序卡。本次加工任务的工序卡内容见表 10−17。

（2）NC 程序单。案例二零件加工 NC 程序见表 10-18～表 10-23。

表 10-18　案例二零件钻中心孔程序

段号	FANUC0i 系统程序	SINUMERIK-802D 系统程序	程序说明
	O0021	AA21. MPF	程序名
N10	G90G54G17G40G0Z100	G90G54G17G40G0Z100	程序初始化，Z 轴快速定位
N20	X25Y0	X25Y0	X，Y 轴快速定位
N30	Z10	Z10	Z 轴快速下刀
N40	M03S1000	M03S1000	主轴正转，1 000 r/min
N50	M08	M08	开冷却液
N60	G01Z-4F30	G01Z-4F30	钻中心孔
N70	G0Z10	G0Z10	
N80	X-28.5Y14	X-28.5Y14	
N90	G01Z-4F30	G01Z-4F30	
N100	G0Z10	G0Z10	
N110	X-28.5Y-14	X-28.5Y-14	
N120	G01Z-4F30	G01Z-4F30	
N130	G0Z100	G0Z100	Z 轴快速抬刀
N140	M05	M05	停止主轴
N150	M09	M09	关冷却液
N160	M30	M30	程序结束

表 10-19　案例二零件钻孔程序

段号	FANUC0i 系统程序	SINUMERIK-802D 系统程序	程序说明
	O0022	AA22. MPF	程序名
N10	G90G54G17G40G0Z100	G90G54G17G40G0Z100	程序初始化，Z 轴快速定位
N20	X25Y0	X25Y0	X，Y 轴快速定位
N30	Z10	Z10	Z 轴快速下刀
N40	M03S400	M03S400	主轴正转，400 r/min
N50	M08	M08	开冷却液
N60	G01Z-7.8F25	G01Z-7.8F25	钻孔
N70	G0Z10	G0Z10	

续表

段号	FANUC0i 系统程序	SINUMERIK - 802D 系统程序	程序说明
N80	X - 28.5Y14	X - 28.5Y14	钻孔
N90	G01Z - 13F25	G01Z - 13F25	
N100	G0Z10	G0Z10	
N110	X - 28.5Y - 14	X - 28.5Y - 14	
N120	G01Z - 13F25	G01Z - 13F25	
N140	G0Z100	G0Z100	Z 轴快速抬刀
N150	M05	M05	停止主轴
N160	M09	M09	关冷却液
N170	M30	M30	程序结束

表 10 - 20　案例二零件铣外轮廓 b 程序

段号	FANUC0i 系统程序	SINUMERIK - 802D 系统程序	程序说明
	O0033	AA33. MPF	程序名
N10	G90G54G17G64G40G0Z100	G90G54G17G40G0Z100	程序初始化，Z 轴快速定位
N20	X - 55Y0	X - 55Y0	X，Y 轴快速定位至起刀点
N30	Z10	Z10	Z 轴快速下刀
N40	M03S350	M03S350	主轴正转，350 r/min
N50	M08	M08	开冷却液
N60	G01Z - 10F25	G01Z - 10F25	Z 轴下刀
N70	D1F35	D1F35	建立刀具半径补偿，$D = 6.8$，6.2，6.0（实际值）
N80	G41G01X - 42.5Y0	G41G01X - 42.5Y0	
N90	Y25，R8	Y25RND = 8	加工外轮廓 b（粗、精加工为同一程序，加工过程中使用的刀具半径补偿值不同）
N100	X42.5，R8	X42.5 RND = 8	
N110	Y - 25，C7	Y - 25CHR = 7	
N120	X - 42.5	X - 42.5	
N130	Y0	Y0	
N140	G40G01X - 55Y0	G40G01X - 55Y0	取消刀具半径补偿
N150	G0Z100	G0Z100	Z 轴快速抬刀
N160	M05	M05	停止主轴
N170	M09	M09	关冷却液
N180	M30	M30	程序结束

表 10 - 21 案例二零件铣外轮廓 c 程序

段号	FANUC0i 系统程序	SINUMERIK - 802D 系统程序	程序说明
	O0044	AA44．MPF	程序名
N10	G90G54G17G64G40G0Z100	G90G54G17G40G0Z100	程序初始化，Z 轴快速定位
N20	X - 55Y0	X - 55Y0	X，Y 轴快速定位至起刀点
N30	Z10	Z10	Z 轴快速下刀
N40	M03S350	M03S350	主轴正转，350 r/min
N50	M08	M08	开冷却液
N60	G01Z - 6F30	G01Z - 6F30	Z 轴下刀
N70	D1F35	D1F35	建立刀具半径补偿，D = 6.8，
N80	G41G01X - 36.50Y0	G41G01X - 36.50Y0	6.2，6.0（实际值）
N90	Y7	Y7	
N100	X - 20.5，R7	X - 20.5RND = 7	
N110	Y21	Y21	
N120	X36.5，R7	X36.5 RND = 7	
N130	Y - 21，R7	Y - 21 RND = 7	加工外轮廓 c（粗、精加工为同一程序，加工过程中使用的刀具半径补偿值不同）
N140	X - 20.5	X - 20.5	
N150	Y - 7，R7	Y - 7 RND = 7	
N160	X - 36.5	X - 36.5	
N170	Y0	Y0	
N180	G40G01X - 55Y0	G40G01X - 55Y0	取消刀具半径补偿
N190	G0Z100	G0Z100	Z 轴快速抬刀
N200	M05	M05	停止主轴
N210	M09	M09	关冷却液
N220	M30	M30	程序结束

表 10 - 22 案例二零件铣型腔轮廓 d 程序

段号	FANUC0i 系统程序	SINUMERIK - 802D 系统程序	程序说明
	O0055	AA55．MPF	程序名
N10	G90G54G17G64G40G0Z100	G90G54G17G40G0Z100	程序初始化，Z 轴快速定位
N20	X0Y - 30	X0Y - 30	X，Y 轴快速定位至起刀点

段号	FANUC0i 系统程序	SINUMERIK – 802D 系统程序	程序说明
N30	Z10	Z10	Z 轴快速下刀
N40	M03S400	M03S400	主轴正转，400 r/min
N50	M08	M08	开冷却液
N60	G01Z – 5F20	G01Z – 5F20	Z 轴下刀
N70	D4F35	D4F35	建立刀具半径补偿，D = 5.8,
N80	G41G01X6.5Y – 30	G41G01X6.5Y – 30	5.2，5.0（实际值）
N90	Y – 7	Y – 7	
N100	G03Y7R7	G03Y7CR = 7	
N110	G01Y30	G01Y30	
N120	X – 6.5	X – 6.5	加工灯笼通槽
N130	Y7	Y7	
N140	G03Y – 7R7	G03Y – 7CR = 7	
N150	G01Y – 30	G01Y – 30	
N160	G40X0 Y – 30	G40X0 Y – 30	取消刀具半径补偿
N170	G0Z100	G0Z100	Z 轴快速抬刀
N180	M05	M05	停止主轴
N190	M09	M09	关冷却液
N200	M30	M30	程序结束

表 10 – 23 案例二零件铣型腔轮廓 e 程序

段号	FANUC0i 系统程序	SINUMERIK – 802D 系统程序	程序说明
	O0065	AA65．MPF	加工封闭键槽 e 程序
N10	G90G54G17G40G0Z100	G90G54G17G40G0Z100	程序初始化，Z 轴快速定位
N20	X25Y0	X25Y0	X，Y 轴快速定位至起刀点
N30	G52X25Y0	TRANS X25Y0	坐标系偏移
N40	Z10	Z10	Z 轴快速下刀
N50	M03S400	M03S400	主轴正转，400 r/min

续表

段号	FANUC0i 系统程序	SINUMERIK－802D 系统程序	程序说明
N60	M08	M08	开冷却液
N70	G01Z－8F20	G01Z－8F20	Z轴下刀
N80	D4F35	D4F35	建立刀具半径补偿，$D=5.8$，5.2，5.0（实际值）
N90	G41G01X6.5Y0	G41G01X6.5Y0	
N100	Y9.5	Y9.5	加工封闭键槽
N110	G03X－6.5R6.5	G03X－6.5CR＝6.5	
N120	G01Y－9.5	G01Y－9.5	
N130	G03X6.5R6.5	G03X6.5CR＝6.5	
N140	G01Y0	G01Y0	
N150	G40X0Y0	G40X0Y0	取消刀具半径补偿
N160	G0Z100	G0Z100	Z轴快速抬刀
N170	G52X0Y0Z0	TRANS	取消坐标系偏移
N180	M05	M05	停止主轴
N190	M09	M09	关冷却液
N200	M30	M30	程序结束

4）实施——加工零件。

（1）开机前的准备。

（2）加工前的准备。

（3）安装工件及刀具。

（4）对刀，建立工件坐标系。

（5）输入并检验程序。

（6）执行零件加工。

（7）加工后处理。

5）检查——检验者验收零件

6）评估——加工者与检验者共同评价本次加工任务的完成情况

三、数控铣/加工中心操作工中级考证案例（三）

1. 任务描述

应用数控铣床/加工中心机床完成图 10－5 所示工件的加工，加工过程中使用的工具、刀具、量具及材料见表 10－24，其评分标准见表 10－25。

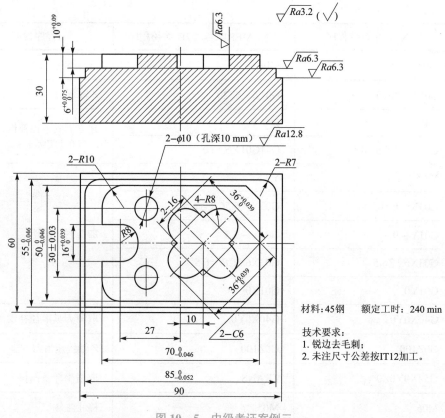

图 10-5　中级考证案例三

表 10-24　"中级考证案例三"工具、刀具、量具及材料清单

序号	名　称	规　格	数　量	备注
1	游标卡尺	0～150　0.02	1	
2	万能量角器	0～320°　2′	1	
3	千分尺	0～25，25～50，50～75，75～100　0.01	各1	
4	深度游标卡尺	0～200　0.02	1	
5	内径千分尺	5～25，25～50　0.01	各1	
6	百分表、磁性表座	0～10　0.01	各1	
7	R规	R5～25	1	
8	钻头	中心钻 A2.5，ϕ8、ϕ10、ϕ12	各1	
9	立铣刀	ϕ12（粗齿、细齿）	各1	
10	面铣刀	ϕ60（R型铣刀片）	1	
11	刀柄、夹头	以上刀具相关刀柄，钻夹头，弹簧夹	若干	
12	夹具	精密平口钳及垫铁	各1	

续表

序号	名　称	规　格	数　量	备　注
13	毛坯材料	90 mm×60 mm×30 mm 的 45 钢	1	
14	其他	常用数控铣/加工中心机床辅具	若干	
15	数控铣床/加工中心机床	（1）FANUC 数控铣床　型号规格 CW650 （2）SINUMERIK 数控铣床/加工中心　型号规格 VDL－600A	每人 1 台	
16	数控系统	FANUC0i、SINUMERIK－802D		

表 10－25　"中级考证案例三"评分标准

工件编号				总得分		
考核项目	序号	考核要求	配分	评分标准	检测结果	得分
外轮廓	1	$85_{-0.052}^{0}$	6	超差 0.01 扣 1 分		
	2	$50_{-0.046}^{0}$	6	超差 0.01 扣 1 分		
	3	$10_{0}^{+0.09}$	4	超差 0.01 扣 1 分		
	4	2－R7（2 处）	1×2	按未注公差，超差不得分		
	5	Ra6.3/Ra6.3	3	超差 1 级，每面扣 1 分，碰伤、划痕 1 处扣 0.5 分		
凸台	1	$70_{-0.046}^{0}$	6	超差 0.01 扣 1 分		
	2	$50_{-0.046}^{0}$	6	超差 0.01 扣 1 分		
	3	$16_{0}^{+0.039}$	6	超差 0.01 扣 1 分		
	4	$6_{0}^{+0.075}$	4	超差 0.01 扣 1 分		
	5	2－R10（2 处）	1×2	按未注公差，超差不得分		
	6	2－6×45°（2 处）	1×2	按未注公差，超差不得分		
	7	R8	1	按未注公差，超差不得分		
	8	27	1	按未注公差，超差不得分		
	9	Ra6.3/Ra6.3	4	超差 1 级，每面扣 1 分，碰伤、划痕 1 处扣 0.5 分		
钻孔	1	ϕ10（2 处）	2×2	按未注公差，超差不得分		
	2	30±0.03	6	超差 0.01 扣 1 分		
	3	15　　10	2	按未注公差，超差不得分		
封闭型腔	1	$36_{0}^{+0.039}$（2 处）	6×2	超差 0.01 扣 1 分		
	2	$16_{0}^{+0.039}$（4 处）	2×4	超差 0.01 扣 1 分		

工件编号					总得分		
考核项目	序号	考核要求	配分	评分标准		检测结果	得分
封闭型腔	3	$6^{+0.075}_{0}$	4	超差 0.01 扣 1 分			
	4	$4-R8$（4 处）	1×4	按未注公差，超差不得分			
	5	90°	2	按未注公差，超差不得分			
	6	10	1	按未注公差，超差不得分			
	7	$Ra6.3/Ra6.3$	4	超差 1 级，每面扣 1 分，碰伤、划痕 1 处扣 0.5 分			
缺陷		工件缺陷、尺寸误差 0.5 以上、外形与图样不符、未清角	倒扣	倒扣 2～5 分/处			
安全文明生产		安全操作、机床整理	倒扣	安全事故停止操作或倒扣 5～20 分/次			
工时定额		4 h	监考		日期		
加工开始时间							

2. 应用"六步法"完成此工作任务

完成该项加工任务的工作过程如下。

1）资讯——分析零件图，明确加工内容

图 10-5 所示零件，其工作内容有：钻 2 个盲孔、铣削 2 个外轮廓、1 个相交的封闭键槽，要求按照评分标准控制好各项尺寸。

2）决策——确定加工方案

（1）机床及装夹方式选择：因零件轮廓尺寸不大，根据车间设备状况，决定选择 XH714 型数控铣床完成本次任务。零件毛坯为方形钢件，故决定选择平口钳、垫铁配合等工具来装夹工件。

（2）加工策略。

图 10-5 所示零件共有 4 个结构要加工，包括 2 个 ϕ10 mm、深 10 mm 的盲孔，同时有 2 个形状相同呈相交状的封闭键槽，根据零件结构特点，该零件加工策略如下。

• 采用 ϕ12 mm 高速钢三刃立铣刀铣削工件上表面，将其作为后续工序深度尺寸测量基准。

• 用 A2.5 中心钻头钻图 10-6（a）所示的 3 个孔（含 1 个工艺孔），再用 ϕ10 mm 钻头钻 2 个有效深度为 10 mm、直径为 ϕ10 mm 的盲孔（不含钻尖深度），以及钻一个深度为 6 mm、直径为 ϕ10 mm 的盲孔，该孔作为封闭键槽的工艺孔。

• 采用 ϕ12 mm 三刃高速钢立铣刀粗铣 2 个外形轮廓及 2 个相交键槽。编程时只须编写其中一个键槽的加工程序，通过复制该程序及坐标系旋转，即可完成另一键槽的加工。

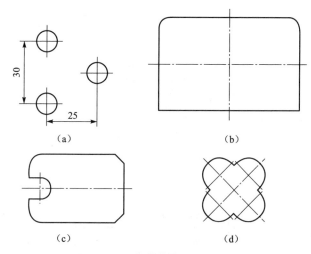

图 10 - 6　零件轮廓分解示意图

（a）孔位；（b）四边形外轮廓；（c）带开口的四边形外轮廓；（d）相交封闭键槽

- 采用 ϕ12 mm 五刃高速钢立铣刀半精、精铣 2 个外形轮廓及 2 个型腔，并使相关尺寸达到精度要求。

（3）刀具选择及刀具设计：本次加工将使用 4 把刀具，分别是 A2.5 mm 的中心钻头、ϕ10 mm 麻花钻头、ϕ12 mm 三刃高速钢立铣刀中 ϕ12 mm 五刃高速钢立铣刀。

为了提高编程效率，零件各轮廓加工时将采用法向进刀、法向退刀方式切入切出工件，加工顺序如图 10 - 6 所示。

（4）切削用量的选择见表 10 - 27 所列。

（5）工件原点的选择：选取工件上表面中心处作为工件原点。

3）计划——制定加工过程文件

（1）加工工序卡。本次加工任务的工序卡内容见表 10 - 26。

表 10 - 26　案例三零件加工工序卡

序号	加工内容	所用刀具	主轴转速 S/（r·min^{-1}）	进给速度 F/（mm·min^{-1}）	刀具半径补偿 /mm
1	铣上表面	ϕ12 mm 三刃高速钢立铣刀	300	80	
2	钻中心孔	A2.5 mm 中心钻头	1 000	20	
3	钻孔	ϕ10 mm 麻花钻头	350	25	
4	粗加工	ϕ12 mm 三刃高速钢立铣刀	350	35	6.5 mm
5	半精加工	ϕ12 mm 五刃高速钢立铣刀	350	50	6.1 mm
6	精加工		400	70	测量计算得刀具半径

（2）NC 程序单。案例三零件加工 NC 程序见表 10-27～表 10-31。

表 10-27　案例三零件钻中心孔程序

段号	FANUC0i 系统程序	SIEMENS-802D 系统程序	程序说明
	O0031	AA31. MPF	程序名
N10	G90G54G17G40G0Z100	G90G54G17G40G0Z100	程序初始化，Z 轴快速定位
N20	X10Y0	X10Y0	X，Y 轴快速定位
N30	Z5	Z5	Z 轴快速下刀
N40	M03S1000	M03S1000	主轴正转，1 000 r/min
N50	M08	M08	开冷却液
N60	G01Z-4F30	G01Z-4F30	
N70	G0Z5	G0Z5	
N80	X-15Y15	X-15Y15	钻中心孔
N90	G01Z-4F30	G01Z-4F30	
N100	G0Z5	G0Z5	
N110	X-15Y-15	X-15Y-15	
N120	G01Z-4F30	G01Z-4F30	
N130	G0Z100	G0Z100	Z 轴快速抬刀
N140	M05	M05	停止主轴
N150	M09	M09	关冷却液
N160	M30	M30	程序结束

表 10-28　案例三零件钻孔程序

段号	FANUC0i 系统程序	SIEMENS-802D 系统程序	程序说明
	O0032	AA32. MPF	程序名
N10	G90G54G17G40G0Z100	G90G54G17G40G0Z100	程序初始化，Z 轴快速定位
N20	X10Y0	X10Y0	X，Y 轴快速定位
N30	Z5	Z5	Z 轴快速下刀
N40	M03S400	M03S400	主轴正转 400 r/min
N50	M08	M08	开冷却液
N60	G01Z-5.8F25	G01Z-5.8F25	钻孔

续表

段号	FANUC0i 系统程序	SIEMENS－802D 系统程序	程序说明
N70	G0Z5	G0Z5	钻孔
N80	X－15Y15	X－15Y15	
N90	G01Z－13F25	G01Z－13F25	
N100	G0Z5	G0Z5	
N110	X－15Y－15	X－15Y－15	
N120	G01Z－13F25	G01Z－13F25	
N140	G0Z100	G0Z100	Z 轴快速抬刀
N150	M05	M05	停止主轴
N160	M09	M09	关冷却液
N170	M30	M30	程序结束

表 10－29 案例三零件铣外轮廓 b 程序

段号	FANUC0i 系统程序	SIEMENS－802D 系统程序	程序说明
	O0033	AA33．MPF	程序名
N10	G90G54G17G64G40G0Z100	G90G54G17G64G40G0Z100	程序初始化，Z 轴快速定位
N20	X－55Y0	X－55Y0	X，Y 轴快速定位至起刀点
N30	Z10	Z10	Z 轴快速下刀
N40	M03S350	M03S350	主轴正转，350 r/min
N50	M08	M08	开冷却液
N60	G01Z－10F25	G01Z－10F25	Z 轴下刀
N70	D1F35	D1F35	建立刀具半径补偿，$D = 6.8$，6.2，6.0（实际值）
N80	G41G01X－42.5Y0	G41G01X－42.5Y0	
N90	Y27.5，R7	Y27.5RND＝7	加工外轮廓 b（粗、精加工为同一程序，加工过程中使用的刀具半径补偿值不同）
N100	X42.5，R7	X42.5 RND＝7	
N110	Y－27.5	Y－27.5	
N120	X－42.5	X－42.5	
N130	Y0	Y0	

段号	FANUC0i 系统程序	SIEMENS - 802D 系统程序	程序说明
N140	G40G01X - 55Y0	G40G01X - 55Y0	取消刀具半径补偿
N150	G0Z100	G0Z100	Z轴快速抬刀
N160	M05	M05	停止主轴
N170	M09	M09	关冷却液
N180	M30	M30	程序结束

表 10 - 30　案例三零件铣外轮廓 c 程序

段号	FANUC0i 系统程序	SIEMENS - 802D 系统程序	程序说明
	O0044	AA44. MPF	程序名
N10	G90G54G17G64G40G0Z100	G90G54G17G64G40G0Z100	程序初始化，Z轴快速定位
N20	X0Y - 40	X0Y - 40	X，Y轴快速定位至起刀点
N30	Z10	Z10	Z轴快速下刀
N40	M03S350	M03S350	主轴正转，350 r/min
N50	M08	M08	开冷却液
N60	G01Z - 6F30	G01Z - 6F30	Z轴下刀
N70	D1F35	D1F35	建立刀具半径补偿，$D = 6.8$,
N80	G41G01X0Y - 27.5	G41G01X0Y - 27.5	6.2，6.0（实际值）
N90	X - 35，R10	X - 35RND = 10	
N100	Y - 8	Y - 8	
N110	X - 27	X - 27	
N120	G03X - 27Y8R8	G03X - 27Y8CR = 8	
N130	G01X - 35Y8	G01X - 35Y8	加工四方凸台 c（粗、精加工为同一程序，加工过程中使用的刀具半径补偿值不同）
N140	Y27.5，R10	Y27.5 RND = 10	
N150	X35，C6	X35CHR = 6	
N160	Y - 27.5，C6	Y - 27.5 CHR = 6	
N170	X0	X0	
N180	G40G01X0Y - 40	G40G01X0Y - 40	取消刀具半径补偿
N190	G0Z100	G0Z100	Z轴快速抬刀

段号	FANUC0i 系统程序	SIEMENS - 802D 系统程序	程序说明
N200	M05	M05	停止主轴
N210	M09	M09	关冷却液
N220	M30	M30	程序结束

表 10-31　案例三零件铣相交封闭键槽 *d* 程序

段号	FANUC0i 系统程序	SIEMENS - 802D 系统程序	程序说明
	O0055	AA55. MPF	程序名
N10	G90G54G17G64G40G0Z100	G90G54G17G64G40G0Z100	程序初始化，Z 轴快速定位
N20	X10Y0	X10Y0	X，Y 轴快速定位至起刀点
N30	G52X10Y0	ATRANS X10Y0	坐标系偏移指令
N40	G68X0Y0Z0R45 （R-45）	AROT　RPL = 45（RPL = -45）	坐标系旋转指令
N50	Z10	Z10	Z 轴快速下刀
N60	M03S350	M03S350	主轴正转，350 r/min
N70	M08	M08	开冷却液
N80	G01Z - 6F20	G01Z - 6F20	Z 轴下刀
N90	D4F35	D4F35	建立刀具半径补偿，D = 6.8，6.2，6.0（实际值）
N100	G41G01X0Y8	G41G01X0Y8	
N110	X - 10	X - 10	加工封闭型腔 *d*（粗、精加工为同一程序，加工过程中使用的刀具半径补偿值不同）
N120	G03Y - 8R8	G03Y - 8CR = 8	
N130	G01X10	G01X10	
N140	G03Y8R8	G03Y8CR = 8	
N150	X0	X0	
N160	G40G01X0Y0	G40G01X0Y0	取消刀具半径补偿
N170	G69	ROT	取消坐标系旋转
N180	G52X0Y0Z0	TRANS	取消坐标系偏移
N190	G0Z100	G0Z100	Z 轴快速抬刀
N200	M05	M05	停止主轴
N210	M09	M09	关冷却液
N220	M30	M30	程序结束

4）实施——加工零件

（1）开机前的准备。

（2）加工前的准备。

（3）安装工件及刀具。

（4）对刀，建立工件坐标系。

（5）输入并检验程序。

（6）执行零件加工。

（7）加工后处理。

5）检查——检验者验收零件

6）评估——加工者与检验者共同评价本次加工任务的完成情况

学生工作任务

1. 认真领会数控铣工/加工中心操作工中级职业标准。

2. 应用数控铣床/加工中心机床加工图 10－7～图 10－9 所示中级模拟考件，操作时间：4 h。

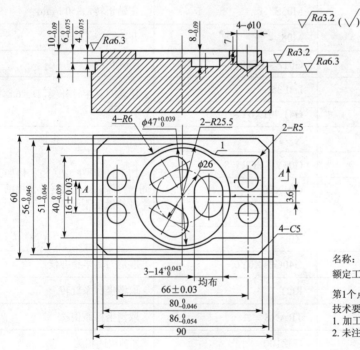

名称：型腔件　　　材料：45号钢

额定工时：240 min

第1个点坐标：$X=15.819$　$Y=20.000$

技术要求：

1. 加工完毕去毛刺；

2. 未注尺寸公差按IT12加工。

图 10－7　模拟考件一

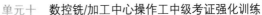

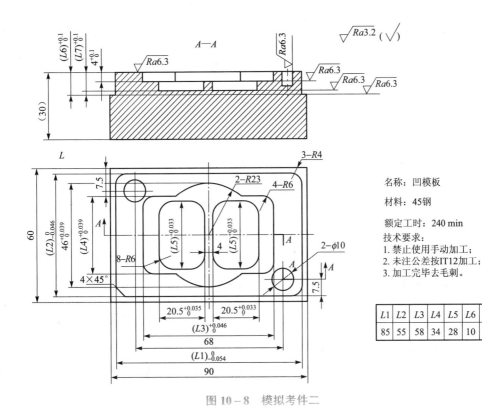

名称：凹模板

材料：45钢

额定工时：240 min

技术要求：
1. 禁止使用手动加工；
2. 未注公差按IT12加工；
3. 加工完毕去毛刺。

L1	L2	L3	L4	L5	L6	L7
85	55	58	34	28	10	7

图 10-8　模拟考件二

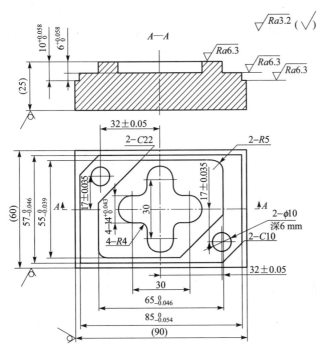

技术要求：
1. 加工完毕去毛刺；
2. 不能用手动加工；
3. 不注尺寸公差按IT12加工。

名称：型腔件

材料：45钢

额定工时：240 min

图 10-9　模拟考件三

323

数控铣/加工中心操作工高级
考证强化训练

≫ **学习目标**

通过完成本次学习情境中的工作任务，拟促使学习者达到以下学习目标。

≫ **知识目标**

（1）了解数控铣/加工中心操作工高级职业技能鉴定考核标准。

（2）根据强化训练，掌握数控铣/加工中心操作工高级职业技能考证相关技巧与方法，达到熟练掌握相关的工艺知识及编程技能的目的。

≫ **技能目标**

能根据考核要求，编写合理的零件铣削加工工艺，同时能熟练编程，快速操机，按要求加工出合格考件。

11.1 数控铣/加工中心操作工高级职业标准

一、数控铣工国家职业标准（高级）

1. 职业概况

详见 10.1。

2. 基本要求

详见 10.1。

3. 工作要求

数控铣工高级考核要求见表 11-1。

4. 比重表

详见 10.1 中的表 10-2～表 10-3。

表 11 - 1　数控铣工高级考核要求

职业功能	工作内容	技 能 要 求	相 关 知 识
加工准备	读图与绘图	（1）能读懂装配图并拆画零件图 （2）能够测绘零件 （3）能够读懂数控铣床主轴系统、进给系统的机构装配图	（1）根据装配图拆画零件图的方法 （2）零件的测绘方法 （3）数控铣床主轴与进给系统基本构造知识
	制定加工工艺	能编制二维、简单三维曲面零件的铣削加工工艺文件	复杂零件数控加工工艺的制定
	零件定位与装夹	（1）能选择和使用组合夹具和专用夹具 （2）能选择和使用专用夹具装夹异型零件 （3）能分析并计算夹具的定位误差 （4）能够设计与自制装夹辅具（如轴套、定位件等）	（1）数控铣床组合夹具和专用夹具的使用、调整方法 （2）专用夹具的使用方法 （3）夹具定位误差的分析与计算方法 （4）装夹辅具的设计与制造方法
	刀具准备	（1）能够选用专用工具（刀具和其他） （2）能够根据难加工材料的特点，选择刀具的材料、结构和几何参数	（1）专用刀具的种类、用途、特点和刃磨方法 （2）切削难加工材料时的刀具材料和几何参数的确定方法
数控编程	手工编程	（1）能够编制较复杂的二维轮廓铣削程序 （2）能够根据加工要求编制二次曲面的铣削程序 （3）能够运用固定循环、子程序进行零件的加工程序编制 （4）能够进行变量编程	（1）较复杂二维节点的计算方法 （2）二次曲面几何体外轮廓节点计算 （3）固定循环和子程序的编程方法 （4）变量编程的规则和方法
	计算机辅助编程	（1）能够利用 CAD/CAM 软件进行中等复杂程度的实体造型（含曲面造型） （2）能够生成平面轮廓、平面区域、三维曲面、曲面轮廓、曲面区域、曲线的刀具轨迹 （3）能进行刀具参数的设定 （4）能进行加工参数的设置 （5）能确定刀具的切入切出位置与轨迹 （6）能够编辑刀具轨迹 （7）能够根据不同的数控系统生成 G 代码	（1）实体造型的方法 （2）曲面造型的方法 （3）刀具参数的设置方法 （4）刀具轨迹生成的方法 （5）各种材料切削用量的数据 （6）有关刀具切入切出的方法对加工质量影响的知识 （7）轨迹编辑的方法 （8）后置处理程序的设置和使用方法
	数控加工仿真	能利用数控加工仿真软件实施加工过程仿真、加工代码检查与干涉检查	数控加工仿真软件的使用方法
数控铣床操作	程序调试与运行	能够在机床中断加工后正确恢复加工	程序的中断与恢复加工的方法
	参数设置	能够依据零件特点设置相关参数进行加工	数控系统参数设置方法

职业功能	工作内容	技 能 要 求	相 关 知 识
零件加工	平面铣削	能够编制数控加工程序铣削平面、垂直面、斜面、阶梯面等，并达到如下要求： （1）尺寸公差等级达 IT7 （2）形位公差等级达 IT8 （3）表面粗糙度达 $Ra3.2\ \mu m$	（1）平面铣削精度控制方法 （2）刀具端刃几何形状的选择方法
	轮廓加工	能够编制数控加工程序铣削较复杂的（如凸轮等）平面轮廓，并达到如下要求： （1）尺寸公差等级达 IT8 （2）形位公差等级达 IT8 （3）表面粗糙度达 $Ra3.2\ \mu m$	（1）平面轮廓铣削的精度控制方法 （2）刀具侧刃几何形状的选择方法
	曲面加工	能够编制数控加工程序铣削二次曲面，并达到如下要求： （1）尺寸公差等级达 IT8 （2）形位公差等级达 IT8 （3）表面粗糙度达 $Ra3.2\ \mu m$	（1）二次曲面的计算方法 （2）刀具影响曲面加工精度的因素以及控制方法
	孔系加工	能够编制数控加工程序对孔系进行切削加工，并达到如下要求： （1）尺寸公差等级达 IT7 （2）形位公差等级达 IT8 （3）表面粗糙度达 $Ra3.2\ \mu m$	麻花钻、扩孔钻、丝锥、镗刀及铰刀的加工方法
	深槽加工	能够编制数控加工程序进行深槽、三维槽的加工，并达到如下要求： （1）尺寸公差等级达 IT8 （2）形位公差等级达 IT8 （3）表面粗糙度达 $Ra3.2\ \mu m$	深槽、三维槽的加工方法
	配合件加工	能够编制数控加工程序进行配合件加工，尺寸配合公差等级达 IT8	（1）配合件的加工方法 （2）尺寸链换算的方法
	精度检验	（1）能够利用数控系统的功能使用百（千）分表测量零件的精度 （2）能对复杂、异形零件进行精度检验 （3）能够根据测量结果分析产生误差的原因 （4）能够通过修正刀具补偿值和修正程序来减少加工误差	（1）复杂、异形零件的精度检验方法 （2）产生加工误差的主要原因及其消除方法
维护与故障诊断	日常维护	能完成数控铣床的定期维护	数控铣床定期维护手册
	故障诊断	能排除数控铣床的常见机械故障	机床的常见机械故障诊断方法
	机床精度检验	能协助检验机床的各种出厂精度	机床精度的基本知识

二、加工中心操作工国家职业标准

1. 职业概况

详见 10.1。

2. 基本要求

详见 10.1。

3. 工作要求

加工中心操作工高级考核要求见表 11 – 2。

表 11 – 2　加工中心操作工高级考核要求

职业功能	工作内容	技　能　要　求	相　关　知　识
加工准备	读图与绘图	（1）能够读懂装配图并拆画零件图 （2）能够测绘零件 （3）能够读懂加工中心主轴系统、进给系统的机构装配图	（1）根据装配图拆画零件图的方法 （2）零件的测绘方法 （3）加工中心主轴与进给系统基本构造知识
	制定加工工艺	能编制箱体类零件的加工中心加工工艺文件	箱体类零件数控加工工艺文件的制定
	零件定位与装夹	（1）能根据零件的装夹要求正确选择和使用组合夹具和专用夹具 （2）能选择和使用专用夹具装夹异型零件 （3）能分析并计算加工中心夹具的定位误差 （4）能够设计与自制装夹辅具（如轴套、定位件等）	（1）加工中心组合夹具和专用夹具的使用、调整方法 （2）专用夹具的使用方法 （3）夹具定位误差的分析与计算方法 （4）装夹辅具的设计与制造方法
	刀具准备	（1）能够选用专用工具 （2）能够根据难加工材料的特点，选择刀具的材料、结构和几何参数	（1）专用刀具的种类、用途、特点和刃磨方法 （2）切削难加工材料时的刀具材料和几何参数的确定方法
数控编程	手工编程	（1）能够编制较复杂的二维轮廓铣削程序 （2）能够运用固定循环、子程序进行零件的加工程序编制 （3）能够运用变量编程	（1）较复杂二维节点的计算方法 （2）球、锥、台等几何体外轮廓节点计算 （3）固定循环和子程序的编程方法 （4）变量编程的规则和方法

职业功能	工作内容	技 能 要 求	相 关 知 识
数控编程	计算机辅助编程	（1）能够利用 CAD/CAM 软件进行中等复杂程度的实体造型（含曲面造型） （2）能够生成平面轮廓、平面区域、三维曲面、曲面轮廓、曲面区域、曲线的刀具轨迹 （3）能进行刀具参数的设定 （4）能进行加工参数的设置 （5）能确定刀具的切入切出位置与轨迹 （6）能够编辑刀具轨迹 （7）能够根据不同的数控系统生成 G 代码	（1）实体造型的方法 （2）曲面造型的方法 （3）刀具参数的设置方法 （4）刀具轨迹生成的方法 （5）各种材料切削用量的数据 （6）有关刀具切入切出的方法对加工质量影响的知识 （7）轨迹编辑的方法 （8）后置处理程序的设置和使用方法
	数控加工仿真	能利用数控加工仿真软件实施加工过程仿真、加工代码检查与干涉检查	数控加工仿真软件的使用方法
加工中心操作	程序调试与运行	能够在机床中断加工后正确恢复加工	加工中心的中断与恢复加工的方法
零件加工	平面加工	能够编制数控加工程序进行平面、垂直面、斜面、阶梯面等铣削加工，并达到如下要求： （1）尺寸公差等级达 IT7 （2）形位公差等级达 IT8 （3）表面粗糙度达 $Ra3.2\ \mu m$	平面铣削的加工方法
	型腔加工	能够编制数控加工程序进行模具型腔加工，并达到如下要求： （1）尺寸公差等级达 IT8 （2）形位公差等级达 IT8 （3）表面粗糙度达 $Ra3.2\ \mu m$	模具型腔的加工方法
	曲面加工	能够使用加工中心进行多轴铣削加工叶轮、叶片，并达到如下要求： （1）尺寸公差等级达 IT8 （2）形位公差等级达 IT8 （3）表面粗糙度达 $Ra3.2\ \mu m$	叶轮、叶片的加工方法

职业功能	工作内容	技 能 要 求	相 关 知 识
零件加工	孔类加工	（1）能够编制数控加工程序相贯孔加工，并达到如下要求： ① 尺寸公差等级达 IT8 ② 形位公差等级达 IT8 ③ 表面粗糙度达 $Ra3.2\ \mu m$ （2）能进行调头镗孔，并达到如下要求： ① 尺寸公差等级达 IT7 ② 形位公差等级达 IT8 ③ 表面粗糙度达 $Ra3.2\ \mu m$ （3）能够编制数控加工程序进行刚性攻丝，并达到如下要求： ① 尺寸公差等级达 IT8 ② 形位公差等级达 IT8 ③ 表面粗糙度达 $Ra3.2\ \mu m$	相贯孔加工、调头镗孔、刚性攻丝的方法
	沟槽加工	（1）能够编制数控加工程序进行深槽、特形沟槽的加工，并达到如下要求： ① 尺寸公差等级达 IT8 ② 形位公差等级达 IT8 ③ 表面粗糙度达 $Ra3.2\ \mu m$ （2）能够编制数控加工程序进行螺旋槽、柱面凸轮的铣削加工，并达到如下要求： ① 尺寸公差等级达 IT8 ② 形位公差等级达 IT8 ③ 表面粗糙度达 $Ra3.2\ \mu m$	深槽、特形沟槽、螺旋槽、柱面凸轮的加工方法
	配合件加工	能够编制数控加工程序进行配合件加工，尺寸配合公差等级达 IT8	（1）配合件的加工方法 （2）尺寸链换算的方法
	精度检验	（1）能对复杂、异形零件进行精度检验 （2）能够根据测量结果分析产生误差的原因 （3）能够通过修正刀具补偿值和修正程序来减少加工误差	（1）复杂、异形零件的精度检验方法 （2）产生加工误差的主要原因及其消除方法
维护与故障诊断	日常维护	能完成加工中心的定期维护保养	加工中心的定期维护手册
	故障诊断	能发现加工中心的一般机械故障	加工中心机械故障和排除方法 加工中心液压原理和常用液压元件
	机床精度检验	能够进行机床几何精度和切削精度检验	机床几何精度和切削精度检验内容及方法

4. 比重表

详见 10.1 中的表 10-5～和表 10-6。

11.2　数控铣/加工中心操作工高级考证案例

一、数控铣/加工中心操作工高级考证案例（一）

1. 任务描述

应用数控铣床/加工中心机床完成图 11-1 所示工件的加工，工件材料为 45 钢，毛坯尺寸为 140 mm×140 mm×32 mm，生产规模为单件。加工过程中使用的工具、刀具、量具及材料见表 11-3，其评分标准见表 11-4。

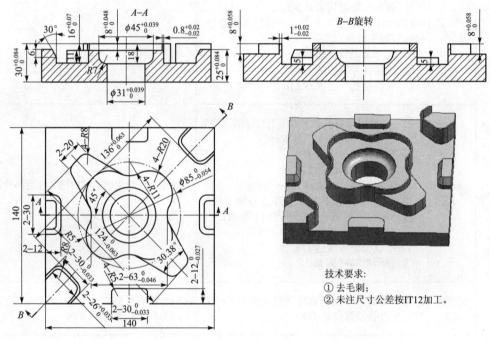

图 11-1　高级考证案例一

表 11-3　"高级考证案例一"工具、刀具、量具及材料清单

序号	名　称	规　　格	数量	备注
1	游标卡尺	0~150　0.02	1	
2	内径量表	18~35	1	
3	千分尺	0~25，25~50，50~75，75~100　0.01	各1	
4	深度游标卡尺	0~300　0.02	1	
5	内径千分尺	5~30，25~50　0.01	各1	
6	杠杆百分表、磁性表座	0~3　0.01	各1	

序号	名 称	规 格	数量	备注
7	R 规	R5～25	1	
8	钻头	中心钻 A2.5，ϕ8、ϕ10、ϕ12	各 1	
9	立铣刀	ϕ16、ϕ12	各 1	
10	球头铣刀	ϕ14	1	
11	面铣刀	ϕ63R6 的面铣刀（R 型铣刀片）	1	
12	刀柄、夹头	以上刀具相关刀柄，钻夹头，弹簧夹	若干	
13	夹具	精密平口钳及垫铁	各 1	
14	毛坯材料	140 mm×140 mm×32 mm 的 45 钢	1	
15	其他	常用数控铣/加工中心机床辅具	若干	
16	数控铣床/加工中心机床	（1）FANUC 数控铣床 型号规格 CW650 （2）SINUMERIK 数控铣床/加工中心 型号规格 VDL－600A	每人 1 台	
17	数控系统	FANUC－0i、SINUMERIK－802D		

表 11－4 "高级考证案例一"评分标准

工件编号				总得分		
考核项目	序号	考核要求	配分	评分标准	检测结果	得分
四周岛屿	1	$30_{-0.033}^{0}$（4 处）	2×4	超差 0.01 扣 1 分		
	2	$12_{-0.027}^{0}$（4 处）	2×4	超差 0.01 扣 1 分		
	3	$25_{0}^{+0.084}$	3	超差 0.01 扣 1 分		
	4	R5（8 处）	0.25×8	按未注公差，超差不得分		
	5	30°，6	2	按未注公差，超差不得分		
	6	Ra6.3/Ra3.2	4	超差 1 级，每面扣 1 分，碰伤、划痕 1 处扣 0.5 分		
对角带薄壁岛屿	1	$30_{-0.033}^{0}$（2 处）	5	超差 0.01 扣 1 分		
	2	$26_{0}^{+0.033}$（2 处）	5	超差 0.01 扣 1 分		

工件编号				总得分		
考核项目	序号	考核要求	配分	评分标准	检测结果	得分
对角带薄壁岛屿	3	$136^{+0.063}_{0}$	5	超差0.01扣1分		
	4	$30^{+0.084}_{0}$	3	超差0.01扣1分		
	5	R8（4处）	0.25×4	按未注公差，超差不得分		
	6	Ra3.2/Ra6.3	4	超差1级，每面扣1分，碰伤、划痕1处扣0.5分		
中间大岛屿	1	$124^{0}_{-0.063}$	6	超差0.01扣1分		
	2	$\phi85^{0}_{-0.054}$	6	超差0.01扣1分		
	3	$0.8^{+0.02}_{-0.02}$	6	超差0.01扣1分		
	4	$16^{+0.07}_{0}$	3	超差0.01扣1分		
	5	$6^{+0.048}_{0}$	3	超差0.01扣1分		
	6	R20（4处）	0.25×4	按未注公差，超差不得分		
	7	R11（4处）	0.25×4	按未注公差，超差不得分		
	8	R8（4处）	0.25×4	按未注公差，超差不得分		
	9	Ra6.3/Ra6.3	5	超差1级，每面扣1分，碰伤、划痕1处扣0.5分		
台阶圆孔	1	$\phi45^{+0.039}_{0}$	6	超差0.01扣1分		
	2	$\phi31^{+0.039}_{0}$	6	超差0.01扣1分		
	3	16	1	按未注公差，超差不得分		
	4	R7	1	按未注公差，超差不得分		
	5	Ra3.2/Ra6.3	4	超差1级，每面扣1分，碰伤、划痕1处扣0.5分		
缺陷		工件缺陷、尺寸误差0.5以上、外形与图样不符、未清角	倒扣	倒扣2～5分/处		
安全文明生产		安全操作、机床整理	倒扣	安全事故停止操作或倒扣5～20分/次		
工时定额		5 h	监考		日期	
加工开始时间						
加工结束时间						

2. 应用"六步法"完成此工作任务

完成该项加工任务的工作过程如下。

1) 资讯——分析零件图,明确加工内容

图 11-1 所示零件的复杂程度中等,包含平面、圆弧面、薄壁内外轮廓、倒角、倒圆角、精度中等的配合孔等。在零件结构中,比较难于加工的部位是精度为 0.04 mm 的薄壁面,解决好这几个薄壁部位的加工成了本工件质量保证与成本控制的关键。通过分析,零件的最小凹角为 R8 mm,在岛屿间的最小间距为 19 mm,因此,最小用刀可能会用到 ϕ16 mm 以下的刀具。ϕ16 mm 刀具刚性良好,切削效率高,在加工过程中还可以根据需要再选配小一些的刀具。通过整体分析,整个零件的加工实施并不困难。

2) 决策——确定加工方案

(1) 机床及装夹方式的选择:由于仅加工一件零件,根据车间设备状况,决定选择 XH714 型数控铣床完成本次任务。工件整体不加工部位有 14 mm 厚度,选用机用平口钳装夹工件。

(2) 加工策略。

• 为了保证整体高度尺寸,可先采用面铣刀进行上表面的整体铣削,保证 $30^{+0.084}_{0}$ 的尺寸。

• 粗加工:按轮廓 2D 形状,采用镶刀粒强力立铣刀分层进行材料去除,考虑到刀片的寿命,每次切深 0.5 mm,并尽量采用顺铣。由外向内,先对四周岛屿的外轮廓进行开粗,侧壁留 0.3～0.5 mm 的余量;实施对角岛屿内轮廓薄壁进行开粗,侧壁留 0.8 mm 左右的余量;对中间大岛屿外轮廓进行开粗,侧壁留 0.3～0.5 mm 的余量;对中间岛屿内轮廓薄壁开粗,侧壁留 0.8 mm 左右余量;对中间孔位开粗,侧壁留 0.3～0.5 mm 的余量;对左右两侧岛屿倒角进行环形分层开粗,留 0.3～0.5 mm 的余量;对中间倒圆角进行环形分层开粗,留 0.3～0.5 mm 的余量;去除左上角与右下角的余料。

• 半精加工:按轮廓 2D 形状,采用整体合金立铣刀一次性轮廓铣削。可由外向内,先对四周岛屿的外轮廓进行半精加工,侧壁留 0.1～0.15 mm 的余量;实施对角岛屿内轮廓薄壁进行半精两次,第一次铣削后留 0.3～0.5 mm 的余量,第二次铣削后留 0.1～0.15 mm 的余量;对中间大岛屿外轮廓进行半精加工,侧壁留 0.1～0.15 mm 的余量;对中间岛屿内轮廓薄壁半精两次,第一次铣削后留 0.3～0.5mm 的余量,第二次铣削后留 0.1～0.15 mm 的余量;对中间孔位半精加工,侧壁留 0.1～0.15 mm 的余量;用成型倒角刀对左右两侧岛屿倒角进行半精加工,留 0.1～0.15 mm 的余量;用球刀对中间倒圆角进行半精加工,留 0.1～0.15 mm 的余量。

• 精加工:采用整体合金立铣刀一次性轮廓铣削精加工到位,工艺过程与半精加工过程相似。

(3) 刀具选择及刀具设计:从加工内容、加工精度、最小加工刀具限制等角度,本工件采用刀具如下。

• 面铣削可采用 ϕ63R6 的面铣刀 [如图 11-2 (a) 所示]。

• 在粗加工阶段,可采用 ϕ16 mm 的镶刀粒强力立铣刀 [如图 11-2 (b) 所示]。

• 在半精加工与精加工阶段,可采用 ϕ12 mm 的整体合金立铣刀 [如图 11-2 (c) 所示]。

• 倒角与倒圆角的开粗与轮廓开粗一样,采用镶刀粒强力立铣刀。

• 倒角的半精与精加工可采用立铣刀磨削而成的倒角刀。

• 圆角的半精与精加工可采用整体刀片 ϕ114mm 球刀来完成,或采用更小一些的球刀来逼近［如图 11 – 2（d）所示］。

图 11 – 2 铣削刀具

（a）可转位面铣刀；（b）镶刀粒强力立铣刀；（c）整体合金立铣刀；（d）球形刀具

（4）切削用量的选择。加工的材质是为 45 钢，可以通过选择的刀片材质查相应的手册，获得表 11 – 5 所示的铣削推荐参数，根据 $n = 1\ 000\ v_c/\pi D$ 计算出主轴转速，根据 $F = n \times z \times f_z$ 计算出进给速度等。

表 11 – 5 不同刀具品牌的铣削推荐参数

被加工材料	刀片品牌	切削速度/（m·min^{-1}）	每齿进给量/（mm·齿$^{-1}$）
碳钢	三菱（FH7020）	150（100～200）	0.2（0.1～0.3）
	瓦尔特（WTP35）	100～220	0.1～0.3
	京瓷（AH120）	120～200	0.1～0.3
	黛杰（UMS）	100～135	0.1～0.2

下面以表中三菱刀片为例来进行分析。

如果在面铣削阶段采用 $\phi 63R6$ 的面铣刀，则 $n = 1\ 000 \times 150/3.14/63 \approx 700$（r/min）；$F = 700 \times 4 \times 0.1 \approx 250$（mm/min）。

如果在粗加工阶段，采用 $\phi 16\ mm$ 的镶刀粒强力立铣刀，则 $n = 1\ 000 \times 150/3.14/16 \approx 3\ 000$（r/min），$F = 3\ 000 \times 2 \times 0.2 \approx 1\ 200$（mm/min）。

（5）工件原点的选择。按基准重合的原则，在 XY 向，加工坐标可以取零件的对称中心为原点，零件为正方形，因此，对毛坯 XY 向的定义并不需特别指明。在 Z 向，取零件底面为 Z 零位，对刀可以通过对上表面偏移坐标到底面。

（6）加工平面与换刀点的确定

• 安全平面：刀具区域工作完成后回到的高度，也就是工件从一个区域横越到另一个区域工作的高度，这个高度必须在快速平移时没有任何障碍。本工件采用平口钳安装，工件上表面即最高点，因此，本加工的安全平面可以设置在 $Z60\ mm$ 高度的平面。

• R 平面：快速进给与工作进给的分界面，为了保证高速加工过程的安全性，养成良好习惯，从 R 平面开始，在往下走刀时必须采用工作进给。原则上，以离工件表面 2～5 mm 处为 R 平面。

• 换刀点：加工结束后或过程中换刀所处的位置，按 650 或 850 机床，一般设置为 $Z150$～$Z200\ mm$ 处，保证换刀的顺利进行。

3）计划——制定加工过程文件

（1）加工工序卡。本次加工任务的工序卡内容见表 11-6。

表 11-6 案例一零件加工工序卡

工步	程序名	加工内容	刀具规格	余量	主轴转速 / (r·min⁻¹)	进给速度 / (mm·min⁻¹)
1	O0100	四周外岛屿轮廓开粗	$\phi16$	0.3	700	250
2	O0200	中间大岛屿轮廓开粗	$\phi16$	0.3	700	250
3	O0300	对角岛屿内轮廓薄壁开粗	$\phi16$	0.3	700	250
4	O0400	中间岛屿内轮廓薄壁开粗	$\phi16$	0.3	700	250
5	O0500	中间孔位开粗	$\phi16$	0.3	700	250
6	O0600	两侧岛屿倒角开粗	$\phi16$	0.3	700	250
7	O0700	中间倒圆角开粗	$\phi16$	0.3	700	250
8	O0800	四周岛屿的外轮廓半精	$\phi12$	0.15	3 000	800
9	O0900	中间倒圆角半精	$\phi14$	0.15	3 500	800
		......				

（2）NC 程序单。案例一零件加工 NC 程序见表 11-7～表 11-12。

表 11-7 案例一零件四周外岛屿轮廓加工程序

段号	FANUC0i 系统程序	SINUMERIK-802D 系统程序	程序说明
	O0100	LK1.MPF	程序名
N10	G54G90G40G17G64G00Z150	G54G90G40G17G64G00Z150	程序初始化
N20	M03S700	M03S700	主轴正转，700 r/min
N30	M08	M08	开冷却液
N40	#1 = 0	R1 = 0	定义变量初始值
N50	G68X0Y0R#1	BB：ROT RPL = R1	建立旋转加工坐标系
N60	M98P101	L11	调用子程序
N70	G69	ROT	撤销旋转加工坐标系
N80	#1 = #1 + 90	R1 = R1 + 90	变量累加
N90	IF [#1LE270] GOTO50	IF R1< = 270 GOTOB BB	条件判断
N100	G00Z150	G00Z150	快速返回安全高度
N110	M09	M09	关闭冷却液
N120	M30	M30	主程序结束

表 11－8　O101/L11 子程序

段号	FANUC0i 系统程序	SINUMERIK－802D 系统程序	程序说明
	O101	L11.SPF	程序名
N10	G00X－80Y0	G00X－80Y0	XY方向快速定位
N20	Z5	Z5	Z轴快速定位
N30	#2＝0	R2＝0	定义变量初始值
N40	G01Z－#2F250	BB：G01Z＝－R2F250	Z轴定位
N50	G41X－70Y0D1	G41X－70Y0D1	X方向进给，建立平面半径补偿
N60	Y15	Y15	Y方向进给
N70	X－58，R5	X－58RND＝5	X方向进给
N80	Y－15，R5	Y－15RND＝5	Y方向进给
N90	X－70	X－70	X方向进给
N100	Y0	Y0	Y方向进给
N110	G40X－80	G40X－80	X方向进给，取消半径补偿
N120	#2＝#2＋0.5	R2＝R2＋0.5	变量累加
N130	IF [#2LE16] GOTO40	IF　R2<＝16　GOTOB　BB	条件判断
N140	G00Z10	G00Z10	Z轴快速定位
N150	M99	M17	子程序结束

表 11－9　案例一零件中间大岛屿轮廓程序

段号	FANUC0i 系统程序	SINUMERIK－802D 系统程序	程序说明
	O0200	LK2.MPF	程序名
N10	G54G90G40G17G64G00Z150	G54G90G40G17G64G00Z150	程序初始化
N20	M03S700	M03S700	主轴正转，700 r/min
N30	M08	M08	开冷却液
N40	X－80Y－80	X－80Y－80	XY方向快速定位
N50	Z5	Z5	Z轴快速定位
N60	#1＝0	R1＝0	定义变量初始值
N70	G01Z－#1F250	BB：G01Z＝－R1F250	Z轴定位

续表

段号	FANUC0i 系统程序	SINUMERIK－802D 系统程序	程序说明
N80	G41X43.841Y－43.841D1	G41X43.841Y－43.841D1	XY 方向进给，建立平面半径补偿
N90	X41.095Y－46.586	X41.095Y－46.586	轮廓加工
N100	G02X31.461 Y－47.870R8	G02X31.461 Y－47.870CR＝8	
N110	G01X5.967Y－33.263	G01X5.967Y－33.263	
N120	G03X－5.641Y－33.072R11	G03X－5.641Y－33.072CR＝11	
N130	G02X－33.072 Y－5.641R20	G02X－33.072 Y－5.641CR＝20	
N140	G03X－33.263 Y5.967R11	G03X－33.263 Y5.967CR＝11	
N150	G01X－47.870 Y31.461	G01X－47.870 Y31.461	
N160	G02X－46.586 Y41.095R8	G02X－46.586 Y41.095 CR＝8	
N170	G01X－41.095 Y46.586	G01X－41.095 Y46.586	
N180	G02X－31.461 Y47.87R8	G02X－31.461 Y47.87 CR＝8	
N190	G01X－5.967 Y33.263	G01X－5.967 Y33.263	
N200	G03X5.641 Y33.072R11	G03X5.641 Y33.072CR＝11	
N210	G02X33.072 Y5.641R20	G02X33.072 Y5.641 CR＝20	
N220	G03X33.263 Y－5.967R11	G03X33.263 Y－5.967 CR＝11	
N230	G01X47.870 Y－31.461	G01X47.870 Y－31.461	
N240	G02X46.586 Y－41.095R8	G02X46.586 Y－41.095CR＝8	
N250	G01X43.841Y－43.841	G01X43.841Y－43.841	
N260	G40 X－80Y－80	G40 X－80Y－80	XY 方向进给，取消半径补偿
N270	#1＝#1＋0.5	R1＝R1＋0.5	变量累加
N280	IF [#1LE16] GOTO70	IF R1<＝16 GOTOB BB	条件判断
N290	G00Z150	G00Z150	快速返回安全高度
N300	M09	M09	关闭冷却液
N310	M30	M30	主程序结束

表 11 – 10　案例一零件中间岛屿内轮廓薄壁程序

段号	FANUC0i 系统程序	SINUMERIK – 802D 系统程序	程序说明
	O0400	LK4.MPF	程序名
N10	G54G90G40G17G64G00Z150	G54G90G40G17G64G00Z150	程序初始化
N20	M03S700	M03S700	主轴正转，700 r/min
N30	M08	M08	开冷却液
N40	X0Y0	X0Y0	XY 方向快速定位
N50	Z5	Z5	Z 轴快速定位
N60	#1 = 0	R1 = 0	定义变量初始值
N70	G01Z – #1F250	BB：G01Z = – R1F250	Z 轴定位
N80	G41X31.514 Y0D1	G41X31.514 Y0D1	建立平面半径补偿 D1 = 刀半径 + 薄壁厚度 + 余量
N90	G02 X33.072 Y5.641R11	G02 X33.072 Y5.641CR = 11	轮廓加工
N100	G03 X5.641 Y33.072R20	G03 X5.641 Y33.072 CR = 20	
N110	G02 X – 5.641R11	G02 X – 5.641 CR = 11	
N120	G03 X – 33.072 Y5.641R20	G03 X – 33.072 Y5.641 CR = 20	
N130	G02 Y – 5.641R11	G02 Y – 5.641 CR = 11	
N140	G03 X – 5.641 Y – 33.072R20	G03 X – 5.641 Y – 33.072 CR = 20	
N150	G02 X5.641R11	G02 X5.641 CR = 11	
N160	G03 X33.072 Y – 5.641R20	G03 X33.072 Y – 5.641 CR = 20	
N170	G02 X31.514 Y0R11	G02 X31.514 Y0 CR = 11	
N180	G01G40 X0Y0	G01 G40 X0 Y0	XY 方向进给，取消半径补偿
N190	#1 = #1 + 0.5	R1 = R1 + 0.5	变量累加
N200	IF [#1LE6] GOTO70	IF　R1 < = 6　GOTOB　BB	条件判断
N210	G00Z150	G00Z150	快速返回安全高度
N220	M09	M09	关闭冷却液
N230	M30	M30	主程序结束

表 11-11 案例一零件两侧岛屿倒角程序

段号	FANUC0i 系统程序	SINUMERIK-802D 系统程序	程序说明
	O0600	LK6.MPF	程序名
N10	G54G90G40G17G64G00Z150	G54G90G40G17G64G00Z150	程序初始化
N20	M03S700	M03S700	主轴正转，700 r/min
N30	M08	M08	开冷却液
N40	X85Y0	X85Y0	XY 方向快速定位
N50	Z5	Z5	Z 轴快速定位
N60	#1 = 6	R1 = 6	定义变量初始值
N70	#2 = #1*TAN[30]	BB：R2 = R1*TAN（30）	变量关系式
N80	G01Z-[11-#1]F250	G01Z = -11 + R1F250	Z 轴定位
N90	G10L12P1R[8-#2]	$TC_DP6[1，1] = 8 - R2	自动赋刀补值
N100	G41X75Y0D1	G41X75Y0D1	建立平面半径补偿
N110	Y-15	Y-15	
N120	X58，R5	X58RND = 5	
N130	Y15，R5	Y15RND = 5	轮廓加工
N140	X75	X75	
N150	Y0	Y0	
N160	G40X85Y0	G40X85Y0	取消半径补偿
N170	#1 = #1 - 0.2	R1 = R1 - 0.2	变量累加
N180	IF [#1GE0] GOTO70	IF R1>= 0 GOTOB BB	条件判断
N190	G00Z150	G00Z150	快速返回安全高度
N200	M09	M09	关闭冷却液
N210	M30	M30	主程序结束

表 11-12 案例一零件中间倒圆角程序单

段号	FANUC0i 系统程序	SINUMERIK-802D 系统程序	程序说明
	O0700	LK7.MPF	程序名
N10	G54G90G40G17G64G00Z150	G54G90G40G17G64G00Z150	程序初始化
N20	M03S700	M03S700	主轴正转，700 r/min

续表

段号	FANUC0i 系统程序	SINUMERIK – 802D 系统程序	程序说明
N30	M08	M08	开冷却液
N40	X0Y0	X0Y0	XY 方向快速定位
N50	Z5	Z5	Z 轴快速定位
N60	#1 = 0	R1 = 0	定义变量初始值
N70	#2 = 7*COS[#1]	BB: R2 = 7*COS（R1）	变量关系式
N80	#3 = 7*SIN[#1]	R3 = 7*SIN（R1）	变量关系式
N90	G01Z – [16 – #2]F250	G01Z = – 16 + R2F250	Z 轴定位
N100	G10L12P1R[8 + #3]	$TC_DP6[1，1] = 8 + R3	自动赋刀补值
N110	G41X22.5Y0D1	G41X22.5Y0D1	建立平面半径补偿
N120	G03I – 22.5	G03I – 22.5	轮廓加工
N130	G01G40X0Y0	G01G40X0Y0	取消平面半径补偿
N140	#1 = #1 + 3	R1 = R1 + 3	变量累加
N150	IF [#1LE90] GOTO70	IF R1<= 90 GOTOB BB	条件判断
N160	G00Z150	G00Z150	快速返回安全高度
N170	M09	M09	关闭冷却液
N180	M30	M30	主程序结束

4）实施——加工零件

（1）开机前的准备。

（2）加工前的准备。

（3）安装工件及刀具。

（4）对刀，建立工件坐标系。

（5）输入并检验程序。

（6）执行零件加工。

（7）加工后处理。

5）检查——检验者验收零件

6）评估——加工者与检验者共同评价本次加工任务的完成情况

二、数控铣/加工中心操作工高级考证案例（二）

1. 任务描述

在数控铣床上完成图 11 – 3 所示的上圆下方异性面零件的加工，工件材料为 45 钢，毛坯尺寸为 90 mm×60 mm×24 mm，六面加工到位，生产规模为单件。加工过程中使用的工具、刀具、量具及材料见表 11-13，其评分标准见表 11-14。

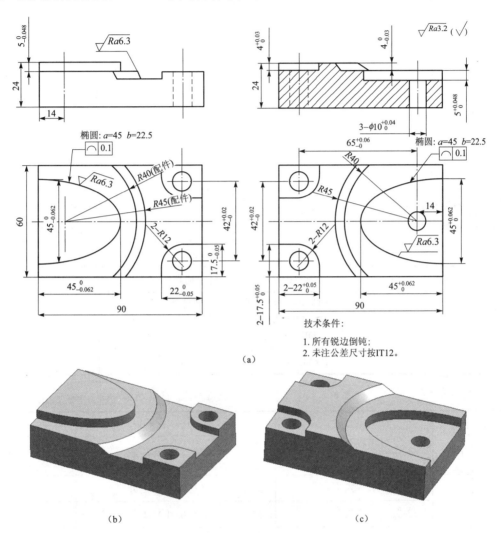

图 11-3　高级考证案例二

（a）零件图；（b）零件上件实体图；（c）零件下件实体图

表 11-13　"高级考证案例二"工具、刀具、量具及材料清单

序号	名　称	规　格	数　量	备注
1	游标卡尺	0～150　　0.02	1	
2	内径量表	18～35	1	
3	千分尺	0～25，25～50，50～75，75～100　0.01	各1	
4	深度游标卡尺	0～300　0.02	1	
5	内径千分尺	5～30，25～50　0.01	各1	

续表

序号	名　称	规　格	数　量	备注
6	杠杆百分表、磁性表座	0～3　0.01	各1	
7	R规	R5～25	1	
8	钻头	中心钻 A2.5，$\phi8$、$\phi9.85$	各1	
9	立铣刀	$\phi16$、$\phi12$	各1	
10	铰刀	$\phi10H8$	1	
11	面铣刀	$\phi63R6$ 的面铣刀（R 型铣刀片）	1	
12	倒角样板	专制	1	斜面测量
13	刀柄、夹头	以上刀具相关刀柄，钻夹头，弹簧夹	若干	
14	夹具	精密平口钳及垫铁	各1	
15	毛坯材料	140 mm×140 mm×32 mm 的 45 钢	1	
16	其他	常用数控铣/加工中心机床辅具	若干	
17	数控铣床/加工中心机床	（1）FANUC 数控铣床　型号规格 CW650 （2）SINUMERIK 数控铣床/加工中心　型号规格 VDL－600A	每人1台	
18	数控系统	FANUC0i、SINUMERIK－802D		

表 11－14　"高级考证案例二"评分标准

工件编号				总得分		
考核项目	序号	考核要求	配分	评分标准	检测结果	得分
件1（下件）	1	$45_{-0.062}^{\ 0}$（2 处）	3×2	超差 0.01 扣 1 分		
	2	$22_{-0.05}^{\ 0}$　（2 处）	3×2	超差 0.01 扣 1 分		
	3	$17.5_{-0.05}^{\ 0}$（2 处）	3×2	超差 0.01 扣 1 分		
	4	$\phi10_{\ 0}^{+0.04}$（2 处）	3×2	超差 0.01 扣 1 分		
	5	$42_{\ 0}^{+0.02}$	3	超差 0.01 扣 1 分		
	6	$5_{-0.048}^{\ 0}$	3	超差 0.01 扣 1 分		
	7	$4_{-0.03}^{\ 0}$	3	超差 0.01 扣 1 分		
	8	R40、R45	2	按未注公差，超差不得分		
	9	R12（2 处）	0.5×2	按未注公差，超差不得分		
	10	轮廓度	2	超差不得分		
	11	Ra3.2/Ra6.3	4	超差 1 级，每面扣 1 分，碰伤、划痕 1 处扣 0.5 分		

续表

工件编号				总得分		
考核项目	序号	考核要求	配分	评分标准	检测结果	得分
件2（上件）	1	$45^{+0.062}_{0}$（2 处）	3×2	超差 0.01 扣 1 分		
	2	$22^{+0.05}_{0}$（2 处）	3×2	超差 0.01 扣 1 分		
	3	$17.5^{+0.05}_{0}$（2 处）	3×2	超差 0.01 扣 1 分		
	4	$\phi10^{+0.04}_{0}$（3 处）	2×3	超差 0.01 扣 1 分		
	5	$65^{+0.06}_{0}$	3	超差 0.01 扣 1 分		
	6	$42^{+0.02}_{0}$	3	超差 0.01 扣 1 分		
	7	$5^{+0.048}_{0}$	3	超差 0.01 扣 1 分		
	8	$4^{+0.03}_{0}$	3	超差 0.01 扣 1 分		
	9	$R40$、$R45$	3	按未注公差，超差不得分		
	10	$R12$（2 处）	0.5×2	按未注公差，超差不得分		
	11	轮廓度	2	超差不得分		
	12	$Ra3.2/Ra6.3$	4	超差 1 级，每面扣 1 分，碰伤、划痕 1 处扣 0.5 分		
配合	1	配合间隙<0.05	12	合格得全分，超差不得分		
缺陷		工件缺陷、尺寸误差 0.5 以上、外形与图样不符、未清角	倒扣	倒扣 2～5 分/处		
安全文明生产		安全操作、机床整理	倒扣	安全事故停止操作或倒扣 5～20 分/次		
工时定额		5 h	监考		日期	
加工开始时间						
加工结束时间						

2. 应用"六步法"完成此工作任务

完成该项加工任务的工作过程如下。

1）资讯——分析零件图，明确加工内容

图 11-3 所示配合件复杂程度中等，包含平面、圆弧面、薄壁内外轮廓、斜面、精度较高的配合孔等。整个配合件精度最高的部位是 0.02 mm 的孔间距，如何保证孔位以及岛屿配

合是本工件加工的关键。通过分析，对于件1，在右侧岛屿到斜面间的间隙只有13.7 mm，所以最小用刀要用到12 mm以下的刀具。对于件2，没有很小的凹圆或窄槽，对用刀来说，能保证高刚性与高效率，整体来说，这两个工件加工难度并不大。

2）决策——确定加工方案

（1）机床及装夹方式的选择：根据车间设备状况，决定选择XH714型数控铣床完成本次任务。两个工件整体不加工部位都有10 mm以上的厚度，选用机用平口钳装夹工件。

（2）加工策略。从图纸的要求上来看，件1有配作尺寸，为了保证件2的尺寸要求，因此，要先加工件2，后加工件1。

件2的加工策略如下。

• 粗加工：件2最小用刀可以在ϕ24 mm以下，本工件按总体尺寸，XH714型的数控铣床就能完成加工任务，考虑到功率与效率，本工件开粗用ϕ16 mm的刀具完成即可。按轮廓2D形状，采用镶刀粒强力立铣刀分层进行材料去除，考虑到刀片的寿命，每次切深0.5 mm，并尽量采用顺铣。具体加工过程为：由上往下，对三个层面的开放槽进行开粗，侧壁留0.3～0.5 mm的余量；对斜面进行分层开粗，留0.3～0.5 mm的余量；钻孔留0.1 mm左右的余量；去除边上的残料。

• 半精与精加工：按轮廓2D形状，采用整体合金立铣刀一次性轮廓铣削。具体加工过程为：由上往下，对三个层面的开放槽进行半精加工，侧壁留0.1～0.15 mm的余量；对开放槽按尺寸公差加工到位；用成型倒角刀对斜面进行半精加工，留0.1～0.15 mm的余量；对斜面精加工到位；对三个ϕ10 mm的孔铰削到位。

件1加工策略：

• 粗加工：受右侧岛屿到斜面间13.7 mm左右间隙的限制，所以在斜面与右侧岛屿间的开放槽只能采用ϕ12 mm以下的粗加工刀具来完成。其上的轮廓面可以与件2一样，采用ϕ16 mm的镶刀粒强力立铣刀分层开粗即可，每次切深0.5 mm，采用顺铣。具体加工过程为：可由上往下，对第一层岛屿进行开粗，侧壁留0.3～0.5 mm的余量；对右边开放槽分层开粗，留0.3～0.5 mm余量；对斜面进行分层开粗，留0.3～0.5 mm余量；钻孔留0.15 mm左右的余量；去除残料。

• 半精与精加工：按轮廓2D形状，采用整体合金立铣刀一次性轮廓铣削。具体加工过程为：由上往下，对三个岛屿进行半精加工，侧壁留0.1～0.15 mm的余量；对岛屿按尺寸公差加工到位；用成型倒角刀对斜面进行半精加工，留0.1～0.15 mm的余量；按件2斜面加工的情况，配作件1斜面，保证配合要求；对2个ϕ10 mm的孔铰削到位。

（3）刀具选择及刀具路径设计：从加工内容、加工精度、最小加工刀具限制等角度，本配合件采用刀具如下。

• 在粗加工阶段，尽量采用ϕ16 mm的镶刀粒强力立铣刀，对于件2由于受限制，可以采用ϕ12 mm的镶刀粒强力立铣刀。

• 在半精加工与精加工，可采用ϕ12 mm的整体合金立铣刀。

• 斜面的半精与精加工尽量采用立铣刀磨削而成的成型刀具。

（4）切削用量选择见表11-15。

表 11-15　案例二零件加工工序卡

工步	程序名	加工内容	刀具规格/mm	余量/mm	主轴转速/ (r·min⁻¹)	进给速度/ (mm·min⁻¹)
1	O0100	左侧锁扣槽开粗	$\phi16$	0.3	700	250
2	O0200	斜面开粗	$\phi16$	0.3	700	250
3	O0300	椭圆形开放槽开粗	$\phi16$	0.3	700	250
4	O0400	钻孔	$\phi9.85$	0.15	600	50
		……				

（5）工件原点的选择。按基准重合的原则，在 XY 向，加工坐标可以取零件的对称中心为原点，以长边作为 X 轴向，以短边作为 Y 轴向。在 Z 向，取零件底面为 Z 零位，对刀可以通过对上表面偏移坐标到底面。在本工件的加工过程中，对于配合加工的关键就是精基准的找正，要保证在 0.02 mm 的误差范围以内。

（6）加工平面与换刀点的确定。

• 安全平面：本工件采用平口钳安装，安全平面可以设置在 Z50 mm 高度的平面。

• R 平面：以离工件表面 3～5 mm 处为 R 平面。

• 换刀点：加工结束后或过程中换刀所处的位置，按 650 或 850 机床，一般设置为 Z150～Z200 mm 处，保证换刀的顺利进行。

3）计划——制定加工过程文件

（1）加工工序卡。本次加工任务的工序卡内容见表 11-15。

（2）NC 程序单。案例二零件加工部分 NC 程序见表 11-16～表 11-18。

表 11-16　案例一零件左侧锁扣槽程序

段号	FANUC0i 系统程序	SINUMERIK-802D 系统程序	程序说明
	O0100	LK1.MPF	程序名
N10	G54G90G40G17G64G00Z150	G54G90G40G17G64G00Z150	程序初始化
N20	M03S700	M03S700	主轴正转，700 r/min
N30	M08	M08	开冷却液
N40	G52X-45Y0	TRANS　X-45Y0	平移坐标系
N50	#1 = 0	R1 = 0	定义变量初始值
N60	X22Y-45	BB: X22Y-45	XY 方向快速定位
N70	Z5	Z5	Z 轴快速定位
N80	G01Z-#1F250	G01Z=-R1F250	Z 轴定位

段号	FANUC0i 系统程序	SINUMERIK – 802D 系统程序	程序说明
N90	G41Y – 35D1	G41Y – 35D1	建立平面半径补偿
N100	G01Y – 12.5，R12	G01Y – 12.5RND = 12	
N110	X – 5	X – 5	
N120	Y12.5	Y12.5	轮廓加工
N130	X22，R12	X22RND = 12	
N140	Y35	Y35	
N150	G40Y45	G40Y45	Y 方向进给，取消半径补偿
N160	G00Z10	G00Z10	Z 轴快速定位
N170	#1 = #1 + 0.5	R1 = R1 + 0.5	变量累加
N180	IF [#1LE4] GOTO60	IF R1<=4 GOTOB BB	条件判断
N190	G52P0	TRANS	撤销平移坐标系
N200	G00Z150	G00Z150	快速返回安全高度
N210	M09	M09	关闭冷却液
N220	M30	M30	程序结束

表 11 – 17 案例一零件斜面开粗程序单

段号	FANUC0i 系统程序	SINUMERIK – 802D 系统程序	程序说明
	O0200	LK2.MPF	程序名
N10	G54G90G40G17G64G00Z150	G54G90G40G17G64G00Z150	程序初始化
N20	M03S700	M03S700	主轴正转，700 r/min
N30	M08	M08	开冷却液
N40	G52X31Y0	TRANS X31Y0	平移坐标系
N50	#1 = 0	R1 = 0	定义变量初始值
N60	#2 = 5/4*#1	BB：R2 = 5/4*R1	变量关系式
N70	X0Y55	X0Y55	XY 方向快速定位
N80	Z5	Z5	Z 轴快速定位

续表

段号	FANUC0i 系统程序	SINUMERIK - 802D 系统程序	程序说明
N90	G01Z - #1F250	G01Z = - R1F250	Z 轴定位
N100	G10L12P1R[8 + #2]	$TC_DP6[1, 1] = 8 + R2	自动赋刀补值
N110	G41Y45D1	G41Y45D1	建立平面半径补偿
N120	G03Y - 45R45	G03Y - 45CR = 45	轮廓加工
N130	G01G40Y - 55	G01G40Y - 55	取消半径补偿
N140	G00Z10	G00Z10	Z 轴快速定位
N150	#1 = #1 + 0.2	R1 = R1 + 0.2	变量累加
N160	IF [#1LE4] GOTO60	IF R1<=4 GOTOB BB	条件判断
N170	G52P0	TRANS	撤销平移坐标系
N180	G00Z150	G00Z150	快速返回安全高度
N190	M09	M09	关闭冷却液
N200	M30	M30	程序结束

表 11 - 18　案例一零件椭圆形开放槽程序单

段号	FANUC0i 系统程序	SINUMERIK - 802D 系统程序	程序说明
	O0300	LK3.MPF	程序名
N10	G54G90G40G17G64G00Z150	G54G90G40G17G64G00Z150	程序初始化
N20	M03S700	M03S700	主轴正转，700 r/min
N30	M08	M08	开冷却液
N40	G52X45Y0	TRANS X45Y0	平移坐标系
N50	X20Y0	X20Y0	XY 方向快速定位
N60	Z5	Z5	Z 轴快速定位
N70	#1 = 4	R1 = 4	定义深度变量初始值
N80	G01Z - #1F250	BB: G01Z = - R1F250	Z 轴定位
N90	G41Y22.5D1	G41Y22.5D1	建立平面半径补偿
N100	X0	X0	X 方向进给
N110	#2 = 91	R2 = 91	定义椭圆变量初始值

段号	FANUC0i 系统程序	SINUMERIK – 802D 系统程序	程序说明
N120	#3 = 45*COS[#2]	KK：R3 = 45*COS（R2）	变量关系式
N130	#4 = 22.5*SIN[#2]	R4 = 22.5*SIN（R2）	变量关系式
N140	G01X#3Y#4	G01X = R3Y = R4	椭圆轮廓加工
N150	#2 = #2 + 3	R2 = R2 + 3	变量累加
N160	IF [#2LE280] GOTO120	IF R2<= 280 GOTOB KK	条件判断
N170	G40X20Y0	G40X20Y0	取消半径补偿
N180	＃1 = ＃1 + 0.5	R1 = R1 + 0.5	变量累加
N190	IF [#1LE5] GOTO80	IF R1<= 5 GOTOB BB	条件判断
N200	G52P0	TRANS	撤销平移坐标系
N210	G00Z150	G00Z150	快速返回安全高度
N220	M09	M09	关闭冷却液
N230	M30	M30	程序结束

4）实施——加工零件

（1）开机前的准备。

（2）加工前的准备。

（3）安装工件及刀具。

（4）对刀，建立工件坐标系。

（5）输入并检验程序。

（6）执行零件加工。

（7）加工后处理。

5）检查——检验者验收零件

6）评估——加工者与检验者共同评价本次加工任务的完成情况

学生工作任务

1. 认真领会数控铣工/加工中心操作工高级职业标准。

2. 应用数控铣床/加工中心机床加工图 11－4～图 11－6 所示的高级模拟考件,操作时间:

4 h。

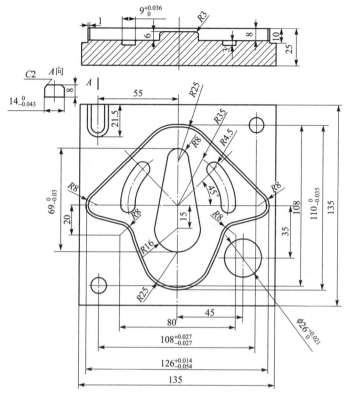

图 11-4 模拟考件一

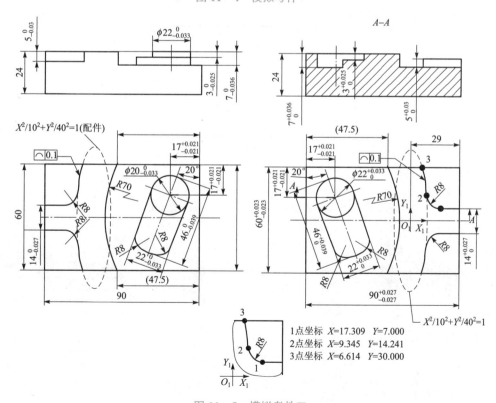

1点坐标 X=17.309 Y=7.000
2点坐标 X=9.345 Y=14.241
3点坐标 X=6.614 Y=30.000

图 11-5 模拟考件二

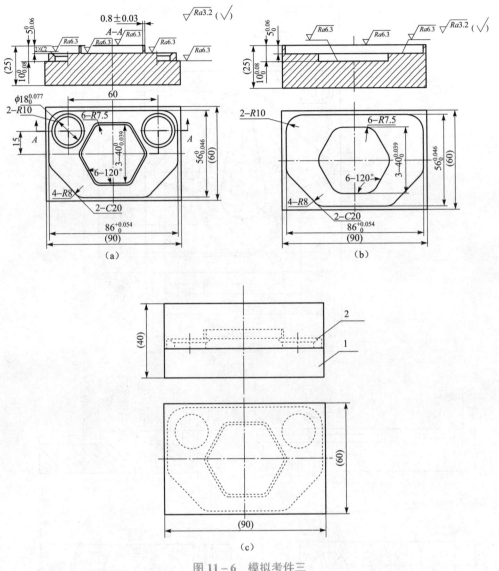

图 11-6　模拟考件三

（a）件一零件图；（b）件二零件图；（c）装配图

附 录

附表一　FANUC0i-MC 系统编程指令表

附表 1－1　FANUC0i-MC 系统准备功能（G）指令

G 指令	组别	功　　能	备注	G 指令	组别	功　　能	备注
*G00	01	快速定位		G50.1	22	可编程镜像取消	
G01		直线插补		G51.1		可编程镜像有效	
G02		顺时针圆弧插补		G52	00	局部坐标系设定	非模态
G03		逆时针圆弧插补		G53		选择机床坐标系	非模态
G04	00	暂停	非模态	G54	14	选择工件坐标系 1	
G15	17	极坐标指令取消		G55		选择工件坐标系 2	
G16		极坐标指令		G56		选择工件坐标系 3	
*G17	02	XY 面选择		G57		选择工件坐标系 4	
G18		XZ 面选择		G58		选择工件坐标系 5	
G19		YZ 面选择		G59		选择工件坐标系 6	
G20	06	英制（in）输入		G65	00	宏程序调用	非模态
*G21		公制（mm）输入		G66	12	宏程序模态调用	
G27	00	机床返回参考点检查	非模态	*G67		宏程序模态调用取消	
G28		机床返回参考点	非模态	G68	16	坐标旋转有效	
G29		从参考点返回	非模态	*G69		坐标旋转取消	
G30		返回第 2、3、4 参考点	非模态	G73	09	高速深孔钻循环	非模态
G31		跳转功能	非模态	G74		左旋攻丝循环	非模态
G33	01	螺纹切削		G76		精镗孔循环	非模态
*G40	07	刀具半径补偿取消		*G80		取消固定循环	
G41		刀具半径左补偿		G81		钻孔循环	
G42		刀具半径右补偿		G82		钻孔循环或锪孔循环	
G43		刀具长度正补偿		G83		深孔钻削循环	

G 指令	组别	功　能	备注	G 指令	组别	功　能	备注
G44	07	刀具长度负补偿		G84	09	攻丝循环	
*G49		刀具长度补偿取消		G85		镗孔循环	
*G50	11	比例缩放取消		G86		镗孔循环	
G51		比例缩放有效					
G87	09	背镗孔循环		*G94	05	每分钟进给	
G88		镗孔循环		G95		每转进给	
G89		镗孔循环		*G96	13	恒周速控制方式	
*G90	03	使用绝对值命令		G97		恒周速控制取消	
G91		使用相对值命令		G98	10	固定循环返回起始点方式	
G92	00	设置工作坐标系	非模态	*G99		固定循环返回 R 点方式	

注：① 带"*"号的 G 指令表示接通电源时，即为该 G 指令的状态。G00、G01；G17、G18、G19；G90、G91 由参数设定选择。

② 00 组 G 指令中，除了 G10 和 G11 以外其他的都是非模态 G 指令。

③ 一旦指令了表中没有的 G 指令，系统将显示报警信息"NO.010"。

④ 不同组的 G 指令在同一个程序段中可以指令多个，但如果在同一个程序段中指令了两个或两个以上同一组的 G 指令时，则只有最后一个 G 指令有效。

⑤ 在固定循环中，如果指令了 01 组的 G 指令，则固定循环将被自动取消，变为 G80 的状态。但是，01 组的 G 指令不受固定循环 G 指令的影响。

⑥ G 指令按组号显示。

⑦ 编程时，前面的 0 可省略，如 G00，G01 可简写为 G0，G1。

附表 1−2　FANUC0i−MC 系统辅助功能（M）指令

M 代码	功　能	M 代码	功　能
M00	程序暂停	M09	切削液关闭
M01	程序有条件暂停	M19	主轴定向
M02	程序结束	M29	刚性攻丝
M03	主轴正转	M30	程序结束并返回
M04	主轴反转	M45	排屑起动
M05	主轴停止	M46	排屑停止
M06	刀具自动交换	M68	风冷却开
M08	切削液打开	M69	风冷却关

M 代码	功　　能	M 代码	功　　能
M80	刀库前进	M85	检查主轴与刀库上的刀号是否一致（换刀前检查）
M81	旋转刀库刀具号码＝主轴刀具号码	M86	刀库后退
M82	主轴松刀	M98	调用子程序
M83	找寻新刀	M99	调用子程序结束并返回
M84	主轴夹刀		

注：编程时，前面的 0 可省略，如 M00、M01 可简写为 M0、M1。

附表二　SINUMERIK–802D/802S 系统编程指令表

附表 2－1　SINUMERIK－802D 系统准备功能（G）指令

地址	含义及赋值	说　　明	编　　程
D	刀具补号 0～9 整数不带符号	用于某个刀具 T_.的补偿参数；D01 表示补偿值 =0；一个刀具最多有 9 个 D 号	D_
F	进给率（与 G4 一起可以编程停留时间） 0.001 ～ 99 999.999	刀具/工件的进给速度，对应 G95，单位分别为 mm/min 或 mm/T	F_
S	主轴转速，在 G4 中表示暂停时间 0.001～99 999.999	主轴转速单位是转/分，在 G4 中作为暂停时间	S_
T	刀具号 1～32 000 整数，无符号	可以用 T 指令直接更换刀具，可由 M6 进行。这可由机床数据设定	T_
G00	快速移动	运动指令（插补方式）	G00X_Y_Z_
G01*	直线插补		G01X_Y_Z_F_
G02	顺时针圆弧插补		G02X_Y_Z_I_K_； 圆心和终点 G02X_Y_CR = _F_； 半径和终点 G02AR = _I_J_F_ 张角和圆心 G2AR = _X_Y_F_； 张角和终点
G03	逆时针圆弧插补		G03_；其他同 G02

续表

地址	含义及赋值	说　　明	编　　程
G33	恒螺距的螺纹切削		S_M_； 主轴处于转速,方向 G32Z_K_；在 Z 轴方向上带补偿夹具攻丝
G331	不带补偿夹具切削内螺纹	模态有效	N10 SPOS = _ 主轴处于位置调节状态 N20G331Z_K_S_；在 Z 轴方向不带补偿夹具攻丝；右螺纹或者左螺纹通过螺距的符号（比如 K+）确定： +：同 M3 －：同 M4
G332	不带补偿夹具切削内螺纹——退刀		G332 Z_K_； 不带补偿刀具切削螺纹 i——退刀；螺距符号同 G331
G04	暂停时间		G04F_ 或 G04S_； 自身程序段
G63	带补偿刀具切削内螺纹	特殊运行，程序段有效	G63Z_F_S_M_ 自身程序段
G74	回参考点		G74X_Y_.Z_；
G75	回固定点	特殊运行，程序段有效	G75X_Y_Z_ 自身程序段
TRANS	可编程的偏置		TRANS X_Y_Z_； 自身程序段
ROT	可编程的旋转		ROT RPL = _； 在 G17 到 G19 平面中附加旋转，自身程序段
AROT	附加可编程旋转	写储存器，程序段有效	AROT RPL = _； 在 G17 到 G19 平面中附加旋转，自身程序段
G25	主轴转速下限		G25S_；自身程序段
G26	主轴转速上限		G26S_；自身程序段
G17	*X/Y* 平面		
G18	*Z/X* 平面	平面选择模态有效	G17_所在平面的垂直轴为刀具长度补偿轴
G19	*Y/Z* 平面		
G40	刀尖半径补偿的取消	刀尖半径补偿模态有效	

地址	含义及赋值	说　明	编　程
G41	调用刀尖半径补偿,刀具在轮廓左侧移动	刀尖半径补偿模态有效	
G42	调用刀尖半径补偿,刀具在轮廓右侧移动		
G500*	取消可设定零点偏置	可设定零点偏置模态有效	
G54	第一设定零点偏置		
G55	第二设定零点偏置		
G56	第三设定零点偏置		
G57	第四设定零点偏置		
G53	按程序段方式可设定零点偏置	取消可设定零点偏置段方式有效	
G153	按程序段方式取消可设定零点偏置，包括基本框架		
G60*	准确定位	定位性能零点偏置模态有效	
G64	连续路径方式		
G9	准确定位，单程序段有效	程序的方式准停段方式有效	
G601*	在 G60，G9 方式下准确定位，精	准停窗口模态有效	
G602	在 G60，G9 方式下准确定位，粗	准停窗口模态有效	
G70	英制尺寸	英制/公制尺寸模态	
G71*	公制尺寸		
G90	绝对尺寸	绝对/增量尺寸模态有效	
G91	增量尺寸		
G94	进给率 F，单位 mm/min	进给/主轴模态有效	
G95	主轴进给率 F，单位 mm/T	进给/主轴模有效	
CFC*	在圆弧段进给补偿"开"	进给补偿模态有效	
CFTCP	进给补偿"关"		
G450*	圆弧过度	刀具半径补偿时拐角特性模态有效	

地址	含义及赋值	说　　明		编　　程
G451	等距线的交点			
L	子程序名及子程序调用	7位十进制整数无符号	可以选择 L1_ L9999999； 子程序调用需要一个独立的程序段。注意 L0001 不等于 L1	L_；自身程序段
P	程序调用次数	1～9999 整数，无符号	在同一程序段中多次调用子程序 比如N10　L871 P3；调用三次	比如：L781 P—；自身程序段
RPL	在 G258 和 G259 时的旋转角	+/－0.0001 _359.9 99 9	单位为度，表示在当前平面 G17 到 G19 中可编程旋转的角度	参见 ROT，AROT
循环指令	功能	循环指令		功能
CYCLE81	钻孔，钻中心孔	HOLES2		钻削圆弧排列的孔
CYCLE82	中心钻孔	CYCLE90		螺纹铣削
CYCLE83	深孔钻孔	LONGHOLE		圆弧槽（径向排列的，槽宽由刀具直径确定）
CYCLE84	刚性攻螺纹	SLOT1		圆弧槽（径向排列的，综合加工，定义槽宽）
CYCLE840	带补偿夹具攻螺纹	SLOT2		铣圆周槽
CYCLE85	铰孔 1（镗孔 1）	POCKET3		矩形槽
CYCLE86	镗孔（镗孔 2）	POCKET4		圆形槽
CYCLE87	带停止镗孔（镗孔 3）	CYCLE71		端面铣削
CYCLE88	带停止钻孔 2（镗孔 4）	CYCLE72		轮廓铣削
CYCLE89	铰孔 2（镗孔 5）	CYCLE76		矩形凸台铣削
HOLES1	钻削直线排列的孔	CYCLE77		圆形凸台铣削

注：带"*"号的 G 指令表示接通电源时，即为该 G 指令的状态。

附表 2 – 2　**SINUMERIK – 802S 系统准备功能（G）指令**

G 代码	含　义	说　明	编　程
G00	快速移动	运动指令（插补方式）模态有效	G00　X_Y_Z_;　直角坐标系 G00　AP = _ RP = _;　极坐标系
G01*	直线插补		G01　X_Y_Z_F_;　直角坐标系 G01　AP = _ RP = _ F_;　极坐标系
G02	顺时针圆弧插补		G02　X_Y_I_J_F_;　圆心和终点 G02　X_Y_CR = _ F_;　半径和终点 G02　AR = _ I_J_F_;　张角和圆心 G02　AR = _ X_Y_F_;　张角和终点 G02　AP = _ RP = _ F_;　极坐标系
G03	逆时针圆弧插补		G03__;　其他同 G02
G33	恒螺距的螺纹切削		S__M__;　主轴速度，方向 G33Z_K_;　带有补偿夹具的锥螺纹切削，比如 Z 方向
G331	螺纹插补（攻螺纹）		N10　SPOS = ;　主轴处于位置调节状态 N20　G331Z_K_S_;　在 Z 轴方向不带补偿夹具攻螺纹,左旋螺纹或右旋螺纹通过螺距的符号确定（比如 K + ）+ :同 M3　– :同 M4
G332	不带补偿夹具切削内螺纹—退刀		G332 Z_K_S_;　不带补偿夹具切削螺纹 ——Z 方向退刀；螺距符号同 G331
G04	暂停时间	特殊运行,程序段方式有效	G04　F_ 或 G04 S_;　单独程序段
G63	带补偿夹具攻丝		G63 Z_F_S_M_
G74	回参考点		G74 X1 = 0 Y1 = 0 Z1 = 0;　单独程序段
G75	回固定点		G75 X1 = 0 Y1 = 0 Z1 = 0;　单独程序段
G25	主轴转速下限或工作区域下限	写存储器,程序段方式有效	G25 S_;　单独程序段 G25 X_Y_Z_;　单独程序段
G26	主轴转速上限或工作区域上限		G26S_;　单独程序段 G26 X_Y_Z_;　单独程序段
G110	极点尺寸,相对于上次编程的设定位置		G110　X_Y_;　极点尺寸,直角坐标,比如带 G17 G110 RP = _AP = _;　极点尺寸,极坐标;单独程序段

续表

G 代码	含　义	说明	编　程
G111	极点尺寸，相对于当前工件坐标系的零点	写存储器，程序段方式有效	G111 X_Y_；极点尺寸，直角坐标，比如带 G17 G111 RP = _AP = _；极点尺寸，极坐标；单独程序段
G112	极点尺寸，相对于上次有效的极点		G112 X_Y_；极点尺寸，直角坐标，比如带 G17 G112 RP = _AP = _；极点尺寸，极坐标；单独程序段
G17*	X/Y 平面	平面选择模态有效	G17_；该平面上的垂直轴为刀具长度补偿轴；切入方向为 Z
G18	Z/X 平面		
G19	Y/Z 平面		
G40*	刀尖半径补偿方式的取消	刀尖半径补偿模态有效	
G41	刀具半径左补偿		
G42	刀具半径右补偿		
G500*	取消可设置零点偏置	可设置零点偏置（模态有效）	
G54	第一设置的零点偏移		
G55	第二设置的零点偏移		
G56	第三设置的零点偏移		
G57	第四设置的零点偏移		
G58	第五设置的零点偏移		
G59	第六设置的零点偏移		
G53	按程序段方式取消可设置零点偏置	取消可设置零点偏置段方式有效	
G153	按程序段方式取消可设置零点偏置，包括基本框架		
G60*	精确定位	定位性能（模态有效）	
G64	连续路径方式		
G09	准确定位，单程序段有效	程序段方式准停段方式有效	
G601*	在 G60，G9 方式下精确定位	准停窗口（模态有效）	
G602	在 G60，G9 方式下粗准确定位		

G 代码	含　义		说　明	编　程
G70	英制尺寸		英制/米制尺寸（模态有效）	
G71*	米制尺寸			
G700	米制尺寸，也用于进给率 F			
G710	米制尺寸，也用于进给率 F			
G90*	绝对尺寸		绝对尺寸/增量尺寸模态有效	G90 X_Y_Z_(_) Y = AC(_)或 X = AC(_)或 Z = AC(_)
G91	增量尺寸			G91 X_Y_Z_(_) X = IC(_)或 Y = IC(_)或 Z = IC(_)
G94	进给率 F，单位 mm/min		进给/主轴模态有效	
G95*	主轴进给率 F，单位 mm/r			
G450*	圆弧过渡（圆角）		刀尖半径补偿时拐角特性模态有效	
G451	等距交点过渡（尖角）			

循环指令	含义及赋值	循环指令	含义及赋值
LCYC....	调用标准循环事先规定的值	LCYC85	镗孔—1
LCYC82	钻削，端面锪孔	LCYC60	线性孔排列
LCYC83	深孔钻削	LCYC61	圆弧孔排列
LCYC840	带补偿夹具切削内螺纹	LCYC75	铣凹槽和键槽
LCYC84	不带补偿夹具切削内螺纹		

注：带"*"号的 G 指令表示接通电源时，即为该 G 指令的状态。

附表 2-3　SINUMERIK 系统辅助功能（M）指令

M 代码	功　能	M 代码	功　能
M00	程序暂停	M07	第一冷却介质打开
M01	程序有条件暂停	M08	第二冷却介质打开
M02	程序结束	M09	切削液关闭
M03	主轴正转	M30	程序结束并返回
M04	主轴反转	M41	主轴低速挡
M05	主轴停止	M42	主轴高速挡
M06	刀具自动交换		

注：编程时，前面的 0 可省略，如 M00、M01 可简写为 M0、M1。

附表三　华中 HNC–21/22M 系统编程指令表

附表 3 – 1　华中 HNC – 21/22M 系统准备功能（G）指令

G 指令	组号	功　能	G 指令	组号	功　能
*G00	01	定位（快速移动）	G57	11	选用 4 号工件坐标系
*G01		直线插补（进给速度）	G58		选用 5 号工件坐标系
G02		顺时针圆弧插补	G59		选用 6 号工件坐标系
G03		逆时针圆弧插补	G60	00	单一方向定位
G04	00	暂停，精确停止	G61	12	精确停止方式
G07	16	虚轴指定	*G64		切削方式
G09	00	准停校验	G65	00	宏程序调用
*G17	02	选择 XY 平面	G68	05	坐标旋转
G18		选择 ZX 平面	*G69		旋转取消
G19		选择 YZ 平面	G73	06	深孔钻削固定循环
G20	08	英制尺寸	G74		反螺纹攻丝固定循环
*G21		米制尺寸	G76		精镗固定循环
G22		脉冲当量	*G80		取消固定循环
G24	03	镜像开	G81		钻削固定循环
*G25		镜像关	G82		钻削固定循环
G28	00	返回参考点	G83		深孔钻削固定循环
G29		从参考点返回	G84		攻丝固定循环
*G40	09	取消刀具半径补偿	G85		镗削固定循环
G41		左侧刀具半径补偿	G86		镗削固定循环
G42		右侧刀具半径补偿	G87		反镗固定循环
G43	10	刀具长度正补偿	G88		镗削固定循环
G44		刀具长度负补偿	G89		镗削固定循环
*G49		取消刀具长度补偿	*G90	13	绝对值指令方式
G50	04	比例缩放关	G91		增量值指令方式
G51		比例缩放开	G92	00	工件零点设定
G53	00	选择机床坐标系	G94	14	每分钟进给
*G54	11	选用 1 号工件坐标系	G95		每转进给
G55		选用 2 号工件坐标系	*G98	15	固定循环返回初始点
G56		选用 3 号工件坐标系	G99		固定循环返回 R 点

注：① 带"*"号的指令表示接通电源时，即为该 G 指令的状态。
②　不同组 G 指令可以放在同一程序段中，而且与顺序无关。
③　同组 G 令不能出现在同一程序段中，否则将执行后出现的 G 指令代码。

附表 3 – 2　华中 HNC – 21/22M 系统辅助功能（M）指令

M 指令	分类	功　　能	M 指令	分类	功　　能
M00	非模态	程序暂停	M09		切削液关闭
M02		程序有条件暂停	M21		刀库正转（顺时针旋转）
M03		主轴正转	M22		刀库返转（逆时针旋转）
M04		主轴反转	M30		程序结束并返回起始行
M05		主轴停止	M41		刀库向前
M06		换刀	M98		调用子程序
M07/M08		切削液开	M99		子程序结束返回主程序

注：① 有些指令对数控铣床不适用。
②　编程时，前面的 0 可省略，如 M00，M01 可简写为 M0，M1。

参 考 文 献

[1] 彭效润，等. 数控铣工（中级）[M]. 北京：中国劳动社会保障出版社，2007.

[2] 杨伟群，等. 加工中心操作工（中级）[M]. 北京：中国劳动社会保障出版社，2007.

[3] 宋放之，等. 数控铣工（高级）[M]. 北京：中国劳动社会保障出版社，2008.

[4] 杨伟群，等. 加工中心操作工（高级）[M]. 北京：中国劳动社会保障出版社，2007.

[5] 王荣兴，等. 加工中心培训教程 [M]. 北京：机械工业出版社，2006.

[6] 王荣兴，等. 数控铣削加工实训 [M]. 上海：华东师范大学出版社，2008.

[7] 霍苏萍，刘岩，等. 数控铣削加工工艺编程与操作 [M]. 北京：人民邮电出版社，2009.

[8] FANUC0i–MC 操作说明书，北京发那科机电有限公司.

[9] SINUMERIK–802D 铣床操作与编程手册，西门子股份公司.

[10] 沈建峰，虞俊，等. 数控铣工加工中心操作工（高级）[M]. 北京：机械工业出版社，
    2007.

[11] 沈建峰，黄俊刚，等. 数控铣床/加工中心技能鉴定考点分析和试题集萃 [M]. 北京：
    化学工业出版社，2007.

[12] 廖慧勇，等. 数控加工实训教程 [M]. 北京：西南交通大学出版社，2007.

[13] 徐夏民，等. 数控铣工实习与考级 [M]. 北京：高等教育出版社，2004.

[14] 劳动部培训司. 铣工生产实习 [M]. 北京：中国劳动出版社，1988.

[15] 上海市第一机电工业局工会. 铣工 [M]. 北京：机械工业出版社，1973.